丛书总主编　陈宜瑜
丛书副总主编　于贵瑞　何洪林

中国生态系统定位观测与研究数据集

草地与荒漠生态系统卷

青海海北站

（2004—2015）

曹广民　张法伟　主编

中国农业出版社

北京

中国生态系统定位观测与研究数据集

丛书指导委员会

顾　　问　孙鸿烈　蒋有绪　李文华　孙九林

主　　任　陈宜瑜

委　　员　方精云　傅伯杰　周成虎　邵明安　于贵瑞　傅小峰　王瑞丹
　　　　　王树志　孙　命　封志明　冯仁国　高吉喜　李　新　廖方宇
　　　　　廖小罕　刘纪远　刘世荣　周清波

丛书编委会

主　　编　陈宜瑜

副 主 编　于贵瑞　何洪林

编　　委　（按照拼音顺序排列）

白永飞　曹广民　曾凡江　常瑞英　陈德祥　陈　隽　陈　欣
戴尔阜　范泽鑫　方江平　郭胜利　郭学兵　何志斌　胡　波
黄　晖　黄振英　贾小旭　金国胜　李　华　李新虎　李新荣
李玉霖　李　哲　李中阳　林露湘　刘宏斌　潘贤章　秦伯强
沈彦俊　石　蕾　宋长春　苏　文　隋跃宇　孙　波　孙晓霞
谭支良　田长彦　王安志　王　兵　王传宽　王国梁　王克林
王　堃　王清奎　王希华　王友绍　吴冬秀　项文化　谢　平
谢宗强　辛晓平　徐　波　杨　萍　杨自辉　叶　清　于　丹
于秀波　占车生　张会民　张秋良　张硕新　赵　旭　周国逸
周　桔　朱安宁　朱　波　朱金兆

中国生态系统定位观测与研究数据集
草地与荒漠生态系统卷·青海海北站

编 委 会

主　　编　　曹广民　　张法伟
副 主 编　　郭小伟　　林　丽　　李以康　　杜岩功
　　　　　　李英年　　戴黎聪
参编人员　　樊　博　　李　茜　　钱大文　　兰玉婷
　　　　　　司梦可　　李本措

进入 20 世纪 80 年代以来，生态系统对全球变化的反馈与响应、可持续发展成为生态系统生态学研究的热点，通过观测、分析、模拟生态系统的生态学过程，可为实现生态系统可持续发展提供管理与决策依据。长期监测数据的获取与开放共享已成为生态系统研究网络的长期性、基础性工作。

国际上，美国长期生态系统研究网络（US LTER）于 2004 年启动了 Eco Trends 项目，依托美国 LTER 站点积累的观测数据，发表了生态系统（跨站点）长期变化趋势及其对全球变化响应的科学研究报告。英国环境变化网络（UK ECN）于 2016 年在 *Ecological Indicators* 发表专辑，系统报道了英国 ECN 的 20 年长期联网监测数据推动了生态系统稳定性和恢复力研究，并发表和出版了系列的数据集和数据论文。长期生态监测数据的开放共享、出版和挖掘越来越重要。

在国内，国家生态系统观测研究网络（National Ecosystem Research Network of China，简称 CNERN）及中国生态系统研究网络（Chinese Ecosystem Research Network，简称 CERN）的各野外站在长期的科学观测研究中积累了丰富的科学数据，这些数据是生态系统生态学研究领域的重要资产，特别是 CNERN/CERN 长达 20 年的生态系统长期联网监测数据不仅反映了中国各类生态站水分、土壤、大气、生物要素的长期变化趋势，同时也能为生态系统过程和功能动态研究提供数据支撑，为生态学模型的验证和发展、遥感产品地面真实性检验提供数据支撑。通过集成分析这些数据，CNERN/CERN 内外的科研人员发表了很多重要科研成果，支撑了国家生态文明建设的重大需求。

近年来，数据出版已成为国内外数据发布和共享，实现"可发现、可访问、可理解、可重用"（即 FAIR）目标的重要手段和渠道。CNERN/CERN 继 2011 年出版《中国生态系统定位观测与研究数据集》丛书后再次出版新一期数据集丛书，旨在以出版方式提升数据质量、明确数据知识产权，推动融合专业理论或知识的更高层级的数据产品的开发挖掘，促进 CNERN/CERN 开放共享由数据服务向知识服务转变。

该丛书包括农田生态系统、草地与荒漠生态系统、森林生态系统以及湖泊湿地海湾生态系统共 4 卷、51 册以及森林生态系统图集 1 册，各册收集了野外台站的观测样地与观测设施信息，水分、土壤、大气和生物联网观测数据以及特色研究数据。本次数据出版工作必将促进 CNERN/CERN 数据的长期保存、开放共享，充分发挥生态长期监测数据的价值，支撑长期生态学以及生态系统生态学的科学研究工作，为国家生态文明建设提供支撑。

2021 年 7 月

　　科学数据是科学发现和知识创新的重要依据与基石。大数据时代，科技创新越来越依赖于科学数据综合分析。2018 年 3 月，国家颁布了《科学数据管理办法》，提出要进一步加强和规范科学数据管理，保障科学数据安全，提高开放共享水平，更好地为国家科技创新、经济社会发展提供支撑，标志着我国正式在国家层面加强和规范科学数据管理工作。

　　随着全球变化、区域可持续发展等生态问题的日趋严重以及物联网、大数据和云计算技术的发展，生态学进入"大科学、大数据时代"，生态数据开放共享已经成为推动生态学科发展创新的重要动力。

　　国家生态系统观测研究网络（National Ecosystem Research Network of China，简称 CNERN）是一个数据密集型的野外科技平台，各野外台站在长期的科学研究中，积累了丰富的科学数据。2011 年，CNERN 组织出版了"中国生态系统定位观测与研究数据集"丛书。该丛书共 4 卷、51 册，系统收集整理了 2008 年以前的各野外台站元数据、观测样地信息与水分、土壤、大气和生物监测数据以及相关研究成果的数据。该套丛书的出版，拓展了 CNERN 生态数据资源共享模式，为我国生态系统研究、资源环境的保护利用与治理以及农、林、牧、渔业相关生产活动提供了重要的数据支撑。

　　2009 以来，CNERN 又积累了 10 年的观测与研究数据，同时国家生态科学数据中心于 2019 年正式成立。中心以 CNERN 野外台站为基础，生态系统观测研究数据为核心，拓展部门台站、专项观测网络、科技计划项目、科研团队等数据来源渠道，推进生态科学数据开放共享、产品加工和分析应用。为了开发特色数据资源产品、整合与挖掘生态数据，国家生态科学数据中心立足国家野外生态观测台站长期监测数据，组织开展了新一版的观测与研究数据集的出版工作。

本次出版的数据集主要围绕"生态系统服务功能评估""生态系统过程与变化"等主题进行了指标筛选，规范了数据的质控、处理方法，并参考数据论文的体例进行编写，以详实地展现数据产生过程，拓展数据的应用范围。

该丛书包括农田生态系统、草地与荒漠生态系统、森林生态系统以及湖泊湿地海湾生态系统共 4 卷（51 册）以及图集 1 本，各册收集了野外台站的观测样地与观测设施信息，水分、土壤、大气和生物联网观测数据以及特色研究数据。该套丛书的再一次出版，必将更好地发挥野外台站长期观测数据的价值，推动我国生态科学数据的开放共享和科研范式的转变，为国家生态文明建设提供支撑。

2021 年 8 月

祁连山是我国西部重要的生态安全屏障和水源产流地，也是我国重点生态功能区和生物多样性保护优先区域。祁连山阻止了腾格里、巴丹吉林、库姆塔格三大沙漠南侵，阻挡了干热风暴直扑"中华水塔"三江源，哺育了欧亚大陆重要的贸易和文化交流通道，维系了西部地区脆弱的生态平衡和经济社会可持续发展，在全国生态文明建设和生态安全保护上发挥着重要的作用。同时，祁连山是一座"天然水塔""固体水库"，属黄河支流和西北内陆河水系，年径流量约 158 亿 m³，涵吐近千条大小河流，是黑河、石羊河、疏勒河、青海湖、大通河等几大内陆河湖水系的发源地，是青海河湟地区、青海湖流域、柴达木盆地以及甘肃河西走廊、内蒙古西部最重要的水源涵养区，也是丝绸之路经济带重要供水生命线。

党中央、国务院高度重视祁连山生态环境保护工作，2018 年 5 月，国务院批准将祁连山山水林田湖生态保护修复工程纳入全国第二批"山水林田湖"生态保护修复范围。2018 年 6 月，中央全面深化改革领导小组第三十六次会议，审议通过了《祁连山国家公园体制试点方案》。

祁连山生态环境特殊，战略地位重要，国家公园建设急需科学理论和关键技术的支撑，然而目前该地区在基础研究、技术创新、模式集成等方面缺乏系统的研究，体制、机制也面临一系列实践与管理问题。诸如，基于生态功能的分区及适应性管理，生态系统的演变过程、趋势及其时空格局，生物多样性保护与维持机制，生态系统健康评估与服务功能提升技术、生态环境承载力评价与适应性管理；基于人文管理的国家公园治理体系创新建设等方面极需开展研究。

青海海北高寒草地生态系统国家野外科学观测研究站建立于1976年，位于祁连山腹地（具有祁连山区气候和生态系统类型的代表性，以典型高寒草地为地带性植被），先后进行了高寒草地生态系统水、土、气、生要素的长期观测，开展了草地生态系统结构、功能及其物质交换和能量流动，高寒草地对气候变化的响应与适应，人类干扰下高寒草地的演变及量化判别，高寒草地适应性管理及功能提升等方面的研究工作，具有40余年的研究积累。

《中国生态系统定位观测与研究数据集 草地与荒漠生态卷·青海海北站》对海北站的地理位置、学科定位、生态要素监测体系、主要研究内容以及长期观测与生态系统过程研究的野外观测场和实验设施做了介绍。整理编撰了海北站近15年（2001—2015年）的代表性生态系统高寒矮嵩草草甸、高寒金露梅灌丛草甸和高寒小嵩草草甸的水、土、气、生要素长期监测数据；青海高原153个调查点，6种类型的高寒草地碳储的空间格局及剖面分异特征数据；2003—2010年，高寒金露梅灌丛草甸生态系统水、热、碳通量观测数据。以期从事高寒生态学研究的学者、学生了解海北站，利用海北站的平台开展自己的研究，从而提高高寒草地生态学研究的水平，丰富高寒草地生态学研究内涵，亦可为祁连山国家公园试点工程的实施及从事高寒草地生态学研究的学者、学生、社会公众和政府咨询提供基础数据。

编　者

2021 年 9 月

第1章
□□□□□□□□□□□□□□□□□□□□□□□□□□□

海北站介绍

1.1　历史沿革

1976 年，中国科学院西北高原生物研究所按照"人与生物圈"计划的研究方法，以国际生态学研究前沿为目标，建立了旨在研究青藏高原高寒草甸生态系统结构、功能及提高生产力模式的定位研究站，定名为海北高寒草甸生态系统定位站。

1978 年 9 月 10 日，由中国科学院生命科学与生物技术局主持，西北高原生物研究所承办，在西宁召开了首届中国陆地生态系统科研工作会议。会议确定在我国不同生态带建立森林、草地生态系统定位研究站，海北高寒草甸生态系统定位站被确认为中国科学院的野外站。

1988 年 5 月，为了提高我国科学研究水平，中国科学院加强科研体制改革和结构性调整，坚持改革、开放、流动的科研体制，在国内相继选择了一批区域代表性强、具有一定研究积累、基础设施比较完善、科研队伍结构合理的野外台站，组成开放站网络。海北高寒草甸生态系统定位站成为首批对国内外开放的 5 个野外台站之一。

1990 年，随着我国改革开放和国民经济发展需要，中国科学院在不同气候带建立了包括研究农田、森林、草地和水域各类生态系统结构、功能及提高生产力优化模式为目标的中国生态系统研究网络（CERN），旨在为区域发展和全国经济可持续发展提供理论依据。海北高寒草甸生态系统定位站首批加入了该生态研究网络，并成为 10 个重点台站之一。

进入 21 世纪，随着全球知识经济和信息时代的到来，为了加快知识创新的步伐，提高我国经济实力和在国际上的竞争能力，我国政府决定加大科技投入，在关系国民经济、国防和重大基础理论研究方面取得了重大成果。由中国科学院推荐，科学技术部批准，2001 年，海北高寒草甸生态系统定位站晋升为国家野外科学观测试点站，2006 年，经考核成为国家站，定名为青海海北高寒草地生态系统国家野外科学观测研究站（简称海北站）。

2002 年，随着微气象学的涡度相关技术成为主要技术手段，对陆地生态系统与大气间的 CO_2、水汽、能量通量的观测成为陆地生态系与全球变化研究的前瞻性问题，以中国科学院生态系统研究网络为依托，构建了中国陆地生态系统通量观测研究网络（ChinaFLUX），海北站加入该网络，代表高寒草地生态类型。

2013 年，由中国科学院、国家林业局、教育部和农业部共同发起，为整合各部门研究力量，实现资源共享、优势互补，更好地面向国家在荒漠化、石漠化和水土流失治理的需求，组建了中国荒漠—草地生态系统观测研究野外站联盟（简称荒漠—草地站联盟），海北站加入了该联盟。

我国高寒区具有独特的大气、水文及生态过程，高寒区地表过程与环境变化的长期连续监测，对推动全球变化等的相关研究、支撑地方经济社会发展具有重要意义。根据 2013 年 2 月 1 日院长办公会议的决定，中国科学院决定优化整合高寒区已有的野外站，建设高寒区地表过程与环境监测研究网络（简称高寒网），并联合中国气象局、中国地质科学院、国家林业局等部门的相关野外站，组建高寒区野外站联盟。海北站加入高寒网。

1.2 地理位置

海北站地处青藏高原东北隅祁连山北支冷龙岭南坡的大通河河谷地段，位于北纬 37°29′—37°45′，东经 101°12′—101°33′，山地海拔在 4 000 m 以上，冷龙岭主峰岗什卡海拔 5 254.5 m，发育着现代冰川。站区以丘陵、低山和滩地为主，滩地海拔 3 200～3 300 m。行政隶属青海省门源种马场，距西宁市160 km（图 1-1）。是祁连山区内唯一一个以高寒草地生态系统为研究对象的国家野外科学观测研究站。

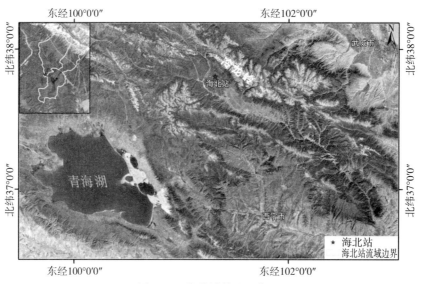

图 1-1　海北站的地理位置

1.3 气候及植被特征

气候属高原大陆性气候类型。主要受东南暖湿气流和西伯利亚冷高压控制，无四季之分，只有冷暖季之别，暖季凉温短暂，冷季严寒漫长。年平均气温−1.68℃，极端最高气温27.8℃，极端最低气温−37.1℃，多年平均降水量为 590.1 mm，降水多集中在 5—9 月，占全年降水的 80%，全年日照时间平均为 2 462.7 h，年日照百分率约为 57%，年总辐射量为 6 200 MJ/m²，年光合有效辐射量为 11 300 mol/m²，对植物光合作用十分有利。

在上述生物气候的综合影响下，主要分布着青藏高原典型的地带性植被高寒灌丛草甸、高寒嵩草草甸和高寒藏嵩草草甸（周兴民等，2006）。

高寒灌丛以金露梅（*Potentilla fruticosa*）灌丛为代表，主要分布在山地阴坡、坡麓、山前洪积扇以及河流低阶地上，群落结构比较简单，一般分为灌、草两层。金露梅株高 30～50 cm，生长比较密集，群落总覆盖度 70%～80%，以金露梅为建群种，伴生种有山生柳（*Salix oritrepha*）、高山绣线菊（*Spiraea alpina*）等，草本层植物生长发育较好，盖度为 50%～70%，以线叶嵩草（*Carex capillifolia*）、喜马拉雅嵩草（*Carex kokanica*）、青藏薹草（*Carex moorcroftii*）为多优势种，其他伴生种类有双叉细柄茅（*Ptilagrostis dichotoma*）、太白细柄茅（*Ptilagrostis concinna*）、羊茅（*Festuca ovina*）、钉柱委陵菜（*Potentilla saundersiana*）、藏异燕麦（*Helictotrichon tibeticum*）、珠芽拳参（*Bistorta riripara*，别各珠芽蓼）、山地早熟禾（*Poa versicolor*）、华马先蒿（*Pedicularis oederi*）、直

梗高山唐松草（*Thalictrum alpinum* var. *elatum*）、云生毛茛（*Ranunculus nephelogenes*）等。

　　高寒草甸类型较多，主要有矮生嵩草（*Carex alatauensis*，俗称矮嵩草）草甸、线叶嵩草草甸、高山嵩草（*Carex parvula*）草甸和西藏嵩草（*Carex tibetikobresia*，俗称藏嵩草）沼泽草甸等。其中矮嵩草草甸分布面积最大，主要分布在站区地势平缓、排水通畅的滩地，以矮嵩草为建群种，植物生长茂密，群落总覆盖度在 90% 以上，种类组成较多，结构简单，一般为单层结构，而在保护较好的地段，因异针茅（*Stipa aliena*）、山地早熟禾植株比较高大，可成为双层结构。伴生种类主要有羊茅、紫羊茅（*Festuca rubra*）、垂穗披碱草（*Elymus nutans*）、美丽风毛菊（*Saussurea pulchra*）、麻花艽（*Gentiana straminea*）、圆萼刺参（*Morina chinensis*，俗称摩玲草）、钝苞雪莲（*Saussurea nigrescens*，别名瑞苓草）、钉柱委陵菜、青海苜蓿（*Medicago archiducis-nicolai*，俗称青藏扁宿豆）、高山豆（*Tibetia himalaica*）、高原毛茛（*Ranunculus tanguticus*）等。

　　藏嵩草沼泽化草甸：以藏嵩草为建群种的沼泽化草甸，广布于河流低阶地以及泉水溢出带的低洼地段。植物生长密集，外貌整齐，群落总覆盖度在 90% 以上，草层高度 15～25 cm，伴生种有矮嵩草、华扁穗草（*Blysmus sinocompressus*）、黑褐穗薹草（*Carex atrofusca*）、青藏薹草、管状长花马先蒿（*Pedicularis longiflora* var. *tubiformis*，俗称斑唇马先蒿）、星状雪兔子（*Saussurea stella*）、条叶垂头菊（*Cremanthodium lineare*）、重冠紫菀（*Aster diplostephioides*）等。

1.4　土壤特征

　　按照《中国土壤分类系统》（第二次土壤普查分类系统）（1984），海北站土壤属于高山土纲、湿寒高山土亚纲、高山草甸土类、高山草甸土和高山灌丛草甸土亚类（马元彪等，1997）。按照中国土壤系统分类（龚子同等，1999），海北站的土壤归属于雏形土纲、寒冻雏形土亚纲、草毡寒冻雏形土和暗沃寒冻雏形土土类中的石灰性草毡寒冻雏形土和石灰性暗沃寒冻雏形土亚类。

1.4.1　高山草甸土

　　强烈的生草作用和弱淋溶是其成土作用过程。发育于山间滩地、山地偏阳坡及滩地平缓地段。土体深厚，剖面厚度为 50～80 cm，陡坡地段可小于 30 cm。地表根系交织的植毡层在土壤腐殖质层发育明显，正常高寒草甸土壤腐殖质层厚度一般为 2.8～3.2 cm，坚实且具有弹性，石灰斑纹一般出现于剖面中下部。但当植被演替到以高山嵩草成为优势种群时，植毡层会发生极度发育，可达 7 cm，土体变得干燥，淋溶弱，全剖面可见石灰菌丝体，具有石灰反应。

1.4.2　高山灌丛草甸土

　　冰冻和强淋溶作用是其土壤的成土过程。发育于山地阴坡及山前洪积扇上，土剖面厚度为 40～60 cm，但受海拔高度及所处地形坡度的制约而变化，范围在 20～100 cm，一般海拔越高，坡度越陡，土层越薄。剖面石灰反应微弱或没有。土体湿度较大，剖面下部亦可见地下水出露。

1.5　河流

　　海北站位于黄河支流湟水支流大通河的门源盆地。以长度与流量论，大通河实为湟水正源，发源于海西蒙古族藏族自治州木里祁连山脉东段托来南山和大通山之间的沙果林那穆吉木岭。向东流经祁连、门源盆地及甘肃的连城、窑街，穿流于走廊南山—冷龙岭和大通山—达坂山两大山岭之间，于民和县的享堂入湟水，总长 554 km。大通河集水面积 15 130 km²，干流河长 560.7 km，河道平均比降 4.56%，在青海省集水面积 12 943 km²，干流河长 504 km。横穿站区的小河流，为倒淌河，位于冷龙岭中段。由流经干柴滩和乱海子的两条小河流汇聚而成，径流主要来源于祁连山中段冷龙岭雪山冰川融水，自东北向西南流淌而得名。

1.6　区域代表性

海北站位于祁连山腹地，气候、土壤、植被具有祁连山区的典型代表性。同时从草地发育的气候条件、山体植被垂直带谱、植被特征、土壤结构等生态系统构件特征来看，与处于青藏高原腹地的高寒草地特征一致。受高山气候特征和纬度的影响，其海拔高度比三江源区的同类草地海拔低 300～400 m，具有高寒、强紫外线和低氧环境的青藏高原生态系统代表性。

1.7　学科方向与定位

海北站始终围绕国际生态学前沿科学问题和青藏高原区域经济社会发展所面临的重大国家需求进行学科定位，为保障青藏高原生态安全的国家需求和区域可持续发展提供科学依据和技术支撑。

1.7.1　1976—1998 年

在国际"人与生物圈"计划的带动下，以高寒草甸生态系统为研究对象，进行高寒草甸结构、功能、系统之间的物质与能量交换之间的研究；调整高寒草地放牧强度、合理配置家畜种群；研究啮齿动物行为、食性及其鼠害防治；以提升高寒草甸生产力为目的，建立草地畜牧业可持续发展的样板。为青藏高原草地资源的合理利用与保护、区域经济可持续发展提供科学依据和技术支撑。该阶段是中国科学院西北高原生物研究所从动植物区系调查向定位观测、系统研究转变的转折点。

1.7.2　1999—2012 年

随着陆地生态系统与全球变化成为国际陆地生态学研究的前沿科学问题，海北站于 1999 年将全球变化、生物多样性和可持续发展作为站的重点，进行了学科布局，先后开展了高寒草甸生态系统对全球变化的响应与反馈，青藏高原高寒草地温室气体的排放过程、模拟增温和紫外线（UV－B）辐射增加对动植物种群和高寒草甸生态系统结构、功能影响等国际生态学前沿重大理论问题的研究。应用基础研究方面，开展了典型退化生态系统恢复与重建、牧草的高效利用、家畜的集约化经营等生态环境治理和资源保护与可持续利用的研究，为国家、区域经济可持续发展提供科学依据。

1.7.3　2013—2017 年

随着模拟气候变化对陆地生态系统的影响成为国际陆地生态学前沿科学问题，海北站将模拟水热改变、大气氮沉降对高寒草地生态系统结构功能的影响，高寒草地的碳过程，代表性生物种群、形态、功能的生物信息表达对模拟水热改变、养分添加和人类干扰的响应作为重点学科布局，开展了高寒草地对自然与人类干扰相应的生态系统演变的生物学机制研究。在应用研究上，着重于天然草地的演变过程、状态的量化判别、驱动力及其发生的生物生态学机制，高寒草地适应性管理及功能提升技术，生态社区建立的技术体系构建与示范，为基于生态过程的高寒草地适应性管理和草地功能提升提供科学依据与技术支撑。

2017 年 6 月 26 日，习近平总书记主持召开中央全面深化改革领导小组第三十六次会议，审议通过了《祁连山国家公园体制试点方案》。2018 年 9 月 14 日，中国科学院三江源国家公园研究院挂牌成立，中国科学院西北高原生物研究所整体进入该研究院体系。随着国家公园系列的建立，青藏高原高寒草地的功能从生产功能向生态功能转变。基于长期研究积累以及典型地域和生态环境的代表性，海北站的学科定位被调整为瞄准实施祁连山生态安全的国家战略需求和国际高原生物学发展前沿。高原生态系统演化过程的监测，系统演化对其功能影响及其发生的生物学机制，高寒草地的水源涵养，基于生态—经济—人文—管理的高寒草地生态系统原真性保护及功能提升技术等，成为未来海北站学科定位的重点。为保障祁连山屏障功能和国家公园体系建设提供科学依据与技术支撑。

第 2 章

海北站主要样地和观测设备

样地和野外观测设备是进行生态系统长期定位观测与生态系统过程研究的基础，应具有安全的环境、可长期实验处理及可连续观测的特质。根据观测和研究内容的不同，海北站的主要样地分为生态系统要素长期监测、生态系统过程研究和小流域尺度生态系统功能评估 3 类样地。

2.1 生态系统要素长期监测样地

海北站以广布于青藏高原的典型代表性植被高寒矮嵩草草甸、高寒金露梅灌丛草甸、高寒小嵩草草甸 3 种植被类型为对象，设置了多处长期监测样地。

2.1.1 高寒矮嵩草草甸监测样地

建立于 1993 年，为海北站综合观测场，样地编号 HBGZH01ABC _ 01。位于青海省门源种马场风匣口，观测场为长方形，样地面积 250 m×230 m。关键点地理坐标分别为北纬 37°36′39″，东经 101°18′51″，3 212 m；北纬 37°36′31″，东经 101°18′44″，3 204 m；北纬 37°36′35″，东经 101°18′37″，3 212 m；北纬 37°36′43″，东经 101°18′44″，3 206 m。

植被类型为高寒矮嵩草草甸，其优势植物种群包括矮嵩草、羊茅、垂穗披碱草、线叶龙胆、矮火绒草、早熟禾、麻花艽、雪白萎陵菜、美丽风毛菊、双柱头蔗草（别名双柱头针蔺）、小嵩草、薹草等（图 2 - 1）。

图 2 - 1 高寒矮嵩草草甸综合观测场

地形为祁连山山间滩地，地势东北略高，西南稍有低洼，坡度<5°。土壤类型为草毡寒冻雏形土（高山草甸土），土层厚 60~80 cm，母质为洪—冲积物，土壤剖面发育较差，雏形性、砾质性

强，地表有一层厚度约 3 cm 的草毡表层。土壤常年处于湿润水分状态，土壤质量含水量在 38%左右。

本综合观测场为天然草地，作为冬春草场，除放牧作用外，再无任何人类活动，放牧强度较轻，放牧时段为每年的 9 月下旬至翌年 6 月 10 日。

观测因素：按照国家生态系统观测研究网络（CNERN）的要求，布设了生物监测、土壤水分、土壤要素监测、植物生长节律等项目的观测。

2.1.2 高寒金露梅灌丛监测样地

建立于 1998 年，为海北站辅助调查点，样地编号 HBGFZ01AB0_01。位于祁连山南坡坡麓山前洪积扇上，其北面为高耸的冷龙岭，山体海拔高度为 4 200~4 500 m，受高山微气候的影响，天气变化频繁，几乎生长季的每天下午都有降水的发生。样地为长方形，面积 800 m×500 m，关键点地理坐标为北纬 37°39′50″，东经 101°19′33″，3 327 m；北纬 37°39′48″，东经 101°19′37″，3 323 m；北纬 37°39′47″，东经 101°19′30″，3 321 m；北纬 37°39′46″，东经 101°19′33″，3 320 m。

植被类型为高寒金露梅灌丛草甸，以金露梅灌丛为主要建群种，构成草地的上层。草本层以线叶嵩草、矮嵩草、美丽风毛菊、雪白委陵菜等为主。灌丛基部地表通常具有较厚的苔藓和枯枝落叶（图2-2）。

图2-2 高寒金露梅灌丛监测样地

地形为祁连山山前洪积扇中部，地势平坦，平均海拔高度为 3 320 m，北高南低，坡度<5°。土壤类型为暗沃寒冻雏形土（高山灌丛草甸土），土层厚 60~80 cm，母质为洪—冲积物，土壤剖面发育较差，雏形性强。由于大多地处山前洪积扇上，土壤常年处于湿润水分状态，土壤质量含水量在42%~45%，由于冻融交替频繁，在土体中部多形成鳞片状结构，在土体下层有铁、锰的锈纹、锈斑，同时由于强淋溶作用，使得剖面通体没有石灰淀积。

该类草场是高寒草地的主体类型植被之一，广泛分布于青藏高原山地阴坡、偏阴坡和山前洪积扇中上部，为天然草地。由于距居民点较远，气候条件相对较差，被用作夏秋季草场，除放牧作用外，再无任何人类活动，放牧强度较重。放牧时间为每年的 6 月 10 日至 9 月 10 日。

破坏性灾害主要是过度放牧草场退化后，鼠类活动增加对草地的挖掘破坏。该区域草地靠近山地基部地段，退化尤为严重，原生植被几乎丧失殆尽。

观测因素：按照 CNERN 的要求，布设了生物要素、土壤水分、土壤要素、植物生长节律和水汽通量的观测。

2.1.3　高寒小嵩草草甸监测样地

建立于 1998 年，为海北站辅助调查点，样地编号 HBGZQ01AB0 _ 01。本观测场设置于祁连山山地偏阳坡上，西南坡向，北高南低，平均海拔高度 3 305 m，落差 70 m。样地为长方形，地势北高南低，面积为 800 m×500 m。关键点的地理坐标为北纬 37°42′1″，东经 101°34′59″，3 342 m；北纬 37°41′59″，东经 101°16′36″，3 331 m；北纬 37°41′46″，东经 101°16′8″，3 268 m；北纬 37°41′39″，东经 101°16′15″，3 280 m（图 2 - 3）。

植被类型为高寒小嵩草草甸，其优势植物种群包括小嵩草、异针茅、美丽风毛菊、垂穗披碱草、矮火绒草、雪白委陵菜、麻花艽等。植被呈现出小嵩草、矮嵩草、草地生物结皮死亡黑斑镶嵌的地表特征。

样地位于山地峡谷，天气变化频繁，气候寒冷，夏季几乎每天下午都有降水出现，且常常为冰雹。

图 2 - 3　高寒小嵩草草甸监测样地

土壤类型为草毡寒冻雏形土，土层厚 50～60 cm，母质为洪—冲积物，土壤剖面发育较差，雏形性、砾质性强，地表有一层厚度为 10 cm 的草毡表层。土壤干燥，植物生长季土壤含水量在 28% 左右。

该草场是高寒草地的主体类型植被之一，土壤退化严重，鼠类活动频繁，草地生产力低下，作为冬春草场，放牧时间较长，具有地带性植被和利用方式的典型代表性。

破坏性灾害主要是鼠类活动对草地的破坏，鼠洞多位于草毡表层开裂的楔口上。

本辅助观测场为天然草地，除放牧作用外，再无任何人类活动，土地利用方式为冬春草场，放牧强度较重。放牧时间为每年的 9 月下旬至翌年 6 月 10 日。

观测因素：按照 CNERN 的要求，布设了生物要素、土壤水分、土壤要素、植物生长节律的观测。

2.1.4　气象观测场

建立于 1993 年，设置于海北综合观测场内，海拔 3 200 m，观测场面积 30 m×30 m。观测场关键点的地理坐标分别为北纬 37°36′40″，东经 101°18′46″，3 206 m；北纬 37°30′39″，东经 101°18′46″，3 206 m；北纬 37°36′39″，东经 101°18′45″，3 206 m；北纬 37°36′40″，东经 101°18′45″，3 206 m（图 2 - 4）。

图 2-4　海北站气象观测场

　　原生植被为高寒矮嵩草草甸，禁牧，每年 9 月底定期对植物地上部分刈割处理。同时进行人工观测与自动观测。其中，人工观测始于 1980 年，观测因素包括大气压强、空气温湿度、降水、日照时数、分层土壤温度、冻土等指标，观测频率为 3 次/日（8：00、14：00 和 20：00），按照国家气象观测标准规范观测。自动气象观测始于 2002 年，观测因素包括风向、风速、日照、辐射、气压、降水、空气温湿度、土壤温度、土壤热通量等指标，观测频率为 1 次/小时，自动气象观测设备为芬兰 Vaisala 公司的 MOLIS520（2005—2014 年）和 MAWS301（2014 年以来）。

2.1.5　关键生态水文过程平台

　　建立于 2014 年和 2016 年，分散设置于海北站综合观测场内。用于对大气-草地界面的水汽交换，地下水位和降水在土壤中的迁移、分配、内循环及深层渗漏等高寒草地关键生态水文过程观测（图 2-5）。

图 2-5　高寒草地典型关键生态水文过程平台

　　观测设施：LI-7500A 地表蒸散观测设备；Lysmeter 土壤水分蒸散与水分运移观测设备；CR800 土壤水分含量自动观测设备；大气干湿沉降观测设备（TE-78-100X，美国，TISCH 公司）；加拿大 Solinst 公司 LTC 地下水位观测仪，观测频率 30 min/次。

2.1.6　水体生物地球化学特征观测场

始于 2004 年，分为地表水和地下水两类，共 6 个观测点（表 2-1，图 2-6）。通过野外采样，带回室内进行化学分析。分别在每年的 3 月和 8 月下旬进行，代表植物休眠期和生长盛期，亦代表丰水期和枯水期。

表 2-1　海北站水体监测点

水源类型	样点编号	地理坐标	备注
地表水采样点 10 号	HBGFZ10CJB_01	北纬 37°35′59″；东经 101°20′38″	站区低洼湖泊乱海子
地表水采样点 11 号	HBGFZ11CJB_01	北纬 37°36′33″；东经 101°19′6″	地下泉水露头
地表水采样点 12 号	HBGFZ12CJB_01	北纬 37°36′31″；东经 101°19′5″	站区沼泽湿地
地表水采样点 13 号	HBGFZ13CLB_01	北纬 37°36′23″；东经 101°18′39″	流经站区的河流
浅位地下水采样点 14 号	HBGFZ14CDX_01	北纬 37°36′47″；东经 101°18′45″	站冬季生活用浅水井（3 m）
中位地下水采样点 15 号	HBGFZ15CDX_01	北纬 37°37′17″；东经 101°18′37″	牧户水井（15 m）
深位地下水样点 16 号	HBGFZ16CDX_01	北纬 37°36′46″；东经 101°18′44″	站夏季生活用水机井（40 m）

图 2-6　海北站水体化学观测点

测定因子：总磷、总氮、磷酸盐、硝酸盐、亚硝酸盐氮、氨氮、溶解氧、生化需氧量、矿化度、钾离子、钠离子、钙离子、镁离子、磷酸根、氯离子、硫酸根、水温、pH 等指标。

分析设备：离子色谱（ICS-900，美国，戴安公司）、元素分析仪（PE2400 Series Ⅱ，德国，Perkin Elmer 公司）、便携式水质分析仪（EXO01，美国，YSI 公司）。

2.2　生态系统过程研究样地与设施

2.2.1　植物生长节律自动观测系统

植物生长节律自动观测系统，布设于高寒矮嵩草草甸长期观测样地。系统架设于 2017 年，数据采集器为美国 Campbell Scientific，Inc. 公司的 CR6，多光谱相机为美国 MicaSense，Inc 公司的 SE-

QUOIA，共计 4 套件，形成了植物生长节律的样地-群落-个体自动观测梯度（图 2-7）。网络相机每天的观测频率为 2 次，定时为 9：00 和 15：00；多光谱相机每天的观测频率为 1 次，每天 14：00 进行。

2.2.2　模拟水热改变对高寒草地影响过程实验平台

建立于 2011 年，以高寒矮嵩草草甸为研究对象，进行了模拟增温与降水改变的长期观测实验。样地为长方形。关键点的地理坐标为北纬 37°36′37″，东经 101°18′48″，3 194 m；北纬 37°36′36″，东经 101°18′49″，3 206 m；北纬 37°36′39″，东经 101°18′49″，3 204 m；北纬 37°36′37″，东经 101°18′48″，3 198 m（图 2-8）。其中，增温采用红外加热法，水热改变采用塑料雨幕遮盖法。

实验按照区组设计：2 温度水平（对照，增温 2℃）×3 降水水平（对照，−50%，+50%）×6 重复＝36 个实验单元。

观测因素：生态系统净交换（NEE）、净初级生产量（NPP）、植物功能群、生物量、物候、形态特征、光合产物的地下分配、土壤温湿度、土壤养分、温室气体排放，影响碳循环与温室气体排放的微生物及功能基因。

观测频度：生长季每月 1 次，在每月下旬进行。

图 2-7　高寒矮嵩草草甸植物
生长节律自动观测系统

图 2-8　模拟水热改变对高寒草地影响平台

2.2.3　高寒草地养分添加实验平台

建立于 2009 年，样地为长方形。关键点的地理坐标为北纬 37°37′5″，东经 101°19′31″，3 266 m；北纬 37°37′2″，东经 101°19′44″，3 215 m；北纬 37°36′54″，东经 101°19′44″，3 219 m；北纬 37°37′2″，东经 101°19′32″，3 220 m（图 2-9）。以高寒矮嵩草草甸为研究对象，处理因素包括氮素和磷素的单添加和氮磷配合添加。

实验设计：实验设 6 个养分处理，每个处理 5 个重复，完全随机区组设计，共 30 个实验单元，

每个实验单元 $6×6$ m²，实验区面积共 1 080 m²。氮素和磷素添加处理水平包括：对照、25 kg/hm²（氮）、50 kg/hm²（氮）、100 kg/hm²（氮）、100 kg/hm²（磷）、（100＋100）kg/hm²（氮＋磷）。

观测因素：植物群落特征、生物量及其光合产物分配、土壤温室气体排放和碳储，土壤微生物功能群特征。

图 2-9　养分添加对高寒草地影响平台

2.2.4　天然高寒湿地碳过程对气候变化响应平台

建立于 2011 年，样地为长方形。关键点的地理坐标为北纬 $37°36'37''$，东经 $101°19'31''$，3 203 m；北纬 $37°36'37''$，东经 $101°19'32''$，3 208 m；北纬 $37°36'35''$，东经 $101°19'32''$，3 202 m；北纬 $37°36'34''$，东经 $101°19'30''$，3 204 m（图 2-10）。

图 2-10　天然高寒草地碳过程对气候变化响应过程平台

以高寒薹草湿地为研究对象，使用涡度相关、自动密闭箱和密闭箱-气相色谱法 3 种手段，进行 CO_2、CH_4 和 N_2O 的通量及其控制因素的观测，建立适合青藏高原的温室气体排放模型，预测未来全球变化背景下高寒湿地在地球系统碳循环中的作用和对气候变化的潜势。

观测设施：CH_4 涡度相关通量观测设备、密闭箱式 CO_2 自动观测设备。

观测因子：CO_2、CH_4、N_2O 通量，气候及土壤环境因子。

2.2.5　水位下降对高寒湿地温室气体排放影响的过程平台

建立于 2011 年，样地为长方形。关键点的地理坐标为北纬 $37°36'27''$，东经 $101°19'42''$，3 198 m；

北纬 37°36′27″，东经 101°19′43″，3 201 m；北纬 37°36′24″，东经 101°19′43″，3 200 m；北纬 37°36′23″，东经 101°19′41″，3 199 m（图 2-11）。

以高寒薹草湿地为研究对象，挖掘原状土柱，用钢板焊接的容器盛放土柱，通过自动水位控制设施，形成两个水位梯度。同时，模拟大气氮沉降，探讨在长期（植被类型的改变）和短期（植被类型不发生改变）情景下，CO_2 和 CH_4 通量的季节变化规律，水位降低对这两种温室气体通量的影响及其导致的综合温室效应。

实验设计：2 水位水平（对照，−20 cm）×2 氮沉降水平［对照，+30 kg/（hm²·年）］×5 重复=20 个实验单元。

观测因子：CO_2、CH_4、N_2O 通量，气候及土壤环境因子。

图 2-11　水位对高寒湿地温室气体排放影响平台

2.2.6　模拟增温及放牧对高寒草地影响实验平台

建立于 2011 年，样地为长方形。关键点的地理坐标为北纬 37°36′40″，东经 101°18′45″，3 180 m；北纬 37°36′40″，东经 101°18′44″，3 184 m；北纬 37°36′39″，东经 101°18′45″，3 200 m；北纬 37°36′39″，东经 101°18′43″，3 183 m（图 2-12）。

以高寒矮嵩草草甸为研究对象，处理因素包括模拟加热与放牧干扰。其中，模拟增温采用红外加热法，增温幅度昼夜不对称。白天和夜间增温幅度分别设置为生长季 1.2℃ 和 1.7℃，非生长季 1.5℃ 和 2.0℃。放牧处理包括正常放牧和禁牧两种处理。

图 2-12　模拟增温及放牧对高寒草地影响实验平台

观测因子：NEE、NPP、植物功能群、生物量、物候、形态特征、光合产物的地下分配、土壤温湿度、土壤养分、温室气体排放、微生物功能群。

2.2.7　高寒草地适应性管理过程平台

拟回答的科学问题：人类干扰下，典型高寒草地退化的演替过程，遴选表征演替过程的指示因子，量化其阈值范围，建立高寒草地退化演替的定量化判别体系，为高寒草地的适应性管理提供理论依据。

功能提升措施：采用轮牧、减牧、间隔休牧、牧草种群的营养调节、草毡表层的破解及人工干预恢复技术，进行草地的改良。依据逐年草地生产力状况，适时调整其畜群数量与结构，结合家庭经济结构及草地收益动态的分析，构建家庭制高寒草地功能提升技术体系。

本过程平台包括高寒矮嵩草草甸和高寒金露梅灌丛草甸两个实验平台。

2.2.7.1　高寒矮嵩草草甸功能提升平台

建立于 2005 年，设置于青海省门源县皇城乡桌子掌地区。样地为长方形，以高寒矮嵩草草地为研究对象，作为冬季草场，由于长期的固定放牧制度，形成了 4 个放牧梯度，草地分别处于禾草—矮嵩草群落、矮嵩草群落、小嵩草群落和杂类草—次生裸地 4 种演替稳态（图 2 - 13）。通过研究家庭牧场分级改良土地资源配置方式，不同演替状态草地改良与恢复技术，依据改良草地生产力变化的家畜种群与数量调节方法，构建家庭制式高寒草地功能提升的综合技术体系。丰富高寒草地可持续发展理论内涵，为维系生态系统功能，协调经济发展与生态环境保护之间的矛盾，提供理论依据与技术支撑。

关键点地理坐标如下。

禾草—矮嵩草群落状态：北纬 37°39′58″，东经 101°10′40″，3 229 m；北纬 37°40′，东经 101°10′40″，3 238 m；北纬 37°39′59″，东经 101°10′42″，3 236 m；北纬 37°39′59″，东经 101°10′40″，3 238 m。

矮嵩草群落状态：北纬 37°39′50″，东经 101°10′43″，3 226 m；北纬 37°39′51″，东经 101°10′43″，3 233 m；北纬 37°39′51″，东经 101°10′45″，3 232 m；北纬 37°39′52″，东经 101°10′45″，3 242 m。

小嵩草群落草毡表层加厚状态：北纬 37°40′6″，东经 101°10′38″，3 240 m；北纬 37°40′7″，东经 101°10′38″，3 230 m；北纬 37°40′8″，东经 101°10′40″，3 244 m；北纬 37°40′6″，东经 101°10′40″，3 244 m。

小嵩草群落草毡表层开裂状态：北纬 37°40′11″，东经 101°10′38″，3 240 m；北纬 37°40′12″，东经 101°10′40″，3 240 m；北纬 37°40′11″，东经 101°10′40″，3 240 m。

观测因子：植物群落特征、生物量、地表斑块特征、土壤养分状况、土壤微生物群落特征。

图 2 - 13　高寒嵩草草甸系统水平的"放牧干扰实验"

架设了土壤水热盐观测系统（CR800，中国，华益瑞），观测层次分别为 0～5、5～10、10～20、20～40，实现土壤温湿度和电导率的自动观测，频度 30 min/次。

2.2.7.2　高寒金露梅灌丛草甸功能提升平台

建立于 2017 年，以高寒金露梅灌丛草甸为研究对象，被作为冬季草场和夏季草场使用。长期的放牧制度，形成了沿山前洪积扇垂直而下的 5 种草地多稳态，分别处于极度退化灌木草地、中度退化灌木草地、杂类草次生草地、金露梅灌丛丛间草地和原生灌木草地（图 2-14），样地为长方形。关键点的地理坐标分别为：

极度退化灌木草地：北纬 37°41′25″，东经 101°21′39″，3 580 m；北纬 37°41′23″，东经 101°21′43″，3 590 m；北纬 37°41′19″，东经 101°21′41″，3 600 m；北纬 37°41′18″，东经 101°21′39″，3 580 m；

重度退化灌木草地：北纬 37°41′8″，东经 101°21′19″，3 510 m；北纬 37°41′11″，东经 101°21′16″，3 510 m；北纬 37°41′14″，东经 101°21′19″，3 520 m；北纬 37°41′11″，东经 101°21′33″，3 520 m；

杂类草次生草地：北纬 37°39′34″，东经 101°19′19″，3 315 m；北纬 37°39′36″，东经 101°19′18″，3 316 m；北纬 37°39′38″，东经 101°19′18″，3 318 m；北纬 37°39′38″，东经 101°19′20″，3 316 m。

金露梅灌丛丛间草地：北纬 37°39′47″，东经 101°19′38″，3 326 m；北纬 37°39′47″，东经 101°19′42″，3 326 m；北纬 37°39′50″，东经 101°19′42″，3 331 m；北纬 37°39′50″，东经 101°19′38″，3 332 m。

原生金露梅灌丛草地：北纬 37°39′48″，东经 101°19′32″，3 324 m；北纬 37°39′49″，东经 101°19′28″，3 328 m；北纬 37°39′52″，东经 101°19′29″，3 332 m；北纬 37°39′51″，东经 101°19′33″，3 331 m。

图 2-14　高寒灌丛草甸系统水平的"放牧干扰实验"

观测因素：地表斑块特征、植物群落特征、生物量、土壤养分，灌木苗木更新及植被演变过程，水源涵养特征。

架设了土壤水热盐观测系统（CR800，中国，华益瑞），观测层次分别为 0～5、5～10、10～20、20～40，实现土壤温湿度和电导率的自动观测，频度 30 min/次。

2.2.8　高寒草地碳收支平台

建立于 2002 年，以区域典型的代表性草地高寒矮嵩草草甸、高寒金露梅灌丛草甸、高寒薹草湿地 3 种植被为研究对象。关键点的地理坐标为高寒嵩草草甸北纬 37°37′17″，东经 101°19′17″，3 230 m；高寒金露梅灌丛草甸北纬 37°40′31″，东经 101°20′27″，3 358 m；高寒薹草湿地北纬 37°36′51″，东经 101°20′14″，3 235 m（图 2-15）。

采用涡度相关技术，以生态系统碳水通量为核心观测指标，揭示不同生态系统冠层、大气、土壤、大气和根系、大气界面的碳水通量平衡关系及其时间变异的生物控制机制和地理空间格局。

图 2 - 15　高寒草地碳收支与能量平衡观测场

2.2.9　高寒草地山体垂直带谱环境置换平台

建立于 2010 年，沿海北站小流域北界的祁连山冷龙岭至风峡口的山体南坡垂直带，在海拔 3 280～4 200 m 的范围内，每隔垂直距离 200 m，进行不同水热环境的土体（1 m×1 m×0.4 m）移栽置换，研究高寒草地对环境变化的响应方式和适应机理（图 2 - 16）。

关键点的地理坐标如下。

高寒矮嵩草草甸：北纬 37°39′49″，东经 101°19′28″，3 200 m。

金露梅灌丛草甸：北纬 37°41′36″，东经 101°21′13″，3 400 m。

高寒杂类草草甸：北纬 37°41′47″，东经 101°21′33″，3 600 m。

高寒稀疏植被：北纬 37°42′11″，东经 101°22′6″，3 800 m。

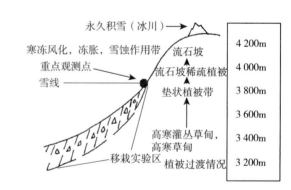

图 2 - 16　高寒草地山体垂直带谱环境置换台

观测因子：植物功能群、生物量、光合产物的地下分配、土壤温湿度、土壤养分、温室气体排放量的测定。

2.2.10　啮齿动物种群的自我调节机制研究平台

建立于 2011 年，样地为长方形。关键点的地理坐标为北纬 37°36′58″，东经 101°18′28″，3 198 m；

北纬 37°36′59″，东经 101°18′29″，3 206 m；北纬 37°36′54″，东经 101°18′37″，3 200 m；北纬 37°36′53″，东经 101°18′36″，3 202 m（图 2 - 17）。

以高寒草甸为研究对象，以根田鼠为研究对象，进行环境应激对母体繁殖程序及种群爆发的影响等内容进行研究。

图 2 - 17　环境应激对啮齿动物种群影响研究平台

2.2.11　小流域水平的高寒草地水源涵养功能评估平台

建立于 2016 年，小流域面积 150.02 km²，高寒金露梅灌丛草甸、高寒嵩草草甸和高寒藏嵩草草甸 3 种植被类型是小流域内的代表性植被类型，分别占流域面积的 35.75%、47.67% 和 5.34%（表 2 - 2）。其中，高寒嵩草草甸具有 7 种多稳态，高寒灌丛和高寒湿地各具有 3 种多稳态。高寒嵩草草甸作为冬季牧场，高寒金露梅灌丛草甸大部分作为夏季牧场，高寒嵩草草甸和高寒薹草草甸均作为冬春草场而利用。

表 2 - 2　海北站小流域土地利用类型及面积

土地覆被类型	乱海子小流域/km²	干柴滩小流域/km²	总面积/km²	面积比例/%
高寒灌丛	2.40	3.46	5.86	3.91
高寒灌丛草甸	23.27	24.50	47.77	31.84
高寒草甸	35.44	36.08	71.52	47.67
高寒湿地	7.27	0.75	8.01	5.34
湖泊	1.15		1.15	0.77
人工草地	0.09		0.09	0.06
居民地		0.03	0.03	0.02
道路	0.50	1.31	1.81	1.20
高山稀疏植被	0.06	0.16	0.22	0.15
裸岩	5.55	6.94	12.48	8.32
裸土	0.35	0.73	1.07	0.72
流域总面积	76.07	73.94	150.02	

小流域分为干柴滩河和乱海子两个水域，面积分别为 76.03 km² 和 73.94 km²（图 2 - 18），主要用于人类干扰下，高寒草地土地利用格局改变引起的植被、土壤构件属性改变对小流域水源涵养功能

影响的评估。

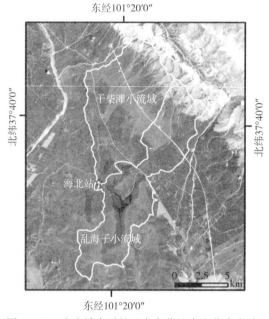

图 2-18　小流域水平的"高寒草地水文收支实验"

观测因素：流域内高寒草地植被多稳态格局演替的时空动态，草地生产力，放牧制度演变，流域河流径流的季节与年及动态。

观测设施：架设了土壤水热盐观测系统（CR800，中国，华益瑞），观测层次分别为 0～5 cm、5～10 cm、10～20 cm、20～40 cm，实现土壤温湿度和电导率的自动观测，频度 30 min/次。

在两条河流的出口采用浮子式（伟思，徐州 WFX-40）和雷达式（伟思，徐州 WLZ 型）水位计进行河流径流流量的同步测定，设备实现了仪器运行状态的实时监控和数据的远程传输。

2.2.12　国家民用空间基础设施陆地观测卫星共性应用支撑平台

建立于 2018 年，被纳入了中国科学院遥感与数字地球研究所牵头的国家民用空间基础设施陆地观测卫星共性应用支撑平台网络。

海北站是代表了青藏高原地区环境观测真实性的检验站之一，被纳入该网络。该观测场设置于高寒矮嵩草草甸观测场内，关键点的地理坐标为北纬 37°36′39″，东经 101°18′45″，3 192 m（图 2-19）。

观测因素：主要进行地表温度产品、地表土壤水分、植被指数产品、叶面积指数产品、植被覆盖度产品、气溶胶光学厚度产品、大气水汽含量产品等遥感产品的地面验证。可服务于包括国土、减灾、测绘、地震、林业、农业、气象、海洋、交通、城建、水利等行业。

观测设备：目前架设了太阳分光光度计（CE318，法国，CI-MEL 公司），观测频度 10 min/次；叶面积指数（LAI）全自动组网监测系统（HiNetLAI-1500，中国，电子科技大学），观测频度 5 min/次。

图 2-19　陆地观测卫星共性应用
支撑平台——地物光谱仪

第3章

海北站联网长期观测数据

海北站的长期联网观测，按照国家站生态网络的要素指标、频度要求和监测规范，进行了水分、土壤、气象和生物要素的长期观测和数据积累。

3.1 气象观测数据

3.1.1 概述

高寒草地生态系统长时间序列的气象观测数据，是理解区域生态系统演变及生态功能评估的重要基础数据，对揭示高寒草地生态系统对气候变化和人类活动干扰响应和适应的生物—生态学过程及发生机制，进行高寒草地的适应性管理及草地功能提升技术选择等，具有重要的参考价值。

海北站气象观测分为人工观测和自动观测两套系统。其中，人工观测要素包括气压、平均风速[①]、气温、相对湿度、地表温度、降水量；自动观测要素包括气压、10 min 平均风速、气温、相对湿度、地表温度、土壤温度（5 cm、10 cm、15 cm、20 cm、40 cm、60 cm、100 cm）、降水量、太阳辐射（总辐射、净辐射、反射辐射、光合有效辐射）等指标。

3.1.2 数据采集和处理方法

3.1.2.1 气压

（1）人工观测

观测仪器为定槽式水银气压表，观测方法为每日定时（北京时间 8：00，14：00，20：00）观测 3 次。原始数据观测频率为日，数据产品频率为月，数据单位为 hPa。观测层次：1.1 m 处。

原始数据质量控制方法：

①超出气候学界限值域 650～750 hPa 的数据为错误数据。

②24 h 变压的绝对值小于 50 hPa。

数据产品处理方法：对每日质控后的所有 3 个时次观测数据进行平均，计算日平均值。再用日均值合计值除以日数获得月平均值。一日中定时记录缺测 1 次或以上时，该日不计算日平均。一月中日均值缺测 7 次或以上时，该月不做月统计，按缺测处理。

（2）自动观测

观测仪器为 DPA501 数字气压表，观测方法为每 10 s 采测 1 个气压值，每分钟采测 6 个气压值，去除 1 个最大值和 1 个最小值后取平均值，作为每分钟的气压值，正点时采测整点的气压值作为正点数据存储。原始数据观测频率为日，数据产品频率为月，数据单位为 hPa。观测层次：1.1 m 处。

---

① 人工观测风速的数据集范围是 2005—2013 年。

原始数据质量控制方法：

①超出气候学界限值域 650～750 hPa 的数据为错误数据。

②24 h 变压的绝对值小于 50 hPa。

③1 min 内允许的最大变化值为 1.0 hPa，1 h 内变化幅度的最小值为 0.1 hPa。

④某一定时气压缺测时，用前、后两定时数据内插求得，按正常数据统计，若连续两个或以上定时数据缺测时，不能内插，仍按缺测处理。

⑤一日中若 24 次定时观测记录有缺测时，该日按照 2：00、8：00、14：00、20：00 的定时记录做日平均，若 4 次定时记录缺测 1 次或以上，但该日各定时记录缺测 5 次或以下时，按实有记录做日统计，缺测 6 次或以上时，不做日平均。

数据产品处理方法：用质控后的日均值合计值除以日数获得月平均值。日平均值缺测 6 次或者以上时，不做月统计。

3.1.2.2　风速

（1）人工观测

观测仪器为电接风向风速计观测。原始数据观测方法为每日定时（北京时间 8：00，14：00，20：00）观测 3 次。原始数据观测频率为日，数据产品频率为月，数据单位为 m/s；观测层次为 10 m 风杆。

原始数据质量控制方法：超出气候学界限值域 0～35 m/s 的数据为错误数据。

数据产品处理方法：同人工观测气压的数据产品处理方法。

（2）自动观测

观测仪器为 WAA151 风速传感器。观测方法为每秒采测 1 次风速数据，以 1 s 为步长求 3 s 滑动平均值，以 3 s 为步长求 1 min 滑动平均风速，然后以 1 min 为步长求 10 min 滑动平均风速。正点时存储整点的 10 min 平均风速值。原始数据观测频率为日，数据产品频率为月，数据单位为 m/s。观测层次为 10 m 风杆。

原始数据质量控制方法：

①超出气候学界限值域 0～35 m/s 的数据为错误数据。

②10 min 平均风速小于最大风速。

③一日中若 24 次定时观测记录有缺测时，该日按照 2：00、8：00、14：00、20：00 的定时记录做日平均，若 4 次定时记录缺测 1 次或以上，但该日各定时记录缺测 5 次或以下时，按实有记录做日统计，缺测 6 次或以上时，不做日平均。

数据产品处理方法：同自动观测气压的数据产品处理方法。

3.1.2.3　气温

（1）人工观测

观测仪器为干球温度表，观测方法为每日定时（北京时间 8：00，14：00，20：00）观测 3 次。原始数据观测频率为日，数据产品频率为月，数据单位为℃；观测层次为 1.5 m 百叶箱。

原始数据质量控制方法：

①超出本地气候学界限值域 −40～30℃的数据为错误数据。

②气温大于等于露点温度。

③24 h 气温变化范围小于 50℃。

④利用与台站下垫面及周围环境相似的一个或多个邻近站的气温数据计算本台站气温值，比较台站观测值和计算值，如果超出阈值即认为观测数据可疑。

数据产品处理方法：

①将当日最低气温和前一日 20：00 的气温平均值作为 2：00 的插补气温。若当日最低气温或前

一天 20：00 的气温也缺测，则 2：00 的气温用 8：00 的记录代替。用每日质控后的所有 4 个时次观测数据计算日平均值。一日中定时记录缺测 1 次或以上时，该日不做日平均。

②用日均值合计值除以日数获得月平均值。1 个月中日均值缺测 7 次或以上时，该月不做月统计，按缺测处理。

（2）自动观测观测

仪器为 HMP45D 温度传感器观测。观测方法为每 10 s 采测 1 个温度值，每分钟采测 6 个温度值，去除 1 个最大值和 1 个最小值后取平均值，作为每分钟的温度值存储。正点时采测整点的温度值作为正点数据存储。原始数据观测频率为日，数据产品频率为月，数据单位为℃，观测层次为 1.5 m 防辐射罩内。

原始数据质量控制方法：

①超出本地气候学界限值域−40～30℃的数据为错误数据。

②1 min 内允许的最大变化值为 3℃，1 h 内变化幅度的最小值为 0.1℃。

③定时气温大于等于日最低地温且小于等于日最高气温。

④气温大于等于露点温度。

⑤24 h 气温变化范围小于 50℃。

⑥利用与台站下垫面及周围环境相似的一个或多个邻近站观测数据计算本站气温值，比较台站观测值和计算值，如果超出阈值即认为观测数据可疑。

⑦某一定时气温缺测时，用前、后两定时数据内插求得，按正常数据统计，若连续两个或以上定时数据缺测时，不能内插，仍按缺测处理。

⑧一日中若 24 次定时观测记录有缺测时，该日按照 2：00、8：00、14：00、20：00 的定时记录做日平均，若 4 次定时记录缺测 1 次或以上，但该日各定时记录缺测 5 次或以下时，按实有记录做日统计，缺测 6 次或以上时，不做日平均。

数据产品处理方法：用质控后的日均值的合计值除以日数获得月平均值。日平均值缺测 6 次或者以上时，不做月统计。

3.1.2.4　相对湿度

（1）人工观测

非结冰期采用干球温度表和湿球温度表，结冰期采用毛发湿度表观测。按照干、湿球球温度表的温度差值查《湿度查算表》获得相对湿度。观测方法为每日定时（北京时间 8：00，14：00，20：00）观测 3 次。原始数据观测频率为日，数据产品频率为月，数据单位为％；观测层次为 1.5 m 百叶箱。

原始数据质量控制方法：

①相对湿度介于 0～100％。

②干球温度大于等于湿球温度（结冰期除外）。

数据产品处理方法：

①用 8：00 的相对湿度值代替 2：00 的值，然后用每日质控后的所有 4 个时次观测数据计算日均值。一日中定时记录缺测 1 次或以上时，该日不做日平均。

②用日均值合计值除以日数获得月平均值。1 个月中日均值缺测 7 次或以上时，该月不做月统计，按缺测处理。

（2）自动观测

观测仪器为 HMP45D 湿度传感器。每 10 s 采测 1 个湿度值，每分钟采测 6 个湿度值，去除 1 个最大值和 1 个最小值后取平均值，作为每分钟的湿度值存储。正点时采测整点的湿度值作为正点数据存储。原始数据观测频率为日，数据产品频率为月，数据单位为％，观测层次为 1.5 m 防辐射罩内。

原始数据质量控制方法：

①相对湿度介于 0～100％之间。

②定时相对湿度大于等于日最小相对湿度。

③干球温度大于等于湿球温度（结冰期除外）。

④某一定时相对湿度缺测时，用前、后两定时数据内插求得，按正常数据统计，若连续两个或以上定时数据缺测时，不能内插，仍按缺测处理。

⑤一日中若 24 次定时观测记录有缺测时，该日按照 2：00、8：00、14：00、20：00 的定时记录做日平均，若 4 次定时记录缺测 1 次或以上，但该日各定时记录缺测 5 次或以下时，按实有记录做日统计，缺测 6 次或以上时，不做日平均。

数据产品处理方法：同自动观测气压的数据产品处理方法。

3.1.2.5　地表温度

（1）人工观测

观测仪器为直管式水银地温表。观测方法为每日定时（北京时间 8：00，14：00，20：00）观测 3 次。原始数据观测频率为日，数据产品频率为月，数据单位为℃；观测层次为裸露地表面 0 cm 处。

原始数据质量控制方法：

①超出本地气候学界限值域−50～70℃的数据为错误数据。

②地表温度 24 h 变化范围小于 60℃。

数据产品处理方法：

①将当日地面最低温度和前一日 20：00 的地表温度平均值作为 2：00 的地表温度，然后用每日质控后的所有 4 个时次观测数据计算日平均值。一日中定时记录缺测 1 次或以上时，该日不做日平均。

②用日均值合计值除以日数获得月平均值。1 个月中日均值缺测 7 次或以上时，该月不做月统计，按缺测处理。

（2）自动观测

观测仪器为 QMT110 地温传感器。每 10 s 采测 1 次地表温度值，每分钟采测 6 次，去除 1 个最大值和 1 个最小值后取平均值，作为每分钟的地表温度值存储。采测正点时的地表温度值作为正点数据存储。原始数据观测频率为日，数据产品频率为月，数据单位为℃，观测层次为裸露地表面 0 cm 处。

原始数据质量控制方法：

①超出本地气候学界限值域−50～70℃的数据为错误数据。

②1 min 内允许的最大变化值为 5℃，1 h 内变化幅度的最小值为 0.1℃。

③定时观测地表温度大于等于日地表最低温度且小于等于日地表最高温度。

④地表温度 24 h 变化范围小于 60℃。

⑤某一定时地表温度缺测时，用前、后两定时数据内插求得，按正常数据统计，若连续两个或以上定时数据缺测时，不能内插，仍按缺测处理。

⑥一日中若 24 次定时观测记录有缺测时，该日按照 2：00、8：00、14：00、20：00 的定时记录做日平均，若 4 次定时记录缺测 1 次或以上，但该日各定时记录缺测 5 次或以下时，按实有记录做日统计，缺测 6 次或以上时，不做日平均。

数据产品处理方法：同自动观测气压的数据产品处理方法。

3.1.2.6　土壤温度

观测仪器均为 QMT110 地温传感器。每 10 s 采测 1 次 5 cm、10 cm、15 cm、20 cm、40 cm、60 cm、

100 cm 的地温值，每分钟采测 6 次，去除 1 个最大值和 1 个最小值后取平均值，作为每分钟的 5 cm、10 cm、15 cm、20 cm、40 cm、60 cm、100 cm 地温值存储。正点时采测 00 min 的 5 cm、10 cm、15 cm、20 cm、40 cm、60 cm、100 cm 地温值作为正点数据存储。原始数据观测频率为日，数据产品频率为月，数据单位为℃，观测层次为裸露地表面以下 5 cm、10 cm、15 cm、20 cm、40 cm、60 cm、100 cm 处。

原始数据质量控制方法：

①超出本地气候学界限值域－50～70℃的数据为错误数据。

②1 min 内允许的最大变化值为 1℃，2 h 内变化幅度的最小值为 0.1℃。

③5 cm、10 cm、15 cm、20 cm、40 cm、60 cm、100 cm 地温 24 h 变化范围分别小于 40℃、40℃、40℃、30℃、30℃、20℃、20℃。

④某一定时土壤温度（5 cm、10 cm、15 cm、20 cm、40 cm、60 cm、100 cm）缺测时，用前、后两定时数据内插求得，按正常数据统计，若连续两个或以上定时数据缺测时，不能内插，仍按缺测处理。

⑤一日中若 24 次定时观测记录有缺测时，该日按照 2：00、8：00、14：00、20：00 的定时记录做日平均，若 4 次定时记录缺测 1 次或以上，但该日各定时记录缺测 5 次或以下时，按实有记录做日统计，缺测 6 次或以上时，不做日平均。

3.1.2.7　降水量

（1）人工观测

观测仪器为雨量筒，观测方法为每天 8：00 和 20：00 观测前 12 h 的累积降水量。原始数据观测频率为日，数据产品频率为月，数据单位为 mm，观测层次为距地面高度 70 cm。

原始数据质量控制方法：

降水量大于 0.0 mm 或者微量时，应有雨、雪等天气现象。

数据产品处理方法：

①降水量的日总量由该日降水量各时值累加获得。一日中定时记录缺测 1 次，另一定时记录未缺测时，按实有记录做日合计，全天缺测时不做日合计。

②月累计降水量由日总量累加而得。1 个月中降水量缺测 7 天或以上时，该月不做月合计，按缺测处理。

（2）自动观测

观测仪器为 RG13H 型雨量计观测。观测方法为每分钟计算出 1 min 降水量，正点时计算、存储 1 h 的累积降水量，每日 20：00 时存储每日累积降水。原始数据观测频率为日，数据产品频率为月，数据单位为 mm，观测层次为距地面高度 70 cm。

原始数据质量控制方法：

①降水强度超出本地气候学界限值域 0～60 mm/min 的数据为错误数据。

②降水量大于 0.0 mm 或者微量时，应有雨、雪等天气现象。

③一日中各时降水量缺测数小时但不是全天缺测时，按实有记录做日合计。全天缺测时，不做日合计，按缺测处理。

数据产品处理方法：

1 个月中降水量缺测 6 d 或以下时，按实有记录做月合计，缺测 7 d 或以上时，该月不做月合计。

3.1.2.8　太阳辐射

总辐射观测仪器为 CM11，反射辐射观测仪器为 CM6B，净辐射观测仪器为 QMN101，光合有效辐射为 LI－190SZ。每 10 s 采测 1 次，每分钟采测 6 次辐照度（瞬时值），去除 1 个最大值和 1

个最小值后取平均值。正点（地方平均太阳时）采集存储辐照度，同时计存储曝辐量（累积值）。原始数据观测频率为日；数据产品频率为月；辐射数据单位为 MJ/m^2（光合有效辐射为 mol/m^2）。

数据产品观测层次：距地面 1.5 m 处。

原始数据质量控制方法：

①总辐射最大值不能超过气候学界限值 2 000 W/m^2。

②当前瞬时值与前一次值的差异小于最大变幅 800 W/m^2。

③小时总辐射量大于等于小时净辐射、反射辐射。

④小时总辐射累积值应小于同一地理位置大气层顶的辐射总量，小时总辐射累积值可以稍微大于同一地理位置在大气具有很大透过率和非常晴朗天空状态下的小时总辐射累积值，所有夜间观测的小时总辐射累积值小于 0 时用 0 代替。

⑤辐射曝辐量缺测数小时但不是全天缺测时，按实有记录做日合计，全天缺测时不做日合计。

数据产品处理方法：

1 个月中日总量缺测 9 d 或以下时，月平均日合计等于实有记录之和除以实有记录天数。缺测 10 d 或以上时，该月不做月统计，按缺测处理。

3.1.3　气象观测数据集

本节中收集和整理了海北站 2005—2015 年观测的人工与自动观测数据。数据为月尺度，将人工观测数据与自动系统观测数据进行了比较，说明了两套系统测定的差异，探讨了是否可以用自动观测系统替代人工观测，以减轻人工观测强度。同时给出了数据的年际变化动态。

3.1.3.1　气压

2005—2015 年，海北站的气压采用人工与自动观测并行观测，其中人工测定的平均气压为 690.3 hPa，变异系数 0.004，自动站测定的平均气压为 690.8 hPa，变异系数为 0.004（表 3-1）。人工观测与自动测定具有相似的年际与月季变化动态（图 3-1）。其中，气压变化的季相特征为随着气温的升高、牧草的生长，2—10 月气压呈现逐渐增高的趋势，至 10 月达到最高值，随后持续下降至次年 2 月，到达其低谷值，年变化幅度约 8 hPa。这种高原的大气气压季相特征，也是造成人们在植物生长季高原反应较轻，非生长季较重的原因之一，这可能和气温变化以及牧草生长造成的大气密度和成分变化有关。2005—2010 年，气压呈现出逐渐降低的变化趋势，2012 年后稍有抬升，这可能与气候的波动变化有关。

表 3-1　海北站 2005—2015 年气压

单位：hPa

时间（年-月）	月平均		时间（年-月）	月平均	
	人工数据	自动数据		人工数据	自动数据
2005 - 01	—	685.4	2005 - 10	696.6	695.3
2005 - 02	685.0	—	2005 - 11	692.2	691.2
2005 - 03	691.2	688.0	2005 - 12	689.8	689.4
2005 - 04	692.3	691.3	2006 - 01	685.9	—
2005 - 05	690.7	690.1	2006 - 02	689.1	688.8
2005 - 06	690.0	691.6	2006 - 03	689.0	687.9
2005 - 07	693.7	692.8	2006 - 04	691.0	—
2005 - 08	692.0	692.5	2006 - 05	694.6	692.5
2005 - 09	698.0	695.6	2006 - 06	691.8	691.7

（续）

时间（年-月）	月平均		时间（年-月）	月平均	
	人工数据	自动数据		人工数据	自动数据
2006 – 07	691.5	700.4	2009 – 06	691.0	691.6
2006 – 08	693.0	692.9	2009 – 07	691.0	691.7
2006 – 09	694.0	—	2009 – 08	693.7	694.3
2006 – 10	695.1	695.8	2009 – 09	693.5	694.3
2006 – 11	690.4	699.8	2009 – 10	693.6	694.5
2006 – 12	689.6	690.4	2009 – 11	690.3	690.9
2007 – 01	689.1	689.6	2009 – 12	687.2	687.0
2007 – 02	686.2	686.9	2010 – 01	686.9	687.4
2007 – 03	685.9	685.6	2010 – 02	683.4	684.0
2007 – 04	690.9	691.5	2010 – 03	687.3	687.9
2007 – 05	691.8	692.7	2010 – 04	689.4	689.8
2007 – 06	691.3	—	2010 – 05	689.8	690.1
2007 – 07	691.0	691.7	2010 – 06	691.2	692.0
2007 – 08	692.8	693.5	2010 – 07	692.6	693.0
2007 – 09	693.3	694.0	2010 – 08	694.2	694.6
2007 – 10	693.2	694.2	2010 – 09	693.3	693.8
2007 – 11	691.9	693.1	2010 – 10	693.7	694.5
2007 – 12	687.1	687.9	2010 – 11	691.8	692.6
2008 – 01	683.1	684.5	2010 – 12	686.6	687.4
2008 – 02	684.4	686.8	2011 – 01	684.3	684.7
2008 – 03	687.4	689.2	2011 – 02	684.0	684.5
2008 – 04	688.6	689.7	2011 – 03	687.9	688.6
2008 – 05	690.9	691.7	2011 – 04	690.8	691.5
2008 – 06	691.3	692.2	2011 – 05	690.8	691.7
2008 – 07	691.1	692.0	2011 – 06	690.7	691.2
2008 – 08	692.5	693.3	2011 – 07	692.0	692.7
2008 – 09	693.3	694.1	2011 – 08	693.0	693.8
2008 – 10	693.9	694.9	2011 – 09	693.1	693.4
2008 – 11	691.3	692.8	2011 – 10	693.2	693.9
2008 – 12	687.8	689.2	2011 – 11	690.9	691.6
2009 – 01	686.5	688.4	2011 – 12	689.2	689.9
2009 – 02	683.0	684.7	2012 – 01	684.0	684.5
2009 – 03	686.1	687.7	2012 – 02	683.1	683.6
2009 – 04	689.1	689.8	2012 – 03	687.0	686.9
2009 – 05	691.1	691.8	2012 – 04	689.1	689.3

（续）

时间（年-月）	月平均		时间（年-月）	月平均	
	人工数据	自动数据		人工数据	自动数据
2012 - 05	691.6	691.4	2014 - 03	688.2	688.6
2012 - 06	690.9	690.8	2014 - 04	690.2	690.6
2012 - 07	692.0	691.8	2014 - 05	690.9	691.1
2012 - 08	693.8	693.7	2014 - 06	691.6	691.9
2012 - 09	694.1	694.6	2014 - 07	692.0	692.7
2012 - 10	693.2	693.7	2014 - 08	693.2	693.8
2012 - 11	688.0	688.7	2014 - 09	693.6	694.2
2012 - 12	686.5	686.4	2014 - 10	693.9	694.7
2013 - 01	686.8	687.0	2014 - 11	690.0	690.9
2013 - 02	686.3	686.4	2014 - 12	689.5	690.3
2013 - 03	689.8	689.6	2015 - 01	687.8	688.7
2013 - 04	689.7	689.8	2015 - 02	686.0	686.6
2013 - 05	691.2	691.6	2015 - 03	688.0	688.7
2013 - 06	691.1	691.1	2015 - 04	690.4	691.0
2013 - 07	690.9	691.4	2015 - 05	692.9	691.3
2013 - 08	692.5	—	2015 - 06	694.3	691.6
2013 - 09	693.2	694.9	2015 - 07	693.0	693.4
2013 - 10	691.9	695.5	2015 - 08	693.3	694.5
2013 - 11	689.3	692.6	2015 - 09	693.7	—
2013 - 12	687.4	689.6	2015 - 10	694.1	695.4
2014 - 01	686.9	688.6	2015 - 11	691.2	—
2014 - 02	684.2	684.3	2015 - 12	689.7	690.0

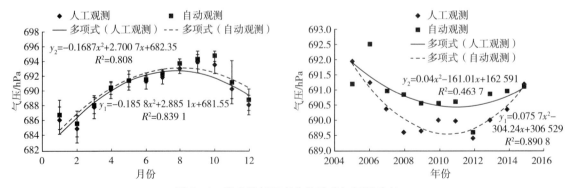

图 3-1　海北站气压变化的季节与年际动态

注：R^2 为决定系数，y_1 和 y_2 分别是人工观测和自动观测。

　　人工观测与自动观测之间具有极显著的相关性，相关系数 $R=0.838$（$P<0.01$），方差分析表明，两种测量方法之间无显著性差异（表 3-2），自动观测可以代替人工观测。

表 3-2　气压测定的两种方法比较

	平方和	自由度	均方	F 值	显著性
组间（两种方法）	20.99	1	20.99	2.136	0.145
组内（年际）	2 487.31	253	9.831		
总数	2 508.30	254			

3.1.3.2　风速

海北站的风速采用人工与自动观测并行观测，2005—2015 年人工测定的平均风速为 1.6 m/s，变异系数 0.27，自动站测定的风速为 (1.7±0.3) m/s，变异系数 0.20（表 3-3）。人工观测与自动测定具有相似的季节与年际动态（图 3-2）。其中，风速变化的季相特征表现出 1—4 月风速持续增加，4 月风速最大，随后呈现出持续下降的变化趋势，直至次年 1 月。风速的年际变化：2005—2010 年比较平稳，2010 年后人工观测和自动测定结果均显示出其风速呈现出略有下降的变化趋势，且人工观测方法下降速率高于自动观测，其下降速率约为每年 0.1 m/s。风速下降可能和全球气候变化与下垫面植被盖度等因素有关。

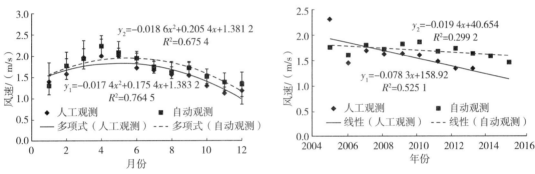

图 3-2　海北站风速的季节与年际动态

注：R^2 为决定系数，y_1 和 y_2 分别是人工观测和自动观测。

人工测定和自动测定之间具有显著的相关性，相关系数 $R=0.745$（$P<0.01$，$n=109$），但方差分析表明，两种测量方法之间具有显著差异（$P<0.05$）（表 3-4），自动观测高出人工观测 0.1 m/s，自动测定代替人工测定还需要做进一步的校准和商榷。

表 3-3　海北站 2001—2015 年风速

单位：m/s

时间（年-月）	月平均		时间（年-月）	月平均	
	人工数据	自动数据		人工数据	自动数据
2005 - 01	2.2	1.4	2005 - 11	—	1.4
2005 - 02	2.1	—	2005 - 12	—	1.5
2005 - 03	2.8	2.1	2006 - 01	1.9	—
2005 - 04	2.7	2.1	2006 - 02	1.6	1.4
2005 - 05	2.7	2.1	2006 - 03	1.8	1.7
2005 - 06	2.7	2.0	2006 - 04	1.6	—
2005 - 07	2.2	1.7	2006 - 05	1.8	2.0
2005 - 08	2.1	1.6	2006 - 06	1.6	1.9
2005 - 09	2.1	1.7	2006 - 07	1.6	1.9
2005 - 10	1.5	1.6	2006 - 08	1.1	1.6

（续）

时间（年-月）	月平均		时间（年-月）	月平均	
	人工数据	自动数据		人工数据	自动数据
2006 – 09	1.2	—	2009 – 11	1.2	1.5
2006 – 10	1.0	1.5	2009 – 12	1.2	1.4
2006 – 11	1.0	1.3	2010 – 01	1.5	1.6
2006 – 12	1.1	1.1	2010 – 02	1.4	1.7
2007 – 01	1.3	1.5	2010 – 03	2.0	2.3
2007 – 02	1.6	1.6	2010 – 04	2.4	2.8
2007 – 03	2.1	2.2	2010 – 05	1.8	2.2
2007 – 04	2.2	2.5	2010 – 06	1.7	1.9
2007 – 05	2.2	2.2	2010 – 07	1.5	1.6
2007 – 06	1.5	—	2010 – 08	1.3	1.5
2007 – 07	1.7	1.8	2010 – 09	1.6	2.0
2007 – 08	1.8	1.8	2010 – 10	1.2	1.4
2007 – 09	1.7	1.7	2010 – 11	1.3	1.5
2007 – 10	1.9	1.8	2010 – 12	1.5	1.8
2007 – 11	1.1	1.3	2011 – 01	1.4	1.6
2007 – 12	1.2	1.2	2011 – 02	1.7	2.0
2008 – 01	1.1	1.2	2011 – 03	1.6	1.9
2008 – 02	1.1	1.5	2011 – 04	1.7	2.1
2008 – 03	1.8	1.9	2011 – 05	1.8	2.1
2008 – 04	2.1	2.1	2011 – 06	1.6	1.8
2008 – 05	2.1	2.2	2011 – 07	1.5	1.4
2008 – 06	1.8	1.9	2011 – 08	1.6	1.5
2008 – 07	1.8	1.8	2011 – 09	1.4	1.7
2008 – 08	1.7	1.7	2011 – 10	1.3	1.4
2008 – 09	1.7	1.8	2011 – 11	1.1	1.5
2008 – 10	1.5	1.5	2011 – 12	1.0	1.2
2008 – 11	1.3	1.4	2012 – 01	1.1	1.2
2008 – 12	1.3	1.5	2012 – 02	1.2	1.6
2009 – 01	1.2	1.4	2012 – 03	1.5	1.9
2009 – 02	2.1	2.5	2012 – 04	1.4	2.1
2009 – 03	2.2	2.1	2012 – 05	1.7	1.9
2009 – 04	2.0	2.1	2012 – 06	1.4	1.9
2009 – 05	2.2	2.1	2012 – 07	1.3	1.7
2009 – 06	1.6	1.9	2012 – 08	1.4	1.8
2009 – 07	1.6	1.9	2012 – 09	1.4	1.6
2009 – 08	1.5	1.7	2012 – 10	1.1	1.6
2009 – 09	1.6	1.8	2012 – 11	1.1	1.7
2009 – 10	1.1	1.4	2012 – 12	1.3	1.7

（续）

时间（年-月）	月平均		时间（年-月）	月平均	
	人工数据	自动数据		人工数据	自动数据
2013 - 01	0.6	1.1	2014 - 07	—	1.7
2013 - 02	1.5	1.9	2014 - 08	—	1.6
2013 - 03	1.7	1.7	2014 - 09	—	1.6
2013 - 04	1.7	2.2	2014 - 10	—	1.3
2013 - 05	1.8	1.9	2014 - 11	—	0.9
2013 - 06	1.6	2.2	2014 - 12	—	1.2
2013 - 07	1.6	1.8	2015 - 01	—	1.0
2013 - 08	1.4	—	2015 - 02	—	1.6
2013 - 09	1.1	1.5	2015 - 03	—	1.6
2013 - 10	1.2	1.4	2015 - 04		
2013 - 11	0.9	1.2	2015 - 05		
2013 - 12	0.9	0.9	2015 - 06		
2014 - 01	—	1.1	2015 - 07	—	1.7
2014 - 02	—	1.9	2015 - 08	—	1.4
2014 - 03	—	1.6	2015 - 09	—	—
2014 - 04	—	2.0	2015 - 10	—	1.8
2014 - 05	—	2.0	2015 - 11		
2014 - 06	—	2.0	2015 - 12	—	1.1

表 3-4　风速测定的两种方法比较

	平方和	自由度	均方	F 值	显著性
组间（两种方法）	0.839	1	0.839	5.712	0.018
组内（年际）	33.474	228	0.147		
总　数	34.313	229			

3.1.3.3　气温

气温测定亦采用人工与自动观测两种测定方式，其中人工观测 2001—2004 年数据缺失，整理了海北站 2005—2015 的人工观测数据和 2001—2015 年自动观测数据（表 3-5）。11 年间自动站测定的平均气温为 -0.49℃，人工测定的平均气温为 -0.18℃，两种方法之间相差 -0.39℃，由于自动观测设备观测频度高，且测定间隔均匀，应该较人工测定方法 4 次/日（其中 0：00 数据为 20：00 和 8：00 数据的均值）具有更高的准确性，建议使用自动观测数据。

气温的季节动态呈现出明显的单峰变化趋势，1 个生长季内，气温最低点出现在每年的 1 月，人工观测温度为（-12.3±2.2）℃，自动观测为（-13.0±2.5）℃，二者相差 -0.7℃。气温最高点出现在夏季 7 月，人工观测温度为（11.5±1.0）℃，自动观测为（11.0±1.0）℃，二者相差 -0.5℃，年内最大温差达 24.1℃。气温的年际变化，无论人工观测还是自动观测，以 2012—2013 年为转折点，前期呈现逐渐降低的变化过程，此后气温发生折转上升，人工观测波动性小于自动观测，折转点发生于 2012 年，而自动观测发生于 2013 年（图 3-3）。

表 3-5　海北站 2001—2015 年气温

单位:℃

时间（年-月）	月平均		时间（年-月）	月平均	
	人工数据	自动数据		人工数据	自动数据
2001 - 01		−13.33	2004 - 02		−12.37
2001 - 02		−9.90	2004 - 03		−4.71
2001 - 03		−6.45	2004 - 04		1.28
2001 - 04		0.65	2004 - 05		3.41
2001 - 05		2.70	2004 - 06		7.50
2001 - 06		7.87	2004 - 07		9.69
2001 - 07		12.35	2004 - 08		9.85
2001 - 08		10.13	2004 - 09		5.07
2001 - 09		7.32	2004 - 10		−0.25
2001 - 10		1.03	2004 - 11		−8.17
2001 - 11		−5.50	2004 - 12		−11.14
2001 - 12		−10.94	2005 - 01	−10.5	−12.11
2002 - 01		−7.20	2005 - 02	−8.8	
2002 - 02		−7.97	2005 - 03	−3.9	−2.68
2002 - 03		−4.93	2005 - 04	1.8	1.45
2002 - 04		1.74	2005 - 05	6.1	5.60
2002 - 05		3.40	2005 - 06	9.6	9.37
2002 - 06		8.43	2005 - 07	11.7	11.98
2002 - 07		10.89	2005 - 08	11.5	11.36
2002 - 08		10.48	2005 - 09	7.7	7.59
2002 - 09		6.03	2005 - 10	1.5	0.21
2002 - 10		−0.89	2005 - 11	−6.5	−7.09
2002 - 11		−9.40	2005 - 12	−12.1	−12.76
2002 - 12		−12.13	2006 - 01	−9.3	
2003 - 01		−13.84	2006 - 02	−10.4	−11.07
2003 - 02		−8.20	2006 - 03	−6.2	−7.09
2003 - 03		−4.86	2006 - 04	1.0	
2003 - 04		0.80	2006 - 05	4.9	4.08
2003 - 05		4.0	2006 - 06	9.3	8.08
2003 - 06		7.4	2006 - 07	12.8	11.76
2003 - 07		10.55	2006 - 08	11.8	10.96
2003 - 08		9.72	2006 - 09	6.6	
2003 - 09		5.73	2006 - 10	1.7	0.93
2003 - 10		0.49	2006 - 11	−5.1	−5.93
2003 - 11		−6.37	2006 - 12	−11.4	−12.70
2003 - 12		−12.58	2007 - 01	−13.2	−14.88
2004 - 01		−15.20	2007 - 02	−8.1	−8.80

（续）

时间（年-月）	月平均		时间（年-月）	月平均	
	人工数据	自动数据		人工数据	自动数据
2007 - 03	-3.2	-3.66	2010 - 05	4.8	4.99
2007 - 04	1.1	0.32	2010 - 06	9.2	9.05
2007 - 05	7.8	6.48	2010 - 07	12.5	12.55
2007 - 06	9.1		2010 - 08	10.2	10.67
2007 - 07	11.0	9.95	2010 - 09	6.8	7.31
2007 - 08	11.8	10.98	2010 - 10	-0.9	-0.59
2007 - 09	7.0	6.14	2010 - 11	-7.8	-7.09
2007 - 10	1.0	0.46	2010 - 12	-13.0	-12.50
2007 - 11	-5.6	-6.64	2011 - 01	-15.7	-15.46
2007 - 12	-11.0	-11.91	2011 - 02	-8.4	-7.99
2008 - 01	-13.2	-13.80	2011 - 03	-8.5	-8.18
2008 - 02	-13.1	-14.20	2011 - 04	1.2	1.61
2008 - 03	-3.6	-4.34	2011 - 05	4.8	4.85
2008 - 04	1.5	0.83	2011 - 06	9.2	9.32
2008 - 05	7.6	6.11	2011 - 07	9.8	10.02
2008 - 06	9.4	7.99	2011 - 08	9.8	9.86
2008 - 07	11.5	10.59	2011 - 09	5.8	6.25
2008 - 08	9.5	8.81	2011 - 10	0.0	0.66
2008 - 09	7.1	6.60	2011 - 11	-5.2	-4.95
2008 - 10	1.2	0.32	2011 - 12	-13.3	-12.90
2008 - 11	-6.4	-6.83	2012 - 01	-15.5	-15.14
2008 - 12	-10.0	-11.11	2012 - 02	-11.2	-10.74
2009 - 01	-13.4	-13.28	2012 - 03	-5.8	-5.35
2009 - 02	-7.3	-6.68	2012 - 04	-0.3	0.27
2009 - 03	-4.8	-4.66	2012 - 05	5.4	5.31
2009 - 04	2.4	2.68	2012 - 06	8.5	8.56
2009 - 05	5.3	5.11	2012 - 07	11.4	11.24
2009 - 06	8.5	8.39	2012 - 08	10.5	10.97
2009 - 07	10.9	11.00	2012 - 09	5.1	5.40
2009 - 08	8.9	8.95	2012 - 10	-0.9	-0.63
2009 - 09	7.4	7.78	2012 - 11	-9.3	-9.20
2009 - 10	-0.7	-0.14	2012 - 12	-12.1	-12.17
2009 - 11	-8.8	-8.40	2013 - 01	-14.2	-14.02
2009 - 12	-13.1	-12.38	2013 - 02	-8.5	-8.39
2010 - 01	-11.0	-10.89	2013 - 03	-2.8	-2.62
2010 - 02	-9.4	-9.24	2013 - 04	0.8	0.85
2010 - 03	-5.0	-5.19	2013 - 05	5.2	5.08
2010 - 04	-0.6	-0.40	2013 - 06	9.9	9.76

（续）

时间（年-月）	月平均		时间（年-月）	月平均	
	人工数据	自动数据		人工数据	自动数据
2013 - 07	11.3	11.19	2014 - 10	1.1	0.96
2013 - 08	11.7		2014 - 11	−8.4	−8.43
2013 - 09	5.5	5.89	2014 - 12	−14.0	−13.97
2013 - 10	0.0	0.45	2015 - 01	−12.4	−12.04
2013 - 11	−9.1	−8.90	2015 - 02	−10.2	−10.00
2013 - 12	−14.2	−14.12	2015 - 03	−3.5	−3.32
2014 - 01	−12.9	−12.87	2015 - 04	1.3	1.23
2014 - 02	−8.8	−8.78	2015 - 05	5.2	4.85
2014 - 03	−4.2	−3.85	2015 - 06	8.5	8.07
2014 - 04	1.2	1.24	2015 - 07	10.2	9.72
2014 - 05	4.0	4.08	2015 - 08	8.8	8.59
2014 - 06	8.7	8.38	2015 - 09	6.1	
2014 - 07	10.8	10.59	2015 - 10	0.7	1.22
2014 - 08	8.8	8.75	2015 - 11	−3.6	
2014 - 09	6.2	6.27	2015 - 12	−12.6	−12.91

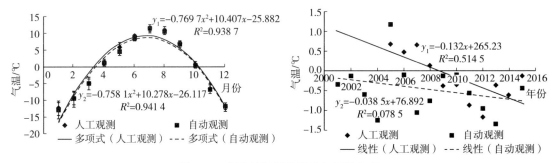

图 3-3　海北站气温的季节与年际动态
注：R^2 为决定系数，y_1 和 y_2 分别是人工观测和自动观测。

自动测定和人工测定之间具有极显著的相关性，相关系数 $R = 0.998$（$P < 0.01$），方差分析表明，两种测量方法之间无显著性差异（$P > 0.05$）（表 3-6）可以用自动观测代替人工观测。

表 3-6　温度测定的两种方法比较

	平方和	自由度	均方	F 值	显著性
组间（两种方法）	4.951	1	4.951	0.066	0.797
组内（年际）	18 927.4	254	74.517		
总　　数	18 932.3	255			

3.1.3.4　降水

整理了海北站 2005—2015 年的降水数据（表 3-7）。11 年来，海北站自动站人工观测年降水量为（483.6±71.0）mm，变异为 0.15，自动观测年降水量为（396.0±86.6）mm，变异为 0.22。

表 3 - 7　海北站 2005—2015 年逐月降水量

单位：mm

时间（年-月）	月平均		时间（年-月）	月平均	
	人工数据	自动数据		人工数据	自动数据
2005 - 01	2.2	1.4	2008 - 02	3.0	2.0
2005 - 02	4.0	—	2008 - 03	9.8	7.2
2005 - 03	33.4	25.2	2008 - 04	43.4	40.4
2005 - 04	5.3	7.6	2008 - 05	52.6	49.2
2005 - 05	38.1	43.6	2008 - 06	54.9	53.2
2005 - 06	51.6	73.6	2008 - 07	75.2	70.2
2005 - 07	138.1	136.8	2008 - 08	73.5	76.4
2005 - 08	63.2	66.0	2008 - 09	93.5	90.4
2005 - 09	79.1	76.8	2008 - 10	9.8	8.6
2005 - 10	29.6	41.6	2008 - 11	7.9	6.4
2005 - 11	3.5	3.0	2008 - 12	0.0	0.0
2005 - 12	0.3	0.0	2009 - 01	1.4	3.4
2006 - 01	2.3	—	2009 - 02	1.1	0.6
2006 - 02	29.7	20.6	2009 - 03	5.7	1.4
2006 - 03	12.7	11.4	2009 - 04	5.3	0.4
2006 - 04	17.9	—	2009 - 05	77.1	1.6
2006 - 05	77.8	71.6	2009 - 06	90.0	35.6
2006 - 06	69.9	72.6	2009 - 07	81.6	83.0
2006 - 07	109.1	105.2	2009 - 08	114.0	111.2
2006 - 08	113.3	126.8	2009 - 09	81.9	84.6
2006 - 09	101.5	—	2009 - 10	31.7	34.2
2006 - 10	20.5	21.2	2009 - 11	4.6	3.4
2006 - 11	3.9	3.2	2009 - 12	0.2	0.8
2006 - 12	2.2	1.2	2010 - 01	3.0	1.4
2007 - 01	1.2	0.2	2010 - 02	7.0	4.4
2007 - 02	2.8	2.2	2010 - 03	13.0	9.6
2007 - 03	25.4	23.0	2010 - 04	17.3	15.2
2007 - 04	19.2	15.6	2010 - 05	64.1	62.4
2007 - 05	57.7	52.8	2010 - 06	49.7	53.0
2007 - 06	126.5	—	2010 - 07	50.6	53.6
2007 - 07	57.2	35.4	2010 - 08	176.2	170.2
2007 - 08	110.6	107.0	2010 - 09	69.2	73.4
2007 - 09	71.7	71.8	2010 - 10	36.4	30.0
2007 - 10	35.2	32.8	2010 - 11	3.0	0.8
2007 - 11	0.2	0.2	2010 - 12	3.0	0.2
2007 - 12	2.3	2.6	2011 - 01	0.3	0.0
2008 - 01	6.3	2.4	2011 - 02	1.9	1.4

（续）

时间（年-月）	月平均		时间（年-月）	月平均	
	人工数据	自动数据		人工数据	自动数据
2011 - 03	18.8	14.8	2013 - 08	121.5	—
2011 - 04	18.9	15.4	2013 - 09	40.9	42.6
2011 - 05	81.4	61.2	2013 - 10	10.4	10.8
2011 - 06	86.7	83.8	2013 - 11	9.5	5.4
2011 - 07	94.6	96.2	2013 - 12	1.2	0.2
2011 - 08	82.3	13.6	2014 - 01	0.1	0.2
2011 - 09	102.5	53.0	2014 - 02	1.8	1.2
2011 - 10	26.7	31.4	2014 - 03	15.3	16.0
2011 - 11	8.1	4.0	2014 - 04	62.4	55.2
2011 - 12	2.2	0.4	2014 - 05	48.0	29.2
2012 - 01	1.8	0.0	2014 - 06	138.1	136.6
2012 - 02	4.5	1.6	2014 - 07	105.1	98.8
2012 - 03	12.0	8.4	2014 - 08	113.1	105.4
2012 - 04	20.8	14.6	2014 - 09	95.4	86.8
2012 - 05	48.5	43.8	2014 - 10	29.2	24.0
2012 - 06	41.5	40.2	2014 - 11	18.0	13.8
2012 - 07	94.7	81.8	2014 - 12	0.1	0.0
2012 - 08	89.3	83.6	2015 - 01	3.5	11.0
2012 - 09	45.2	64.8	2015 - 02	9.0	5.8
2012 - 10	12.4	11.6	2015 - 03	6.3	5.0
2012 - 11	10.2	1.4	2015 - 04	35.2	28.8
2012 - 12	0.7	0.8	2015 - 05	47.5	47.2
2013 - 01	0.0	0.0	2015 - 06	61.1	56.6
2013 - 02	3.0	1.8	2015 - 07	69.3	46.6
2013 - 03	0.0	0.0	2015 - 08	67.1	63.2
2013 - 04	15.3	12.0	2015 - 09	106.0	—
2013 - 05	58.5	59.2	2015 - 10	17.0	13.0
2013 - 06	78.9	76.8	2015 - 11	9.9	—
2013 - 07	78.6	80.2	2015 - 12	1.5	1.0

　　降水量的季节变化呈现出 1—8 月降水量持续逐渐增加，8—12 月逐渐减少的单峰变化过程，降水高峰期出现在植物生长盛期 8 月，人工观测降水量为（100±32.3）mm，自动观测量为（93.3±42.2）mm，最低降水量出现在 1 月，人工与自动观测均为 2.0 mm。年内降水主要发生在植物生长季（5—8 月），累积降水量占全年降水量的 70%，呈现出雨热同季的气候特点。2008—2015 年降水量呈现出缓慢的波动降低趋势，年降水量没有发生显著变化（图 3-4）。

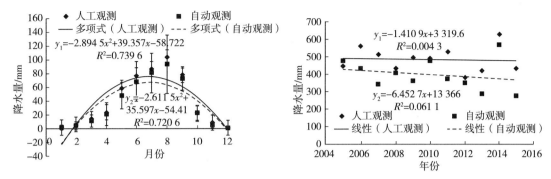

图 3-4　海北站降水量的季节与年际动态

注：R^2 为决定系数，y_1 和 y_2 分别是人工观测和自动观测。

尽管人工测定数据比自动观测高出 87.6 mm，但二者具有极显著的相关性，相关系数 $R=0.949$（$P<0.01$）。方差分析也表明，两种测量方法之间无显著性差异（表 3-8）。在运行中发现，自动观测系统为翻斗式雨量计，海北站地区小雨频度较高，部分降雨强度不足以驱动翻斗式雨量计发生反转，既无法进行降水计数，同时经与站区附近的门源县气象局降水数据比较，发现人工观测数据吻合性较好。因此建议海北站降水数据使用人工观测数据，且需要继续通过人工观测获取数据，自动观测不可以代替人工观测。

表 3-8　月均降水量测定的两种方法比较

	平方和	自由度	均方	F 值	显著性
组间（两种方法）	1 711.6	1	1 711.6	1.116	0.292
组内（年际）	389 457.2	254	1 533.2		
总　　数	391 168.8	255			

3.1.3.5　辐射

整理了海北站 2005—2015 年的辐射数据（表 3-9）。11 年来，海北站总辐射量月平均值为 518.42 MJ/m²，月均反射辐射总量为 125.61 MJ/m²，占总辐射的 24.2%。月均净辐射，即被系统吸收的太阳辐射总量为 182.10 MJ/m²，占总辐射的 35.1%，且各月份均为正值，全年系统辐射收支为正，用于驱动系统的能量交换和物质循环。月均紫外辐射总量为 22.10 MJ/m²，月均光合有效辐射总量为 942.45 mol/m²，净辐射的月变异系数高达 0.56，其余辐射变异均在 0.25 左右。

表 3-9　海北站 2005—2015 年辐射总量月合计

时间 （年-月）	总辐射/ （MJ/m²）	反射辐射/ （MJ/m²）	紫外辐射/ （MJ/m²）	净辐射/ （MJ/m²）	光合有效辐射/ （mol/m²）
2005-01	546.597	92.066	14.758	55.191	600.732
2005-02	373.931	110.027	12.864	85.720	679.765
2005-03	472.938	181.913	18.006	166.224	978.212
2005-04	610.916	141.987	23.423	227.709	1 134.480
2005-05	699.943	167.200	28.595	280.740	1 343.400
2005-06	677.619	146.485	28.634	311.506	1 329.837
2005-07	637.536	148.461	27.524	301.307	1 261.696
2005-08	601.289	140.361	25.619	284.696	1 183.823

（续）

时间 （年-月）	总辐射/ （MJ/m²）	反射辐射/ （MJ/m²）	紫外辐射/ （MJ/m²）	净辐射/ （MJ/m²）	光合有效辐射/ （mol/m²）
2005 - 09	430.236	96.288	18.071	186.976	838.210
2005 - 10	439.305	92.171	16.571	149.292	815.784
2005 - 11	386.930	95.748	12.814	81.221	661.596
2005 - 12	347.653	90.104	10.714	50.887	575.429
2006 - 01	—	—	—	—	—
2006 - 02	334.510	188.893	11.994	46.517	571.534
2006 - 03	542.996	161.376	20.614	194.528	1 021.658
2006 - 04	—	—	—	—	—
2006 - 05	677.111	167.467	31.186	280.678	1 291.330
2006 - 06	672.938	146.344	29.449	306.851	1 296.226
2006 - 07	608.007	141.698	27.157	293.870	1 199.677
2006 - 08	596.410	136.715	26.151	288.351	1 165.965
2006 - 09	494.231	105.664	20.998	220.351	948.328
2006 - 10	451.780	100.270	18.619	153.575	854.999
2006 - 11	391.037	107.951	14.967	70.089	718.771
2006 - 12	318.554	110.011	12.140	20.862	585.332
2007 - 01	339.369	101.957	13.892	42.492	615.871
2007 - 02	429.821	121.170	16.842	99.732	804.925
2007 - 03	521.458	195.709	22.838	146.553	993.632
2007 - 04	615.703	166.153	26.192	222.035	1 039.370
2007 - 05	749.951	172.502	33.139	303.982	1 387.193
2007 - 06	—	—	—	—	—
2007 - 07	674.664	150.206	31.284	323.257	1 331.338
2007 - 08	550.468	120.570	26.104	264.901	1 096.354
2007 - 09	522.692	104.548	23.567	227.734	1 026.605
2007 - 10	387.198	79.399	16.986	128.674	744.435
2007 - 11	393.128	89.064	14.812	81.081	711.854
2007 - 12	333.216	88.528	12.201	37.092	596.647
2008 - 01	289.954	105.205	10.966	3.250	526.346
2008 - 02	436.338	127.924	17.603	110.143	807.589
2008 - 03	570.935	153.761	23.316	189.905	1 037.296
2008 - 04	676.260	203.208	29.626	244.657	1 283.239
2008 - 05	762.440	179.125	33.766	307.064	1 472.849
2008 - 06	695.906	153.592	32.100	308.616	1 368.473
2008 - 07	630.271	135.523	29.606	296.503	1 243.399
2008 - 08	687.392	147.925	30.954	332.145	1 348.194
2008 - 09	510.403	112.753	23.538	225.640	1 008.518

（续）

时间 （年-月）	总辐射/ （MJ/m²）	反射辐射/ （MJ/m²）	紫外辐射/ （MJ/m²）	净辐射/ （MJ/m²）	光合有效辐射/ （mol/m²）
2008 - 10	471.998	110.615	19.469	154.450	874.415
2008 - 11	367.683	109.650	13.750	70.644	615.691
2008 - 12	329.953	92.468	11.704	40.042	555.181
2009 - 01	355.225	106.587	12.714	52.791	612.353
2009 - 02	383.556	109.645	14.183	77.479	672.034
2009 - 03	564.630	169.216	22.573	170.459	938.882
2009 - 04	618.760	151.805	25.269	219.588	1 045.943
2009 - 05	673.965	163.477	29.799	265.731	1 266.405
2009 - 06	641.430	137.910	28.824	296.502	1 257.108
2009 - 07	602.559	135.809	27.733	294.051	1 198.415
2009 - 08	651.703	148.628	28.750	325.944	1 253.295
2009 - 09	466.535	97.084	20.949	218.703	781.293
2009 - 10	471.655	103.777	18.823	168.888	811.941
2009 - 11	397.839	122.991	15.005	65.940	660.578
2009 - 12	323.692	87.383	11.329	37.839	571.423
2010 - 01	348.610	100.371	12.544	52.317	643.710
2010 - 02	345.626	108.300	13.370	71.128	676.601
2010 - 03	503.422	133.004	20.191	171.633	959.684
2010 - 04	626.281	156.340	25.944	244.732	1 148.014
2010 - 05	668.922	163.122	29.751	287.450	1 268.501
2010 - 06	660.948	135.026	29.677	323.841	1 254.596
2010 - 07	688.289	132.840	31.355	362.758	1 364.709
2010 - 08	606.968	119.634	27.132	320.492	1 188.005
2010 - 09	504.427	97.427	22.160	242.915	861.397
2010 - 10	445.548	141.111	19.085	126.991	864.273
2010 - 11	419.680	90.289	15.525	82.327	785.112
2010 - 12	340.208	84.137	12.124	35.834	685.321
2011 - 01	346.477	85.527	11.694	51.000	698.013
2011 - 02	398.784	102.584	15.334	89.531	782.683
2011 - 03	537.242	186.170	21.607	125.478	1 075.447
2011 - 04	672.161	165.531	28.041	246.790	1 295.902
2011 - 05	615.748	163.220	28.044	213.255	1 050.690
2011 - 06	660.444	134.217	30.361	280.503	1 083.339
2011 - 07	752.488	132.328	30.476	309.895	1 133.900
2011 - 08	689.213	149.761	31.087	325.476	1 170.932
2011 - 09	445.006	93.441	20.334	193.110	763.218
2011 - 10	436.955	100.835	18.334	137.819	743.620
2011 - 11	360.613	90.813	13.880	68.996	646.774

（续）

时间 （年-月）	总辐射/ （MJ/m²）	反射辐射/ （MJ/m²）	紫外辐射/ （MJ/m²）	净辐射/ （MJ/m²）	光合有效辐射/ （mol/m²）
2011 - 12	334.515	88.483	12.290	34.051	589.659
2012 - 01	350.160	99.590	12.762	31.503	615.197
2012 - 02	357.487	99.725	13.816	71.460	627.334
2012 - 03	541.032	148.232	21.938	161.951	926.737
2012 - 04	611.262	152.437	25.556	211.597	1 039.510
2012 - 05	621.297	132.072	28.180	237.662	1 128.497
2012 - 06	623.105	121.902	28.891	263.255	1 096.799
2012 - 07	602.244	118.963	28.430	271.310	1 036.333
2012 - 08	573.961	116.566	26.713	255.895	987.313
2012 - 09	573.059	104.825	25.021	248.163	1 084.163
2012 - 10	466.775	96.121	19.278	146.225	936.414
2012 - 11	318.462	125.985	12.956	31.597	678.006
2012 - 12	302.795	105.504	11.801	7.163	605.095
2013 - 01	350.410	83.736	13.108	55.857	693.716
2013 - 02	373.219	89.713	14.275	79.227	735.531
2013 - 03	553.653	118.862	21.181	163.027	919.307
2013 - 04	626.285	134.684	25.271	220.400	869.793
2013 - 05	644.314	144.305	28.767	241.761	683.192
2013 - 06	672.345	117.826	30.576	317.038	984.111
2013 - 07	563.937	100.267	26.143	279.144	640.077
2013 - 08	631.714	113.408	28.382	318.781	1 177.889
2013 - 09	522.242	89.686	22.555	234.208	1 011.625
2013 - 10	502.842	100.691	19.790	165.326	940.890
2013 - 11	375.777	126.035	14.377	43.618	676.907
2013 - 12	357.065	96.179	12.976	36.236	631.062
2014 - 01	365.489	88.363	13.328	53.876	657.817
2014 - 03	579.562	142.181	22.823	161.759	1 052.795
2014 - 04	635.044	176.213	27.504	206.866	853.919
2014 - 05	695.087	171.256	30.691	270.512	1 102.122
2014 - 06	595.390	127.418	29.738	269.679	1 166.082
2014 - 07	717.035	152.149	36.172	349.824	1 404.030
2014 - 08	589.255	128.777	29.638	273.245	1 135.630
2014 - 09	495.369	99.889	24.467	220.516	951.769
2014 - 10	471.605	99.103	21.940	165.590	867.321
2014 - 11	346.754	106.360	15.604	43.586	619.103
2014 - 12	361.688	92.729	14.916	31.094	584.851
2015 - 01	358.867	97.345	15.084	61.332	635.737
2015 - 02	408.082	123.565	18.341	95.829	749.891

（续）

时间（年-月）	总辐射/（MJ/m²）	反射辐射/（MJ/m²）	紫外辐射/（MJ/m²）	净辐射/（MJ/m²）	光合有效辐射/（mol/m²）
2015 – 03	555.236	136.828	24.896	182.071	992.451
2015 – 04	642.824	171.228	31.206	234.370	1 178.918
2015 – 05	677.239	169.277	33.606	272.917	1 289.965
2015 – 06	607.739	127.688	30.974	268.809	1 169.262
2015 – 07	746.593	151.578	37.744	363.162	1 438.605
2015 – 08	650.988	136.795	32.552	311.086	1 246.514
2015 – 09	—	—	—	—	—
2015 – 10	518.844	116.253	23.697	164.514	950.106
2015 – 11	—	—	—	—	—
2015 – 12	367.315	94.872	15.128	42.048	626.188

从季节动态上看，各类型辐射在 1—4 月逐渐升高，至 5—8 月达到年内最大值，随后逐渐下降，至 12 月降至年内最低点。其中，月总辐射总量年内变幅可达 333.86 MJ/m²，月反辐射总量变幅达 67.36 MJ/m²，月紫外辐射总量达 18.07 MJ/m²，月净辐射总量达 2 693.56 MJ/m²，月光合有效辐射总量达 619.19 mol/m²。辐射的年季动态呈现波动变化，比较平稳，2005—2015 年，年际间总辐射总量变幅为 33.18 MJ/m²，月反辐射变幅为 12.65 MJ/m²，月紫外辐射变幅为 1.62 MJ/m²，月净辐射变幅为 18.99 MJ/m²，月光合有效辐射变幅为 74.51 mol/m²（图 3-5）。

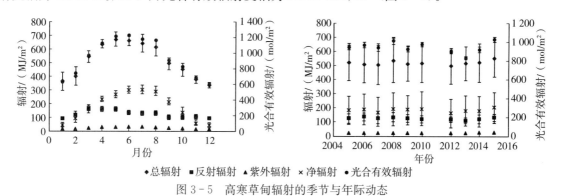

◆总辐射　■反射辐射　▲紫外辐射　×净辐射　●光合有效辐射

图 3-5　高寒草甸辐射的季节与年际动态

3.1.3.6　相对湿度

2005—2015 年，海北站平均湿度人工测定值为 71.8%，变异系数为 0.15，自动站观测值为 (63.3±10.3)%，变异为 0.16，人工测定比自动观测高出 8.5%（表 3-10）。人工观测每日 4 次（0：00 时值为 20：00 与 8：00 数据的均值），由于其频度低，建议使用自动观测数据。

表 3-10　海北站 2005—2015 年相对湿度

单位：%

时间（年-月）	月平均		时间（年-月）	月平均	
	人工数据	自动数据		人工数据	自动数据
2005 – 01	57	54	2005 – 04	53	54
2005 – 02	53	—	2005 – 05	66	64
2005 – 03	63	69	2005 – 06	73	70

（续）

时间（年-月）	月平均		时间（年-月）	月平均	
	人工数据	自动数据		人工数据	自动数据
2005 – 07	75	76	2008 – 09	77	75
2005 – 08	77	77	2008 – 10	67	68
2005 – 09	78	77	2008 – 11	69	67
2005 – 10	63	70	2008 – 12	56	48
2005 – 11	55	59	2009 – 01	66	49
2005 – 12	51	47	2009 – 02	60	42
2006 – 01	43	—	2009 – 03	65	54
2006 – 02	70	67	2009 – 04	65	55
2006 – 03	64	63	2009 – 05	69	65
2006 – 04	57	—	2009 – 06	76	72
2006 – 05	70	65	2009 – 07	81	76
2006 – 06	55	68	2009 – 08	81	77
2006 – 07	64	77	2009 – 09	86	83
2006 – 08	66	76	2009 – 10	75	70
2006 – 09	72	—	2009 – 11	77	63
2006 – 10	64	68	2009 – 12	71	55
2006 – 11	57	60	2010 – 01	69	49
2006 – 12	57	58	2010 – 02	72	53
2007 – 01	52	49	2010 – 03	72	59
2007 – 02	49	46	2010 – 04	70	57
2007 – 03	56	60	2010 – 05	77	67
2007 – 04	61	62	2010 – 06	81	71
2007 – 05	52	56	2010 – 07	87	78
2007 – 06	67	—	2010 – 08	87	81
2007 – 07	70	71	2010 – 09	84	81
2007 – 08	81	79	2010 – 10	78	72
2007 – 09	73	74	2010 – 11	62	50
2007 – 10	70	73	2010 – 12	64	44
2007 – 11	59	54	2011 – 01	66	47
2007 – 12	—	54	2011 – 02	60	43
2008 – 01	72	59	2011 – 03	70	54
2008 – 02	65	54	2011 – 04	71	56
2008 – 03	54	52	2011 – 05	71	64
2008 – 04	58	58	2011 – 06	77	69
2008 – 05	56	55	2011 – 07	81	72
2008 – 06	64	65	2011 – 08	82	72
2008 – 07	73	70	2011 – 09	86	79
2008 – 08	71	70	2011 – 10	76	71

（续）

时间（年-月）	月平均		时间（年-月）	月平均	
	人工数据	自动数据		人工数据	自动数据
2011 - 11	77	67	2013 - 12	80	47
2011 - 12	72	56	2014 - 01	72	54
2012 - 01	76	57	2014 - 02	77	50
2012 - 02	74	57	2014 - 03	73	68
2012 - 03	71	56	2014 - 04	85	58
2012 - 04	70	55	2014 - 05	77	75
2012 - 05	78	62	2014 - 06	89	75
2012 - 06	77	70	2014 - 07	90	78
2012 - 07	87	76	2014 - 08	89	78
2012 - 08	88	71	2014 - 09	89	71
2012 - 09	76	67	2014 - 10	82	70
2012 - 10	73	58	2014 - 11	83	56
2012 - 11	73	57	2014 - 12	76	76
2012 - 12	72	51	2015 - 01	79	55
2013 - 01	67	50	2015 - 02	80	57
2013 - 02	65	38	2015 - 03	75	54
2013 - 03	57	49	2015 - 04	78	61
2013 - 04	61	64	2015 - 05	82	65
2013 - 05	72	70	2015 - 06	90	72
2013 - 06	76	79	2015 - 07	85	72
2013 - 07	86	—	2015 - 08	88	75
2013 - 08	83	75	2015 - 09	90	—
2013 - 09	82	65	2015 - 10	80	63
2013 - 10	76	66	2015 - 11	79	—
2013 - 11	82	58	2015 - 12	74	53

相对湿度的人工观测与自动测定月季动态一致，1—8 月相对湿度呈现逐渐的上升趋势，至植物生长盛季 8 月达到最高值，随后又开始下降，其最低值出现于 1 月，年内振幅人工观测 15%，自动观测 25%。2005—2015 年，相对湿度的年际动态人工观测呈现波动上升趋势，相对湿度有略微上升的趋势，上升速度为每年 2.1%。相对湿度可能和全球变暖以及降水增加以及植被变化有关。而自动测定结果保持在 51% 左右变化不大（图 3 - 6）。

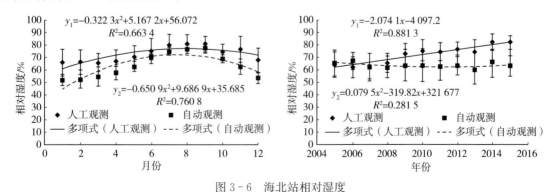

图 3 - 6　海北站相对湿度

注：R^2 为决定系数，y_1 和 y_2 分别是人工观测和自动观测。

自动测定和人工测定之间具有显著的相关性，相关系数 $R=0.661$（$P<0.01$），方差分析表明，两种测量方法之间差异达极显著性水平（$P<0.01$）（表 3-11），但两种方法能否互相代替还需要进行更长时段的观测、对比。

表 3-11　相对湿度测定的两种方法比较

	平方和	自由度	均方	F 值	显著性
组间（两种方法）	4 624.7	1	4 624.700	43.058	<0.001 **
组内（年际）	27 174.3	253	107.408		
总　数	31 799.0	254			

3.1.3.7　地表温度

整理了海北站 2005—2015 年地表温度的数据（表 3-12）。11 年来，海北站平均地表温度人工测定值为 3.7℃，变异系数 2.6，自动站观测结果为 3.1℃，变异系数为 3.1，表示了高寒地区年内地表温度的年较差很大。

表 3-12　海北站 2005—2015 年地表温度

单位：℃

时间（年-月）	月平均		时间（年-月）	月平均	
	人工数据	自动数据		人工数据	自动数据
2005-01	−8.7	−10.82	2006-11	0.6	−4.07
2005-02	−4.2	—	2006-12	−7.6	−11.95
2005-03	−0.1	0.95	2007-01	−10.2	−14.54
2005-04	6.0	4.19	2007-02	−3.0	−6.63
2005-05	12.3	9.47	2007-03	3.7	−0.13
2005-06	17.3	13.55	2007-04	8.4	5.07
2005-07	16.9	16.16	2007-05	14.5	12.39
2005-08	17.3	15.77	2007-06	15.5	—
2005-09	11.5	—	2007-07	17.6	14.48
2005-10	4.1	3.05	2007-08	17.7	15.55
2005-11	−2.3	−4.46	2007-09	11.6	10.28
2005-12	−12.5	−11.75	2007-10	4.9	3.73
2006-01	−6.7	—	2007-11	−5.4	−5.61
2006-02	−3.9	−6.34	2007-12	−7.7	−11.67
2006-03	0.9	−2.52	2008-01	−9.3	−11.84
2006-04	6.1	—	2008-02	−6.6	−10.58
2006-05	11.1	7.83	2008-03	2.2	1.11
2006-06	16.7	13.45	2008-04	6.1	4.02
2006-07	18.5	16.34	2008-05	13.7	11.03
2006-08	17.8	15.32	2008-06	14.7	13.83
2006-09	11.1	—	2008-07	17.9	16.23
2006-10	5.7	4.06	2008-08	15.0	12.64

（续）

时间（年-月）	月平均		时间（年-月）	月平均	
	人工数据	自动数据		人工数据	自动数据
2008 – 09	11.8	9.66	2011 – 11	−3.4	−1.98
2008 – 10	5.7	2.87	2011 – 12	−11.2	−10.11
2008 – 11	−1.6	−3.38	2012 – 01	−13.4	−12.33
2008 – 12	−8.1	−10.14	2012 – 02	−7.9	−6.66
2009 – 01	−12.0	−12.08	2012 – 03	0.2	0.04
2009 – 02	−4.7	−3.47	2012 – 04	4.0	4.45
2009 – 03	0.4	0.98	2012 – 05	10.1	10.02
2009 – 04	9.0	9.59	2012 – 06	13.0	13.43
2009 – 05	10.1	10.32	2012 – 07	16.6	15.68
2009 – 06	13.5	12.66	2012 – 08	14.3	15.24
2009 – 07	15.1	15.92	2012 – 09	8.8	9.72
2009 – 08	13.2	14.60	2012 – 10	2.8	3.44
2009 – 09	11.1	11.84	2012 – 11	−6.9	−3.70
2009 – 10	1.7	3.74	2012 – 12	−11.0	−8.62
2009 – 11	−7.2	−3.70	2013 – 01	−11.9	−11.91
2009 – 12	−12.4	−10.61	2013 – 02	−5.8	−5.91
2010 – 01	−10.4	−9.83	2013 – 03	1.9	1.35
2010 – 02	−6.5	−6.50	2013 – 04	6.2	6.96
2010 – 03	−1.4	0.58	2013 – 05	9.2	9.14
2010 – 04	3.9	5.72	2013 – 06	14.7	14.39
2010 – 05	10.3	11.35	2013 – 07	15.1	15.01
2010 – 06	15.5	15.66	2013 – 08	15.2	—
2010 – 07	19.0	19.11	2013 – 09	9.3	10.74
2010 – 08	14.6	15.63	2013 – 10	3.7	5.24
2010 – 09	10.5	12.26	2013 – 11	−6.4	−4.80
2010 – 10	1.8	3.13	2013 – 12	−13.1	−12.77
2010 – 11	−8.1	−6.33	2014 – 01	−11.7	−10.66
2010 – 12	−13.5	−13.06	2014 – 02	−6.2	−5.09
2011 – 01	−15.2	−14.54	2014 – 03	0.7	1.35
2011 – 02	−7.1	−6.21	2014 – 04	5.4	4.65
2011 – 03	−3.5	−3.66	2014 – 05	8.9	9.12
2011 – 04	5.0	4.75	2014 – 06	12.5	11.87
2011 – 05	7.9	8.23	2014 – 07	14.6	14.99
2011 – 06	13.4	14.10	2014 – 08	12.6	13.62
2011 – 07	14.0	14.88	2014 – 09	9.9	10.71
2011 – 08	14.1	14.60	2014 – 10	3.7	4.60
2011 – 09	9.4	9.88	2014 – 11	−4.6	−2.23
2011 – 10	2.5	3.60	2014 – 12	−14.0	−9.05

（续）

时间（年-月）	月平均		时间（年-月）	月平均	
	人工数据	自动数据		人工数据	自动数据
2015 - 01	−13.0	−9.80	2015 - 07	14.7	—
2015 - 02	−8.0	−6.41	2015 - 08	12.7	14.08
2015 - 03	−0.1	0.48	2015 - 09	8.9	—
2015 - 04	5.0	4.89	2015 - 10	3.8	5.80
2015 - 05	9.5	—	2015 - 11	−2.3	—
2015 - 06	13.3	—	2015 - 12	−11.3	−10.91

　　海北站地表温度表现出明显的季相特征，1—7 月，地表温度呈现逐渐增加的趋势，至生长季 7 月达到其最高值约 16.0℃，此后随着季节的推移，地表温度呈现持续的下降过程，每年的 1 月和 12 月，是海北站地表温度最低的时期，地表温度约为 −11℃，每年的 11 月至翌年 2 月，海北站地表温度处于 0℃ 以下，土壤地表处于冻结状态。地表温度有变化和气温变化情况一致，说明气温和地表温度有较高的协同性。2005—2015 年海北站的地表温度人工测定结果显示处于波动降低的变化趋势，而自动观测结果显示处于波动稳定状态，鉴于自动观测测定频度高，结果相对稳定，没有人为观测误差，建议使用该观测结论（图 3 - 7）。

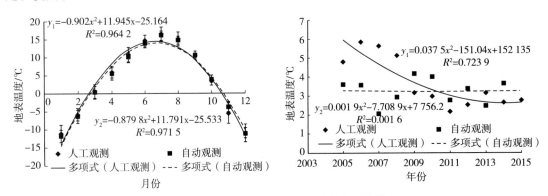

图 3 - 7　海北站地表温度的月季与年际变化

注：R^2 为决定系数，y_1 和 y_2 分别是人工观测和自动观测。

　　自动观测和人工测定之间具有极显著的相关性，相关系数 $R = 0.982$（$P < 0.01$），方差分析表明，两种测量方法之间无显著性差异（表 3 - 13），自动观测可以代替人工观测。

表 3 - 13　地表温度测定的两种方法比较

	平方和	自由度	均方	F 值	显著性
组间（两种方法）	1 711.6	1	1 711.6	1.116	0.292
组内（年际）	389 457.2	254	1 533.2		
总　数	391 168.8	255			

3.1.3.8　土壤温度

　　整理了海北站 2005—2015 年土壤温度的数据（表 3 - 14）。11 年来，海北站 5 cm、10 cm、15 cm、20 cm、40 cm、60 cm 和 100 cm 深度土壤年平均温度分别为 3.02℃、2.94℃、2.94℃、3.00℃、2.68℃、2.85℃ 和 2.63℃。0～20 cm 土层内，各深度土壤温度约为 3.0℃，下层温度较低，约为

2.7℃，这与太阳辐射在土体垂向传输的逐渐衰竭有关。

表 3-14　海北站 2005—2015 年土壤温度

单位:℃

时间（年-月）	土层深度						
	5 cm	10 cm	15 cm	20 cm	40 cm	60 cm	100 cm
2005-01	−7.35	−6.88	−6.62	−6.08	−5.07	−3.32	−1.40
2005-02	—	—	—	—	—	—	—
2005-03	−0.88	−1.27	−1.30	−1.33	−1.69	−1.65	−1.29
2005-04	2.70	1.73	1.33	0.85	−0.21	−0.47	−0.38
2005-05	7.30	6.41	6.04	5.44	3.44	1.82	0.69
2005-06	11.65	10.85	10.50	9.95	8.03	6.43	5.07
2005-07	14.18	13.65	13.43	13.06	11.47	10.10	8.87
2005-08	14.10	13.86	13.77	13.60	12.49	11.58	10.75
2005-09	—	—	—	—	—	—	—
2005-10	4.61	5.09	5.33	5.72	6.16	6.69	7.16
2005-11	−0.51	0.18	0.46	0.99	1.77	2.67	3.55
2005-12	−5.94	−5.17	−4.78	−3.96	−2.30	−0.44	0.96
2006-01	—	—	—	—	—	—	—
2006-02	−5.30	−5.06	−4.93	−4.57	−4.04	−3.07	−1.95
2006-03	−2.78	−2.83	−2.78	−2.62	−2.64	−2.27	−1.67
2006-04	—	—	—	—	—	—	—
2006-05	6.71	5.67	5.22	4.54	2.40	0.98	0.19
2006-06	11.43	10.56	10.18	9.59	7.59	5.91	4.50
2006-07	14.22	13.63	13.39	12.98	11.27	9.84	8.61
2006-08	13.65	13.40	13.33	13.17	12.04	11.13	10.34
2006-09	—	—	—	—	—	—	—
2006-10	5.04	5.48	5.70	6.01	6.23	6.62	7.01
2006-11	−0.16	0.54	0.84	1.34	2.13	3.03	3.89
2006-12	−4.59	−3.81	−3.45	−2.69	−1.23	0.36	1.49
2007-01	−8.60	−8.04	−7.75	−7.16	−5.84	−3.66	−1.41
2007-02	−5.41	−5.21	−5.08	−4.84	−4.55	−3.71	−2.54
2007-03	−1.26	−1.34	−1.36	−1.32	−1.59	−1.51	−1.17
2007-04	1.46	0.88	0.78	0.48	−0.38	−0.54	−0.42
2007-05	7.28	6.45	6.14	5.47	3.19	1.44	0.39
2007-06	—	—	—	—	—	—	—
2007-07	12.59	12.27	12.19	11.96	10.52	9.29	8.25
2007-08	12.67	12.34	12.28	12.12	10.93	9.94	9.14

（续）

时间（年-月）	土层深度						
	5 cm	10 cm	15 cm	20 cm	40 cm	60 cm	100 cm
2007 - 09	9.28	9.36	9.46	9.60	9.22	9.00	8.82
2007 - 10	4.92	5.38	5.63	6.03	6.35	6.73	7.06
2007 - 11	−0.73	−0.02	0.30	0.85	1.62	2.51	3.39
2007 - 12	−4.36	−3.64	−3.27	−2.48	−1.20	0.18	1.20
2008 - 01	−6.61	−6.18	−5.98	−5.45	−4.43	−2.69	−0.90
2008 - 02	−7.63	−7.40	−7.28	−6.92	−6.24	−4.82	−3.11
2008 - 03	−1.60	−1.74	−1.75	−1.75	−2.09	−2.03	−1.65
2008 - 04	1.34	0.68	0.57	0.32	−0.40	−0.41	−0.29
2008 - 05	7.05	6.14	5.78	5.09	2.80	1.03	0.12
2008 - 06	9.46	8.83	8.61	8.13	6.25	4.69	3.42
2008 - 07	11.82	11.22	11.06	10.72	9.13	7.81	6.78
2008 - 08	11.95	11.64	11.59	11.47	10.36	9.41	8.59
2008 - 09	9.45	9.42	9.47	9.53	8.97	8.58	8.24
2008 - 10	4.18	4.65	4.89	5.29	5.62	6.06	6.41
2008 - 11	−0.28	0.38	0.66	1.13	1.76	2.52	3.28
2008 - 12	−4.92	−4.10	−3.68	−2.91	−1.50	−0.04	1.03
2009 - 01	−8.16	−7.64	−7.36	−6.81	−5.60	−3.66	−1.60
2009 - 02	−4.29	−4.22	−4.13	−3.93	−3.74	−3.10	−2.17
2009 - 03	−1.50	−1.61	−1.62	−1.56	−1.76	−1.59	−1.18
2009 - 04	2.79	1.74	1.47	1.02	−0.18	−0.54	−0.43
2009 - 05	7.11	6.28	5.96	5.44	3.58	2.04	0.86
2009 - 06	11.43	10.63	10.33	9.83	7.99	6.46	5.16
2009 - 07	13.76	13.21	13.00	12.70	11.26	10.03	8.98
2009 - 08	12.31	12.10	12.05	12.00	11.15	10.44	9.81
2009 - 09	10.92	10.88	10.91	10.99	10.42	10.00	9.66
2009 - 10	4.41	4.96	5.25	5.72	6.17	6.69	7.15
2009 - 11	−0.61	0.12	0.43	0.97	1.71	2.59	3.44
2009 - 12	−5.12	−4.29	−3.84	−2.97	−1.56	−0.01	1.13
2010 - 01	−7.01	−6.55	−6.29	−5.77	−4.86	−3.21	−1.39
2010 - 02	−5.67	−5.43	−5.26	−4.96	−4.58	−3.64	−2.44
2010 - 03	−2.06	−2.02	−1.95	−1.84	−2.04	−1.87	−1.45
2010 - 04	0.23	−0.12	−0.13	−0.19	−0.61	−0.69	−0.54
2010 - 05	5.61	4.81	4.57	4.03	1.97	0.63	−0.03
2010 - 06	10.05	9.24	8.98	8.45	6.37	4.60	3.17
2010 - 07	13.47	12.64	12.37	11.91	10.08	8.53	7.28
2010 - 08	13.16	12.82	12.73	12.60	11.47	10.44	9.54

（续）

时间（年-月）	土层深度						
	5 cm	10 cm	15 cm	20 cm	40 cm	60 cm	100 cm
2010 - 09	9.95	9.94	9.98	10.04	9.47	9.05	8.72
2010 - 10	4.11	4.60	4.86	5.27	5.61	6.03	6.43
2010 - 11	−1.22	−0.39	−0.03	0.60	1.33	2.19	3.02
2010 - 12	−6.02	−5.18	−4.73	−3.84	−2.27	−0.60	0.67
2011 - 01	−9.14	−8.58	−8.29	−7.69	−6.52	−4.62	−2.50
2011 - 02	−6.20	−6.05	−5.91	−5.67	−5.44	−4.69	−3.54
2011 - 03	−3.63	−3.57	−3.49	−3.32	−3.28	−2.88	−2.26
2011 - 04	0.87	0.17	0.07	−0.16	−0.86	−1.10	−1.07
2011 - 05	5.04	4.25	3.98	3.48	1.62	0.36	−0.14
2011 - 06	10.63	9.65	9.27	8.60	6.24	4.20	2.54
2011 - 07	12.55	11.86	11.61	11.18	9.35	7.72	6.38
2011 - 08	12.10	11.64	11.51	11.31	10.11	9.13	8.32
2011 - 09	9.67	9.64	9.66	9.71	9.12	8.65	8.30
2011 - 10	4.42	4.79	4.98	5.31	5.53	5.86	6.20
2011 - 11	0.21	0.70	0.92	1.34	1.92	2.64	3.34
2011 - 12	−3.69	−2.88	−2.50	−1.71	−0.50	0.60	1.41
2012 - 01	−7.36	−6.84	−6.57	−5.95	−4.70	−2.75	−0.90
2012 - 02	−5.63	−5.42	−5.29	−4.97	−4.52	−3.54	−2.29
2012 - 03	−1.72	−1.81	−1.81	−1.75	−1.97	−1.81	−1.37
2012 - 04	0.60	0.04	0.00	−0.09	−0.52	−0.61	−0.46
2012 - 05	5.56	4.54	4.31	3.78	1.80	0.52	0.01
2012 - 06	9.56	8.58	8.35	7.82	5.81	4.14	2.99
2012 - 07	13.52	12.61	12.38	11.91	10.01	8.39	—
2012 - 08	13.33	12.85	12.76	12.55	11.28	10.18	—
2012 - 09	9.24	9.24	9.30	9.38	8.90	8.58	—
2012 - 10	4.30	4.74	4.91	5.27	5.57	5.93	—
2012 - 11	−0.59	0.06	0.25	0.75	1.46	2.25	3.08
2012 - 12	−4.69	−3.97	−3.74	−3.02	−1.57	—	1.00
2013 - 01	−8.43	−7.90	−7.70	−7.10	−5.78	—	−1.60
2013 - 02	−5.12	−5.00	−4.92	−4.67	−4.36	—	−2.45
2013 - 03	−1.30	−1.44	−1.44	−1.38	−1.64	—	−1.20
2013 - 04	1.11	0.28	0.19	0.02	−0.53	—	−0.45
2013 - 05	5.36	4.43	4.22	3.74	1.87	—	−0.01
2013 - 06	10.90	9.84	9.58	9.00	6.87	—	3.61
2013 - 07	13.19	12.44	12.23	11.87	10.28	8.34	7.76
2013 - 08	—	—	—	—	—	—	—
2013 - 09	9.88	9.88	9.95	10.10	9.74	9.19	9.18
2013 - 10	4.67	5.11	5.30	5.70	6.05	6.37	6.84

（续）

时间（年-月）	土层深度						
	5 cm	10 cm	15 cm	20 cm	40 cm	60 cm	100 cm
2013 - 11	−0.62	0.16	0.38	0.90	1.65	2.64	3.39
2013 - 12	−5.97	−5.03	−4.75	−3.99	−2.34	−0.10	0.84
2014 - 01	−8.17	−7.66	−7.47	−6.97	−5.89	−3.73	−2.10
2014 - 02	−4.76	−4.63	−4.54	−4.31	−4.06	−3.22	−2.33
2014 - 03	−1.43	−1.70	−1.71	−1.66	−1.89	−1.80	−1.35
2014 - 04	1.85	0.96	0.84	0.60	−0.27	−0.61	−0.38
2014 - 05	5.81	5.13	4.79	4.34	2.50	0.93	0.30
2014 - 06	10.80	10.26	9.71	9.19	7.11	5.65	4.13
2014 - 07	13.23	12.79	12.34	11.95	10.34	9.18	7.91
2014 - 08	11.96	11.79	11.56	11.41	10.61	9.98	9.21
2014 - 09	9.69	9.67	9.55	9.54	9.28	9.04	8.70
2014 - 10	4.84	5.07	5.16	5.41	6.05	6.40	6.75
2014 - 11	−0.55	−0.04	0.26	0.72	2.00	2.79	3.66
2014 - 12	−6.53	−5.83	−5.31	−4.54	−2.03	−0.30	1.14
2015 - 01	−8.26	−7.91	−7.68	−7.23	−5.64	−3.96	−1.75
2015 - 02	−5.92	−5.79	−5.77	−5.55	−4.83	−3.98	−2.65
2015 - 03	−1.45	−1.55	−1.72	−1.73	−1.85	−1.77	−1.40
2015 - 04	1.64	1.03	0.51	0.18	−0.37	−0.52	−0.47
2015 - 05	5.40	4.79	4.17	3.57	1.58	0.53	−0.05
2015 - 06	9.08	8.51	7.92	7.32	5.27	3.86	2.40
2015 - 07	11.37	10.91	10.42	9.97	8.38	7.28	6.08
2015 - 08	11.41	11.14	10.81	10.55	9.52	8.76	7.89
2015 - 09	—	—	—	—	—	—	—
2015 - 10	4.86	5.03	5.07	5.28	5.72	5.94	6.16
2015 - 11	—	—	—	—	—	—	—
2015 - 12	−4.25	−3.59	−3.10	−2.33	−0.47	0.59	1.48

　　土壤温度表现出明显的季相特征，1—7月，各土温度呈现逐渐增加的趋势，至生长季盛期达到最高值，此后随着季节的推移，各土层温度呈现持续的下降过程，每年的1月，是海北站土壤温度最低的时期。5～20 cm 土壤温度每年1—7月逐渐升高，7月至翌年1月温度逐渐降低，40～60 cm 土壤温度每年2—8月逐渐升高，8月至翌年2月温度逐渐下降，其变化规律与浅层土壤变化规律基本一致，但是却滞后于浅层土壤对温度的变化。其中，5～20 cm 土壤最高温度出现于7月，而40～60 cm土壤最高温度出现于8月，滞后于浅层土壤对温度的变化，这一变化规律与气温基本一致，说明浅层土壤温度（5～20 cm）与气温关系密切相关。并且深层土壤温度变化幅度均小于浅层土壤温度变化幅度。

　　2005—2015 年海北站各土层的温度均呈波动下降趋势，变率平均−0.13℃/年，造成该结果的原因可能与和全球变化以及气温波动有关。随着土层的加深，土壤的年均温度呈现出逐渐降低的趋势，这是不同土层受到太阳热辐射在土体传导中随土层加深而逐渐消耗所致（图3-8）。

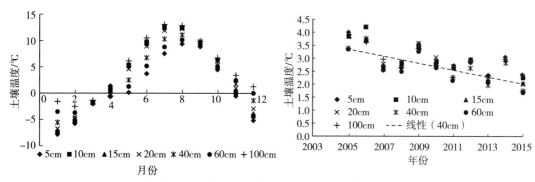

图 3-8 海北站土壤温度的月季与年际动态

3.2 生物要素观测数据

3.2.1 概述

生态系统指在自然界一定的空间内，生物与环境构成的统一整体，在这个统一整体中，生物与环境之间相互影响、相互制约，并在一定时期内处于相对稳定的动态平衡状态。

生物多样性和生态系统生产力是表征生态系统稳定性与承载力的代表性因子，人类已意识到生物多样性的不断丧失导致正在或在不远的将来必然会威胁到人类的生存。生物多样性的丢失，造成的影响很大程度上是通过生态系统动能或公益的减弱而产生的，生物多样性对生态系统功能的影响成为生态学家或保护生物学家的研究热点之一。高寒草地生物多样性及其生产力变化对气候因子和人类干扰的响应是海北站生物要素监测的重点。

3.2.2 数据采集和处理方法

3.2.2.1 生物观测场

海北站的生物观测场包括高寒矮嵩草草甸、高寒金露梅灌丛草甸和高寒小嵩草草甸 3 种植被类型（表 3-15）。

表 3-15 生物要素观测场

样地编号	观测场类型	植被类型	关键点地理坐标	植被特征	经济管理
HBGZH01ABC_01	综合观测场	高寒矮嵩草草甸	北纬 37°36′39″，东经 101°18′51″，3 212 m 北纬 37°36′31″，东经 101°18′44″，3 204 m 北纬 37°36′35″，东经 101°18′37″，3 212 m 北纬 37°36′43″，东经 101°18′44″，3 206 m	植物群落优势种为异针茅、紫羊茅、矮嵩草等，具有明显的双片层结构。生长盛期植被盖度在 95% 以上	该样地属冬春草场，放牧时间为每年的牧草枯黄期（2—3 月）。放牧强度控制在取食地上生物量的 50%
HBGFZ01AB0_01	辅助观测场	高寒金露梅灌丛草甸	北纬 37°39′50″，东经 101°19′33″，3 327 m 北纬 37°39′48″，东经 101°19′37″，3 320 m 北纬 37°39′47″，东经 101°19′30″，3 321 m 北纬 37°39′46″，东经 101°19′33″，3 323 m	植物群落优势种为小叶金露梅，盖度在 60% 以上。植物群落存在明显的双片层结构，下层以珠芽蓼、高寒早熟禾等为优势种	该样地属冬季草场，放牧时间为每年的 6 月 10 日至 9 月 10 日，为成年家畜放牧地段。放牧强度较重。草地内灌丛和草地呈斑块状分布

（续）

样地编号	观测场类型	植被类型	关键点地理坐标	植被特征	经济管理
HBGZQ01AB0_01	站区调查点	高寒小嵩草草甸	北纬 37°42′1″，东经 101°34′58″，3 342 m 北纬 37°41′57″，东经 101°16′36″，3 331 m 北纬 37°41′46″，东经 101°16′8″，3 268 m 北纬 37°41′39″，东经 101°16′15″，3 280 m	植物优势种为小嵩草，地表小嵩草和矮嵩草呈现镶嵌分布，伴生种有紫羊茅、丁柱委陵菜等。亦有草毡表层死亡形成的黑色秃斑，盖度在 35%左右	该样地属冬春草场，按照当地放牧制度放牧。放牧时间为每年的 6 月 10 日至 9 月 10 日。2012 年以前未规划，2012 年以后将草地分区，进行划区轮牧。放牧强度较重

3.2.2.2 观测因子

观测因子包括草地植物群落特征（物种组成、叶层高度、生殖枝高度），植物生产力（地上绿色生物量、根系现存量），植物生物地球化学特征（优势植物和凋落物的元素含量与能值），土壤微生物数量及微生物生物量碳。

3.2.2.3 监测时段

监测的时段为每年的植物生长季，从 5 月开始到 9 月底结束。其中，5 月为高寒草甸牧草返青期，植株较小，植物物种不易辨别，9 月为植物黄枯期，部分植物已经枯萎，掉落，因此这两个月份不做植物分种调查，按功能群进行地上生物量的采集。

3.2.2.4 数据采集方法

（1）植物物种调查

采用样方法，样方面积 50 cm×50 cm，对样方内全部物种进行鉴别，植物种类的鉴别参照《中国科学院海北高寒草甸生态系统定位站植被与植物检索表》（周兴民等，2006）进行。记录内容包括样地类型、样方号、植物种名和调查日期。

调查的质控方法：

①进行草地植物群落种类组成调查时尽量保持人员组成的相对稳定，由具有多年植物分种调查经验的人员进行；不确定的植物种通过现场请教专家、查阅随身携带的海北站植物图谱，或制作成标本回所后请专家鉴定。

②每年调查前培训新参与人员。包括调查指标、采样方法、注意事项等，以老带新，保障监测质量。

③每年的监测数据上报生物分中心，由分中心组织专家进行数据的年审后，返回给海北站，供发布使用。

（2）群落特征调查

在完成植物物种调查的样方内，对每个优势植物种，随机选择 6 株，用钢卷尺测定叶层高度和生殖枝高度，以样方面积作为 100%，采用目测法估测各植物种分盖度。记录内容包括样地类型、样方号、植物种名、叶层高度、生殖枝高度、植物种分盖度和调查日期。

（3）地上生物量的调查方法

对于高寒矮嵩草草甸和高寒小嵩草草甸地上生物量的测定，由于其均为草本植物，在植物群落调查完毕的样方内，采用标准收获法，分植物种对植株地上部分齐地面剪取，分种装入小信封袋中，在信封表面标明植物种名。样方调查完毕，将每个样方内采集的植物样品盛放在一个大号信封袋中，表面注明样地名称、样方号、采样日期等信息。带回实验室 65℃烘干，称重。由于高寒草地植物种类繁多，大部分植物虽丛数多，但比较矮小、生物量低、剪取困难，加之区域日照强，失水迅速，因此，在生物量测定过程中，很难获取植株地上生物量的鲜重数据，海北站注重于烘干基的生物量精度。数据整理、上报，本数据集中，单位为 g/m^2。通过将样方内所有植物种的分种生物量加和来获得群落生物量。

高寒金露梅灌丛草甸包括草本植物斑块和灌木植物斑块，对其地上生物量的测定需要野外调查草本植物斑块和灌木植物的分盖度，并分别测定其生物量。其中，草本植物生物量调查，采用样方-标准收获法，同高寒矮嵩草草甸。而灌木物种的生物量测定采用标准株法，在样地内随机选择大、中、小3种株型的灌木，调查十字交叉的两个方向的丛幅，采用采摘和剪取的方式，将整株灌木的新生叶片及新生枝全部收集，剔除干枯老枝部分，分株装入信封袋内，编号，带回实验室65℃烘干，称重。以灌木的冠幅投影面积作为样方面积，计算其生物量，重复6次。

群落生物量的计算采用草本斑块生物量乘以草本斑块分盖度与灌木斑块生物量乘以灌木斑块分盖度加和的方式。并且野外观测发现灌木斑块上大、中、小3类植株出现的频度基本一致。

（4）地下生物量的测定方法

海北站草地植物群落地下生物量调查先后采用了土坑法和钻土芯法（又称根钻法）两种方法。土坑法是通过挖掘一定体积土块，放入孔筛或尼龙网袋中用水冲洗，将冲洗出来的根分离、烘干、称重，从而获得一定体积土壤内的根系生物量。钻土芯法是利用土钻采集土样，从而完成对植物地下生物量的采集，根系的洗涤处理过程同土坑法。土坑法操作简单，不需要专门仪器，是早期草地生态系统研究中使用最多的方法，但是该方法存在以下缺点：一是土坑的挖掘和处理需要大量的人力；二是土坑的挖掘往往会由于视觉的差异，造成取样体积的误判，导致差异较大；三是由于是破坏性取样，面积较大时，不适合做长时间序列的动态观测研究；四是取样的空间异质性代表较差。钻土芯法继承了土坑法的优点，同时较土坑法取样迅速、简便、容易、覆盖面积大，由此减少了环境异质性误差，测定结果更为精确。

海北站生物监测中，2006年及之前的地下生物量测定，采用的是土坑法，坑面积为 25 cm× 25 cm。其中，2005年、2006年洗根采用的是2 mm尼龙网袋和2 mm金属网筛，发现根芽和细根的损失较大。从2007年起，按照CERN要求，采用土柱法和1 mm孔径尼龙网和筛孔洗根。钻土芯法—1 mm筛水洗法，由于减少了根芽与细根的损失，结果相对准确。经方法比较，二者数值相差较大，但是二者具有非常高的相关性（朱桂林等，2008）。

高寒金露梅灌丛草甸草甸的地下生物量亦采用钻土芯法—1 mm筛水洗法，但在测定时考虑到草本和灌木根系生物量的差异，同时考虑到草本与灌木盖度的不同，在草本斑块采集2钻，在靠近灌木根部的斑块采集3钻，合起来作为高寒灌丛草甸的地下生物量。数据上报、整理，本数据集中，将根系生物量的单位换算为 g/m^2。

钻土芯法取样土钻的规格是直径7 cm，在监测样地中选择5个取样点，每个取样点取5钻（10 cm为1层，分4层取样，分别放入尼龙袋中），每个监测样地每次监测共25个重复。

高寒草甸植物多为多年生植物，气候寒冷，植物生长季短，根系分解慢，所获得的地下生物量是根系现存量。年净增长量一般采用生长盛期8月底与返青期5月底的根系现存量的差值来表示。本数据集中，地下生物量的数据为原始数据，在使用2005年、2006年数据时需要进行校正。经方法对比，海北站高寒矮嵩草草甸样地根钻法（x）和土坑法（y）的相关关系为：

$$y=0.780\ 1x-28.638 \qquad R^2=0.999\ 7$$

数据的表述采用平均值±标准差的方式。

这个估测方法也可以应用在高寒小嵩草草甸和金露梅灌丛草甸中。

（5）优势植物种群和凋落物的生物地球化学计量特征

在各观测样地内，于植物生长盛期（8月底）监测过程中，选取代表性的植物种，分别进行植物地上部分、根系和凋落物样品的采集，带回实验室，经65℃杀青、烘干、磨碎，采用化学方法或仪器测定。

测定因子：植物全碳、全氮、全磷、全钾、全硫、全钙、全镁、干重热值和灰分含量等化学计量特征。

各元素的测定方法分别为：

植物全碳、全氮和全硫采用元素分析仪（PE－2400II）。

植物全磷（H_2SO_4－H_2O_2消煮，钒钼黄比色法）。

植物全钙（HNO_3－$HCLO_4$－H_2SO_4消煮，原子吸收分光光度法）。

植物热值的测定采用数显热量计（PAA－1281）测定。

（6）土壤微生物生物量碳

2004年和2005年，测定了土壤微生物碳量。于植物生长盛期（8月底）在田间采集新鲜土样，剔除植物根系、石头等杂物，盛放入塑料袋中，封口，尽快带回实验室，采用氯仿熏蒸－K_2SO_4浸取法进行土壤微生物量碳的测定（王启兰等，2007）。提取液中微生物碳量采用TOC－5000A型有机质分析仪测定。

2015年，对采自野外的土壤样品进行了室内培养，以期进行高寒草地潜在微生物功能群与功能基因的测定，使用该培养样品进行氯仿熏蒸-微生物碳量的测定。

（7）土壤微生物数量

微生物数量测定采用平板表面涂抹计数法进行测定。

3.2.3　生物监测数据

本数据集收集整理了海北站2001—2015年的生物观测数据，给出了3种类型草地的优势植物种、叶层高度、生殖枝高度、物种分盖度；地上绿色部分干重、立枯干重、凋落物干重和群落地下根系现存量。同时，监测初期由于对大年观测和小年观测定义理解有误，高寒灌丛草地和高寒小嵩草草地2002—2003年、2006—2008年部分内容缺测，在此给予说明。

3.2.3.1　植物物种

海北站站区共有植物种数为130种，分属26科71属。其中，百合科共3属4种；报春花科1属1种；车前科1属1种；川续断科1属1种；唇形科1属1种；豆科5属8种；禾本科11属17种；胡颓子科1属1种；虎耳草科2属3种；堇菜科1属1种；菊科7属16种；蓼科3属6种；龙胆科6属15种；牻牛儿苗科1属2种；毛茛科8属12种；茜草科1属3种；蔷薇科2属7种；忍冬科1属1种；伞形科2属3种；莎草科2属10种；十字花科2属2种；石竹科2属4种；玄参科4属6种；罂粟科1属2种；鸢尾科1属2种；紫草科1属1种（表3－16）（周兴民，2006）。

高寒矮嵩草草甸综合观测场（HBGZH01ABC＿01），共调查到76个植物种，高寒金露梅灌丛草甸辅助观测场（HBGFZ01AB0＿01）共调查到77个植物种，高寒小嵩草草甸站区调查点（HBGZQ01AB0＿01）调查到62个植物种。组成高寒草地的植物群落中，以禾本科、莎草科、豆科、菊科、龙胆科和毛茛科植物为主，禾本科和莎草属植物是高寒草甸的优势植物种，亦是家畜喜好的优质牧草。这些科的植物种类也较多（表3－17、表3－18、表3－19）。高寒矮嵩草草甸和高寒金露梅灌丛草甸为冬春草场，冬季放牧对草地的影响较小，两种草地物种数与植物物种基本相同。而高寒小嵩草草甸在2010年之前，为公用夏季草场，放牧强度很大，植物类群发生了演变，成为以高山嵩草为优势群落的草地，与前两种草地相比，物种数减少了10种左右。

表 3 - 16　高寒草甸生态系统植物名录

编号	植物中文名	拉丁学名	编号	植物中文名	拉丁学名	编号	植物中文名	拉丁学名
1	矮火绒草	Leontopodium nanum	26	高山豆	Tibetia himalaica	52	肋柱花	Lomatogonium carinthiacum
2	矮生蒿草	Carex alatauensis	27	高山韭	Allium sikkimense	53	鳞叶龙胆	Gentiana squarrosa
3	白苞筋骨草	Ajuga lupulina Maxim.	28	高山蒿草	Carex parvula	54	六叶葎	Galium hoffmeisteri
4	薄雪火绒草	Leontopodium japonicum Miq.	29	高山唐松草	Thalictrum alpinum	55	露蕊乌头	Aconitum gymnandrum
5	藏异燕麦	Helictotrichon tibeticum	30	高山紫菀	Aster alpinus	56	麻花艽	Gentiana straminea
6	草地早熟禾	Poa pratensis	31	高原毛茛	Ranunculus tanguticus	57	麦瓶草	Silene conoidea
7	川西獐牙菜	Swertia mussotii Franch.	32	海乳草	Glaux maritima	58	梅花草	Parnassia palustris L.
8	垂穗披碱草	Elymus nutans Griseb.	33	黑褐穗蒿草	Carex atrofusca	59	美丽风毛菊	Saussurea pulchra
9	刺芒龙胆	Gentiana aristata Maxim.	34	喉毛花	Comastoma pulmonarium	60	美丽毛茛	Ranunculus pulchellus C. A. Mey.
10	刺毛蒿草	Carex setosa Boott	35	虎耳草	Saxifraga stolonifera	61	紫羊茅	Festuca rubra L.
11	翠雀	Delphinium grandiflorum	36	花锚	Halenia corniculata	62	密花柴胡	Bupleurum densiflorum
12	钉柱委陵菜	Potentilla saundersiana Royle	37	花苜蓿	Medicago ruthenica （L.） Trautv.	63	南山龙胆	Gentiana grumii
13	钝苞雪莲	Saussurea nigrescens	38	黄花菜	Hemerocallis citrina	64	鸟足毛茛	Ranunculus brotherusii Freyn
14	钝裂银莲花	Anemone obtusiloba	39	黄花棘豆	Oxytropis ochrocephala	65	蓬子菜	Galium verum
15	多裂委陵菜	Potentilla multifida	40	黄精	Polygonatum sibiricum	66	披针叶野决明	Thermopsis lanceolata
16	二裂委陵菜	Potentilla bifurca L.	41	黄帚橐吾	Ligularia virgaurea	67	平车前	Plantago depressa
17	同色二色香青	Anaphalis bicolor var. subconcolor Hand. — Mazz.	42	箭叶火绒草	Leontopodium dedekensii	68	婆婆纳	Veronica polita
18	发草	Deschampsia cespitosa （L.） p. Beauv.	43	箭叶橐吾	Ligularia sagitta	69	蒙古蒲公英	Taraxacum mongolicum
19	繁缕	Stellaria media （L.） Vill.	44	金露梅	Potentilla fruticosa L.	70	祁连獐牙菜	Swertia przewalskii Pissjauk.
20	飞燕草	Consolida ajacis （L.） Schur	45	卷鞘鸢尾	Iris potaninii	71	荠	Capsella bursa — pastoris
21	拂子茅	Calamagrostis epigeios （L.） Roth	46	蕨麻	Argentia anserina	72	洽草	Koeleria macrantha
22	甘青老鹳草	Geranium pylzowianum Maxim.	47	宽叶羌活	Notopterygium franchetii	73	羌活	Notopterygium incisum
23	甘肃黄芪	Astragalus licentianus Hand. — Mazz.	48	蓝花翠雀花	Delphinium caeruleum	74	雀麦	Bromus japonicus
24	甘肃棘豆	Oxytropis kansuensis Bunge	49	蓝花棘豆	Oxytropis caerulea	75	肉果草	Lancea tibetica Hook.
25	甘肃马先蒿	Pedicularis kansuensis Maxim.	50	老鹳草	Geranium wilfordii Maxim.	76	乳白香青	Anaphalis lactea
			51	肋脉薹草	Carex pachyneura	77	三裂碱毛茛	Halerpestes tricuspis

（续）

编号	植物中文名	拉丁学名
78	三脉梅花草	Parnassia trinervis
79	伞花繁缕	Stellaria umbellata Turcz.
80	湿生扁蕾	Gentianopsis paludosa
81	石生蝇子草	Silene tatarinowii Regel
82	匙叶龙胆	Gentiana spathulifolia
83	鼠尾薹草	Carex myosurus Nees
84	双叉细柄茅	Ptilagrostis dichotoma Keng
85	双柱头藨草	Trichophorum distigmaticum
86	四数獐牙菜	Swertia tetraptera Maxim.
87	葶苈	Draba nemorosa
88	微孔草	Microula sikkimensis (C. B. Clarke) Hemsl.
89	萎软紫菀	Aster flaccidus Bunge.
90	无尾果	Coluria longifolia Maxim.
91	西伯利亚蓼	Knorringia sibirica
92	西藏高山紫堇	Corydalis tibetoalpina
93	西藏嵩草	Carex tibetikobresia
94	细叶蓼	Persicaria taquetii
95	细叶亚菊	Ajania tenuifolia
96	细叶早熟禾	Poa pratensis subsp. angustifolia
97	狭苞紫菀	Aster farreri
98	线形嵩草	Carex clavispica
99	线叶龙胆	Gentiana lawrencei var. farreri (Balf. f.) T. N. Ho
100	线叶嵩草	Carex capillifolia (Decne.) S. R. Zhang
101	香青	Anaphalis sinica Hance
102	小大黄	Rheum pumilum Maxim.
103	小龙胆	Gentiana parvula H. Smith
104	小米草	Euphrasia pectinata Ten.
105	雪白委陵菜	Potentilla nivea L.
106	岩生忍冬	Lonicera rupicola Hook. f. et Thoms on
107	羊茅	Festuca ovina L.
108	野韭	Allium ramosum
109	野青茅	Deyeuxia pyramidalis
110	异针茅	Stipa aliena Keng
111	银莲花	Anemone cathayensis
112	鸢尾	Iris tectorum
113	原拉拉藤	Galium aparine Linn.
114	圆萼刺参	Morina chinensis
115	云生毛茛	Ranunculus nephelogenes Edgew.
116	早熟禾	Poa annua L.
117	獐牙菜	Swertia bimaculata
118	长果婆婆纳	Veronica ciliata Fisch.
119	长花马先蒿	Pedicularis longiflora
120	长毛风毛菊	Saussurea hieracioides
121	掌叶大黄	Rheum palmatum L.
122	针茅	Stipa capillata L.
123	中国沙棘	Hippophae rhamnoides
124	中华羊茅	Festuca sinensis Keng
125	重齿风毛菊	Saussurea katochaete
126	珠芽蓼参	Bistorta vivipara (L.) Delarbre
127	紫花地丁	Viola philippica
128	紫花针茅	Stipa purpurea Griseb.
129	紫堇	Corydalis edulis Maxim.
130	紫羊茅	Festuca rubra L.

表 3-17　高寒矮嵩草草甸植物物种叶层高度（样地编号：HBGZH01ABC_01，8 月下旬测定）　单位：cm

植物名称	年份									种内平均值	种内标准偏差
	2004	2005	2008	2009	2010	2011	2012	2013	2014		
矮火绒草	2.1	3.9					3.1	3.1	3.5	3.2	0.6
矮嵩草	6.1	3.5			2.6	3.1	6.0	6.2	4.8	5.0	1.3
藏异燕麦										2.3	
车前子										1.7	
垂穗披碱草	10.4	18.0	33.6	23.5	21.7	23.2	17.0	18.0	21.8	19.1	5.9
蓝翠雀花										12.0	
钉柱委陵菜						5.5		5.9	7.7	5.8	2.4
钝裂银莲花	8.7	4.5				6.5			5.8	5.4	2.1
多裂委陵菜										1.2	
黑褐穗薹草	5.0									6.0	1.4
鹅绒委陵菜	4.9	4.0						7.3	9.6	7.1	2.0
二裂委陵菜	4.4	3.7				8.9	8.1	8.4	7.0	7.0	1.9
双柱头蔺藨草	6.5	8.3							8.4	8.0	3.4
发草					8.5					8.5	
繁缕	7.3	4.9					6.7	7.5	7.8	6.2	1.7
拂子茅										12.0	
甘青老鹳草	4.3	3.0				6.1				4.2	1.0
甘肃棘豆							9.0			8.9	0.2
甘肃马先蒿	5.9	8.0								6.4	3.8
高山唐松草	3.8	3.8			3.5			8.2	5.9	5.3	2.2
棉毛茛	8.5					6.3				8.2	1.5
卷鞘鸢尾	6.5	5.0							12.2	8.7	2.9
海乳草	5.0									6.5	2.1
花苜蓿	3.3	4.2			2.1		4.7	7.3	7.3	5.2	2.0
黄花棘豆	4.2	6.3			6.4	8.7	9.0	9.2	10.1	7.7	2.2
黄芪	6.0	6.0			16.5		16.5	9.4	11.2	9.2	4.7
雅毛茛		8.5								6.5	1.8
刺芒龙胆	5.2	5.5				2.8				5.6	2.7
箭叶橐吾	7.6									4.6	4.3
宽叶羌活	5.0									3.3	2.4
蓝花棘豆						4.6				5.9	1.9
肋柱花										3.8	
鳞叶龙胆	3.5	3.3								4.5	2.0
麻花艽	4.6	5.8				6.0	8.3	8.7	8.2	7.5	1.7
美丽风毛菊	2.9	3.1				3.9	10.5		6.0	5.1	2.5
异叶米口袋	4.6	5.1			4.0	5.6	6.4	5.2		5.4	0.8
摩苓草	4.3									8.0	6.1
蓬子菜										2.3	

（续）

植物名称	年份									种内平均值	种内标准偏差
	2004	2005	2008	2009	2010	2011	2012	2013	2014		
婆婆纳	5.1									7.6	3.0
蒲公英	3.8	5.1				6.6				6.1	1.7
洽草	8.1	10.4			11.6					11.1	2.4
青海风毛菊		4.0			6.9		7.8		8.5	7.2	1.9
柔软紫菀	4.1	5.3			19.1	10.0	7.5	11.5		9.3	4.4
肉果草	1.9	4.5					4.3	4.0		3.4	1.0
乳白香青										4.5	
美丽毛茛	6.3									7.2	2.4
三脉梅花草	11.0	4.5								5.3	3.3
湿生扁蕾	13.2	4.8								8.3	4.4
双叉细柄茅	9.0									11.1	1.8
四叶葎										2.2	1.3
薹草		6.7			7.1					8.3	2.5
西伯利亚蓼										5.8	2.0
西藏忍冬										2.1	
细叶亚菊	3.6					3.6				3.6	2.0
线叶龙胆	4.7	4.8								4.8	1.0
小嵩草	2.7									2.7	
小米草	5.0	6.2								5.0	2.2
雪白委陵菜	4.0	4.9			4.6		5.2			5.1	1.2
羊茅	11.9	9.5			15.8		19.7			13.3	3.7
异针茅	11.0	13.81	15.0	16.3	15.0	29.0	18.0	29.0	18.0	17.8	6.3
早熟禾	10.1	10.1					22.3	24.0		16.2	6.9
獐芽菜	11.2	5.9								9.4	4.5
针茅										12.7	0.9
直立梗高山唐松草						4.0				6.5	3.5
珠芽蓼										8.0	
紫花地丁										1.8	

表 3 - 18　高寒金露梅灌丛草甸草本斑块植物物种叶层高度（样地编号：HBGFZ01AB0 _ 01，8 月下旬测定）

单位：cm

植物种名	年份									种内平均值	种内标准偏差
	2001	2004	2005	2009	2010	2011	2012	2013	2014		
矮火绒草	6.5	10.0	6.0		5.5	5.7	3.7	3.9	4.2	5.7	2.0
矮嵩草	5.0	15.5		2.6			3.7	4.1	4.5	5.9	4.8
藏异燕麦						22.0				22.0	
草地早熟禾			11.0	6.6						8.8	3.1
垂穗披碱草	10.8	19.2	30.5	9.8	16.0	18.4	15.0	22.3	24.8	18.5	6.6

（续）

植物种名	年份									种内平均值	种内标准偏差
	2001	2004	2005	2009	2010	2011	2012	2013	2014		
垂枝早熟禾			11.0							11.0	
刺毛薹草					17.0					17.0	
钉柱委陵菜				4.6		7.2	5.6	7.5		6.2	1.4
钝裂银莲花	3.5	8.5	3.5							5.2	2.9
多裂委陵菜					4.5	4.4				4.5	0.1
二裂委陵菜		2.0	9.5		11.0					7.5	4.8
繁缕	5.1		4.0				8.2			5.8	2.2
甘青老鹳草	8.0	6.1	6.3		10.7	11.3	7.3		12.1	8.8	2.5
甘肃马先蒿		2.0	4.0							3.0	1.4
高山唐松草	3.8	4.3	5.0		7.0	7.5	4.0		8.9	5.8	2.0
棉毛茛		7.8								7.8	
黑褐穗薹草		4.3	9.0							6.7	3.3
花苜蓿			4.5							4.5	
黄花棘豆	6.3						10.1		9.8	8.7	2.1
黄芪	6.0			4.5		12.1	9.6			8.1	3.4
黄帚橐吾			8.4							8.4	
刺芒龙胆	7.0		4.9							6.0	1.5
箭叶橐吾			8.8							8.8	
鹅绒委陵菜	3.6	3.7	5.5		6.6	6.2	4.8			5.1	1.3
宽叶羌活	6.0	7.4	7.8							7.1	0.9
鳞叶龙胆		5.0								5.0	
露蕊乌头		2.0								2.0	
美丽风毛菊	5.0						4.5			4.8	0.4
蒲公英	6.3	6.4	6.7							6.5	0.2
洽草	7.5	12.0	15.4							11.6	4.0
青海风毛菊	4.8	4.6	4.9		10.4		5.9			6.1	2.4
柔软紫菀	4.0	5.0	6.7							5.2	1.4
肉果草	3.5	1.7	1.2		5.0	4.6	1.7			3.0	1.6
乳白香青	4.4		14.0							9.2	6.8
双叉细柄茅		21.7	18.3							20.0	2.4
双柱头蔺藨草	9.0	8.0	5.0				11.6			8.4	2.7
薹草	5.5		4.7							5.1	0.6
无尾果			6.0							6.0	
西伯利亚蓼			8.3							8.3	
线叶龙胆			6.5							6.5	
线叶嵩草			22.0							22.0	
小大黄	2.9									2.9	
小米草			5.8							5.8	

（续）

植物种名	年份									种内平均值	种内标准偏差
	2001	2004	2005	2009	2010	2011	2012	2013	2014		
双花堇菜	4.8									4.8	
雅毛茛	11.0		4.0							7.5	4.9
羊茅	10.6	15.8								13.2	3.7
异叶米口袋	2.5	3.0		2.5						2.7	0.3
异针茅	15.0	22.3	12.0	7.8			13.0			14.0	5.3
早熟禾		10.0	17.8			21.0				16.3	5.7
獐芽菜	5.0		5.8		0.0					3.6	3.1
珠芽蓼	5.0	16.7	6.7		12.5	13.8				10.9	4.9
猪殃殃			8.5							8.5	
紫花地丁		1.3								1.3	
紫堇	6.0									6.0	
钉柱委陵菜	3.3	3.3	6.1	4.6	7.5	7.2	5.6	7.5		6.23	1.37

表 3-19 高寒小嵩草草甸物种叶层高度（样地编号：HBGZQ01AB0_01，8月下旬测定）

单位：cm

植物种名	年份									种内平均值	种内标准偏差
	2001	2004	2005	2009	2010	2011	2012	2013	2014		
矮火绒草	2.2	2.1	2.6		2.7	2.9	1.8	2.0	3.1	2.4	0.5
矮嵩草	3.4	4.1	4.8	1.9	2.3	2.4	2.9	3.2	3.9	3.2	0.9
藏异燕麦						13.0				13.0	
草地早熟禾	1.0			17.5						9.3	11.7
垂穗披碱草	8.9	8.6	11.6	17.8	15.6	16.1	11.5	6.5	13.3	12.2	3.8
钝裂银莲花		6.5	3.8	4.8			2.5			4.4	1.7
多裂委陵菜			2.5		4.0	3.6		3.5		3.4	0.6
鹅绒委陵菜		2.0								2.0	
二裂委陵菜	3.5	2.5	2.5		2.8	4.7	2.9		4.3	3.3	0.9
双柱头蔺藨草		4.5								4.5	
繁缕	2.0	5.3	4.1							3.8	1.7
拂子茅	14.0									14.0	
甘肃棘豆	6.4									6.4	
异叶米口袋	4.3	6.0	3.0	3.2	3.8	4.0				4.1	1.1
小嵩草	3.5	2.8	2.2	2.1						2.7	0.6
高山唐松草	4.3	4.0							5.0	4.4	0.5
黑褐穗薹草		4.8								4.8	
兔耳草			1.7							1.7	
花苜蓿		3.0	5.4			6.5				5.0	1.8
黄花棘豆	5.5	4.2	8.0	13.0	5.1	7.8	10.1		6.4	7.5	2.9
黄芪	4.5	3.7	4.1	6.1	3.8	5.4	5.8			4.8	1.0

（续）

植物种名	年份									种内平均值	种内标准偏差
	2001	2004	2005	2009	2010	2011	2012	2013	2014		
刺芒龙胆			3.5							3.5	
卷鞘鸢尾		4.0		2.5						3.3	1.1
宽叶羌活	6.0									6.0	
鳞叶龙胆			4.6							4.6	
麻花艽	3.5	3.3	3.2	5.6	4.0	5.2	3.3			4.0	1.0
美丽风毛菊	3.5	2.1	2.5	0.9			1.6			2.1	1.0
蒲公英	6.2	2.5	4.0	1.0						3.4	2.2
棉毛茛	4.2	8.2	3.7	2.4						4.6	2.5
婆婆纳	6.0	3.3	4.0							4.4	1.4
荠菜	5.0									5.0	
洽草		4.6								4.6	
青海风毛菊	4.0		7.0		2.4					4.5	2.3
柔软紫菀	3.5	3.1	13.3							6.6	5.8
肉果草	2.3	1.7	1.7	1.9			1.5			1.8	0.3
乳白香青	2.8	9.7	4.8							5.8	3.6
瑞苓草		4.4								4.4	
美丽毛茛	3.4	5.0	3.0							3.8	1.1
三脉梅花草		9.3								9.3	
湿生扁蕾		9.9								9.9	
双叉细柄茅	9.0	4.7	6.0		6.5					6.6	1.8
薹草	6.1		3.6		7.0					5.6	1.8
微孔草	1.8									1.8	
西伯利亚蓼		4.5								4.5	
线叶龙胆	4.7	3.8	2.9							3.8	0.9
线叶嵩草	8.0									8.0	
蒲公英	2.5									2.5	
钉柱委陵菜	3.7	3.4	2.1		2.5	2.8	2.5	2.3	2.5	2.7	0.6
雅毛茛		5.0								5.0	
羊茅	5.0	7.5	5.5	18.9						9.2	6.5
野青茅	8.0									8.0	
异针茅	8.0	5.7	6.3	12.2	9.0	11.0	6.0			8.3	2.6
早熟禾	14.0	9.5	5.9		9.5	15.8				10.9	4.0
獐芽菜	3.0	7.0	2.3							4.1	2.5
紫花地丁	2.1	3.0	1.8	3.0						2.5	0.6

3.2.3.2　植物群落多样性指数

物种多样性是群落的重要特征，是用来判断群落或生态系统稳定性的指标。多样性指数值越高，区域中的生物种类越多，生物间的关系也越密切，对外界干扰的抵抗能力越强，系统具有较高的稳定性。针对海北站的 3 种草地类型，分别于 2005 年、2010 年和 2016 年，结合生态系统要素大年监测开展了生物多样性调查（表 3-20）。总的来说，3 种草地的生物多样性指数呈现出相似的年际变化动态，2005—2010 年呈现下降趋势，2010—2016 年又发生回升，且略高于 2005 年。3 个时段 3 类草地生物多样性指数相对顺序也发生了改变，其中 2005 年为高寒小嵩草草甸＞高寒矮嵩草草甸＞高寒金露梅灌丛草甸，2010 年为高寒矮嵩草草甸＞高寒小嵩草草甸＞高寒金露梅灌丛草甸，而 2016 年则为高寒金露梅灌丛草甸＞高寒矮嵩草草甸＞高寒小嵩草草甸。近 10 年中，3 块草地的所有权、放牧管理制度均发生了不同方式的改变，也许生物多样性指数正是对这种改变的响应。但由于观测频度较少，要得出准确的结论尚需要长时段的观测。

表 3-20　海北站观测点植物群落多样性指数（8月）

年份	观测场编号	植被类型	植物群落结构参数				
			Simpson 指数（J）	Shannon-Wiener 指数（H'）	Pielou 均匀度	Brillouin 指数（H）	McIntosh 指数（Dmc）
2005	HBGZQ01AB0_01	高寒矮嵩草草甸	0.588 4	1.591 9	0.796 0	1.541 8	0.382 3
	HBGFZ01AB0_01	高寒金露梅灌丛草甸	0.386 1	1.026 9	0.513 5	0.984 6	0.231 8
	HBGZQ01AB0_01	高寒小嵩草草甸	0.631 3	1.698 2	0.849 1	1.645 6	0.419 3
2010	HBGZQ01AB0_01	高寒矮嵩草草甸	0.499 7	1.368 4	0.684 2	1.286 0	0.320 4
	HBGFZ01AB0_01	高寒金露梅灌丛草甸	0.373 9	1.037 0	0.518 5	0.905 2	0.238 8
	HBGZQ01AB0_01	高寒小嵩草草甸	0.488 5	1.327 0	0.663 5	1.229 8	0.315 2
2016	HBGZQ01AB0_01	高寒矮嵩草草甸	0.620 9	1.670 2	0.835 1	1.616 7	0.410 6
	HBGFZ01AB0_01	高寒金露梅灌丛草甸	0.705 1	1.881 1	0.810 1	1.402 8	0.566 2
	HBGZQ01AB0_01	高寒小嵩草草甸	0.518 8	1.421 8	0.710 9	1.364 1	0.329 2

3.2.3.3　叶层平均高度

草地物种种间叶层平均高度的变化，反映了草地植物种群的演替，主要是由草地利用方式或管理制度的改变所导致。而群落叶层高度的改变，是气候的波动变化所驱动。高寒嵩草草甸物种间叶层平均高度为 6.8 cm，种间变异系数为 0.5；群落叶层年际平均高度为 10.3 cm，年际间变异系数为 0.5，物种间与群落叶层高度变异一致，且变异较大。反映了高寒嵩草草甸群落叶层高度与物种叶层高度受到了人为干扰和气候波动的双重影响。处于群落上层的物种有垂穗披碱草、异针茅、早熟禾、羊茅、蓝翠雀花、拂子茅、洽草和双叉细柄茅等，构成植物群落的上层结构。而小嵩草、紫花地丁、多裂陵菜肉、矮火绒草、蓬子菜等，处于群落的下层，形成典型的高寒矮嵩草草甸双层群落结构（表 3-17）。

高寒金露梅灌丛草甸包括灌木层和草本层，其中，灌木层以金露梅为单优势种群或与少量山生柳为共优势种，灌木群落叶层高度为（38.7±14.3）cm，年际变异 0.4。草本斑块群落叶层平均高度为 8.3 cm，年际变异系数为 0.2。物种间叶层平均高度为 8.0 cm，种间变异系数为 0.6。从变异系数来看，灌木群落叶层高度变异高于草本群落，草本斑块群落叶层高度变异小于物种间变异，反映了高寒金露梅灌丛草甸受人为放牧干扰的扰动性高于气候波动的影响。金露梅灌木构成草地群落的最上层，处于群落中层的物种有藏异燕麦、线叶嵩草、双叉细柄茅、垂穗披碱草、刺毛薹草、早熟禾、异针茅和羊茅等，处于群落下层的植物种有甘肃马先蒿、肉果草、小大黄、异叶米口袋、露蕊乌头、紫花地丁等（表 3-18）。

高寒小嵩草草甸物种间叶层平均高度为 5.3 cm，种间变异系数为 0.5；群落叶层年际平均高度为 5.2 cm，年际间变异系数为 0.2，种间变异是年际变异的 2.5 倍，反映了人类活动对高寒小嵩草草甸叶层高度的影响高于气候变化的波动。群落叶层高度对气候波动具有相对较高的稳定性。处于群落上层的物种有拂子茅、藏异燕麦、垂穗披碱草、早熟禾、湿生扁蕾、三脉梅花草、草地早熟禾、羊茅、异针茅等。处于群落下层的植物有美丽风毛菊、鹅绒委陵菜、肉果草、微孔草、兔耳草等（表 3-19）。

3 类草地草本群落叶层平均高度呈现出高寒金露梅灌丛草甸（8.5 cm）＞高寒嵩草草甸（8.3 cm）＞高寒小嵩草草甸（5.3 cm）（表 3-32），这不仅与草地土壤的含水量、灌木植物郁闭度有关，同时放牧干扰强度对草地群落叶层的高度影响尤为强烈。随着土壤水分含量的降低，人为干扰的加大，草本植物的叶层高度呈现降低趋势。

3.2.3.4 生殖枝高度

高寒矮嵩草草甸物种间生殖枝平均高度为 14.1 cm，种间变异系数为 0.6；群落年际叶层平均高度为 17.0 cm，年际间变异系数为 0.3，生殖枝高度种间变异是群落年际变异系数的 2 倍，反映了高寒嵩草草甸群落生殖枝高度具有相对较高的气候稳定性。生殖枝高度处于群落上层的物种有垂穗披碱草、发草、拂子茅、异针茅、洽草、早熟禾、羊茅、双叉细柄茅等；西藏忍冬、小嵩草、矮火绒草、繁缕、乳白香青、宽叶羌活、二裂委陵菜等植物处于群落的下层，生殖枝的高度相对较低（表 3-21）。

表 3-21 高寒矮嵩草草甸植物生殖枝高度（样地编号：HBGZH01ABC_01，8 月下旬测定）

单位：cm

植物名称	年份												种内平均值	种内标准差
	2001	2002	2003	2004	2005	2008	2009	2010	2011	2012	2013	2014		
矮火绒草	2.8				5.8								4.3	2.1
矮嵩草	7.9	9.6	7.5		6.5	8.8	9.5	13.6	13.1	7.6	7.8	9.6	9.2	2.3
垂穗披碱草	36.7	26.6	34.8	44.0	31.3	29.2	50.1	50.2	54.7	45.5	47.0	55.0	42.1	10.0
钉柱委陵菜							16.1		18.3	14.7	15.0	19.2	16.7	2.0
钝裂银莲花	35.0	11.0	11.0		6.5		17.1			19.5			16.7	10.1
鹅绒委陵菜	9.0	5.1			6.0								6.7	2.0
二裂委陵菜	6.0			5.0	4.0								5.0	1.0
发草						31.8							31.8	
繁缕	5.0				4.9								5.0	0.1
拂子茅	31.8												31.8	
甘青老鹳草					7.5								7.5	
甘肃棘豆	13.0	17.5											15.3	3.2
甘肃马先蒿	8.0	5.5	8.5	10.0	15.0				27.2	27.0			14.5	9.1
异叶米口袋	4.9	3.3	2.7		14.8					2.5			5.6	5.2
小嵩草				4.0								2.7	3.4	0.9
高山唐松草	5.0				6.5	11.1							7.5	3.2
棉毛茛	7.8	13.4		9.0			4.3						8.6	3.8
黑褐穗薹草			6.5	10.0									8.3	2.5
花苜蓿	6.4	6.4	6.0	6.0	5.5		2.6						5.5	1.5
黄花棘豆	14.0		9.5	10.0	11.3	12.1	15.1	13.5	16.7	13.6		17.0	13.3	2.6

（续）

植物名称	年份												种内平均值	种内标准差
	2001	2002	2003	2004	2005	2008	2009	2010	2011	2012	2013	2014		
黄芪	6.5	9.8	7.0		7.0			21.0	13.8	16.3			11.6	5.6
刺芒龙胆	8.6		6.0	5.0	8.2	6.5	6.1	12.5	12.9	11.8			8.6	3.1
宽叶羌活	5.0												5.0	
蓝花棘豆	12.0						9.5						10.8	1.8
肋柱花		8.2		5.0									6.6	2.3
鳞叶龙胆		8.4		5.1	7.5								7.0	1.7
露蕊乌头				15.0									15.0	
麻花艽	14.2	10.6	10.5	8.9	12.0	13.1	13.0	13.0	14.5	13.6			12.3	1.8
美丽风毛菊	8.1	6.2	9.5	5.0	5.0	5.6				10.3			7.1	2.2
美丽毛茛	5.0	13.5						14.0	17.5				12.5	5.3
蓬子菜	9.5												9.5	
披针叶黄华	16.0												16.0	
婆婆纳	9.0	9.5		6.5									8.3	1.6
蒲公英	15.1	18.0	14.5	14.2	13.3								15.0	1.8
洽草	32.5	25.2	24.5	28.3	30.3	31.5	19.9						27.5	4.5
青海风毛菊	21.0				6.0			14.3		24.3			16.4	8.1
蓝翠雀花		20.0											20.0	
柔软紫菀	29.3	13.2		29.0	17.5		22.8			28.0			23.3	6.7
肉果草	3.5			8.0	9.5								7.0	3.1
乳白香青	5.0												5.0	
瑞苓草				21.7									21.7	
三脉梅花草	6.0		18.0		10.5								11.5	6.1
湿生扁蕾	15.0	16.3		32.0	17.6	22.4				36.8	17.0		22.4	8.6
双叉细柄茅	33.0	16.0	24.0	30.0									25.8	7.5
双柱头藨蔗草	9.5	10.3	6.2		8.3			14.0	16.0				10.7	3.6
薹草	14.5	12.4			13.0	12.5		17.1					13.9	2.0
葶苈									25.7				25.7	
萎软紫菀								25.0	35.0				30.0	7.1
西伯利亚蓼	11.0		9.7										10.4	0.9
西藏忍冬		3.0											3.0	
细叶亚菊	12.5			10.0			14.3			13.5			12.6	1.9
线叶龙胆	6.5	4.2	6.8	6.5	7.5	4.6		9.7	10.3	7.6			7.1	2.0
小米草	13.5	10.9	4.2	7.9	10.2	6.7				10.1			9.1	3.1
雪白委陵菜	9.1	12.9	11.0	6.23	9.4	12.1		18.9					11.4	4.0
雅毛茛	13.0		11.0		14.0								12.7	1.5
羊茅	30.0	24.0	15.4	29.2	18.0	30.4		34.4					25.9	7.0

（续）

植物名称	年份												种内平均值	种内标准差
	2001	2002	2003	2004	2005	2008	2009	2010	2011	2012	2013	2014		
异针茅	28.8	12.5	19.0	27.1	21.3	25.4	29.5		53.5	35.0			28.0	11.6
卷鞘鸢尾	9.0				5.0								7.0	2.8
摩苓草								36.8	27.0				31.9	6.9
早熟禾	29.5	19.2	16.8	29.3	23.7			33.0	37.0				26.9	7.3

　　高寒金露梅灌丛草甸草本斑块植物种间生殖枝高度为（15.4±9.8）cm，种间变异系数为 0.6；群落年际间生殖枝高度为（21.3±5.3）cm，年际间变异系数为 0.3，种间变异是群落年际间变异的 2.0 倍，反映了高寒灌丛草地草本斑块生殖枝高度受人类活动的影响高于气候的波动。金露梅灌木植物的生殖枝高度与叶层高度一致。草本斑块群落中，生殖枝高度处于群落上层的物种有垂穗披碱草、双叉细柄茅、藏异燕麦、箭叶囊吾、早熟禾、洽草等，主要以禾本科植物为主，为优良的牧草；处于群落下层的植物有薹草、鹅绒委陵菜、肉果草、小大黄和密花柴胡等（表 3 - 22）。

表 3 - 22　高寒金露梅灌丛草甸草本斑块物种生殖枝高度（样地编号：HBGFZ01AB0 _ 01，8 月下旬测定）

单位：cm

植物种名	年份									种内平均值	种内标准偏差
	2001	2004	2005	2009	2010	2011	2012	2013	2014		
矮火绒草	9.0	21.7	15.8		21.0	22.0				17.9	5.6
矮嵩草	5.0	19.5			7.5		6.2	6.7	5.8	8.5	5.5
藏异燕麦						35.3				35.3	
草地早熟禾			19.0	18.3						18.7	0.5
垂穗披碱草	33.8	45.5	47.3	21.9	67.3	55.8	34.6	46.8	59.0	45.8	14.1
垂枝早熟禾			22.0							22.0	
刺芒龙胆	5.2		9.4		9.5	10.1				8.6	2.3
钝裂银莲花	13.5	13.0	8.8							11.8	2.6
多裂委陵菜					7.1	7.3				7.2	0.1
黑褐穗薹草			13.3							13.3	
鹅绒委陵菜	4.8		5.5							5.2	0.5
二裂委陵菜			9.5							9.5	
双柱头蔺藨草	11.5	9.5	5.0							8.7	3.3
繁缕	13.0		6.0							9.5	4.9
甘青老鹳草	5.6	9.0	11.4							8.7	2.9
甘肃马先蒿	7.0	10.7	10.8		25.0	25.0	24.0		24.0	18.1	8.1
高山唐松草	15.5		9.2							12.4	4.5
棉毛茛		14.7								14.7	
花苜蓿			10.0							10.0	
黄花棘豆	12.0	10.0					13.6		16.0	12.9	2.5
黄芪	7.0				18.5	14.3				13.3	5.8

（续）

植物种名	年份									种内平均值	种内标准偏差
	2001	2004	2005	2009	2010	2011	2012	2013	2014		
黄帚橐吾			11.4				41.8			26.6	21.5
棘豆	11.0									11.0	
箭叶橐吾			15.8		44.4		41.8			34.0	15.8
宽叶羌活		25.0	33.7							29.4	6.2
肉果草	2.0		2.1							2.1	0.1
鳞叶龙胆		8.0								8.0	
露蕊乌头		10.0								10.0	
密花柴胡	1.5									1.5	
婆婆纳		10.0								10.0	
蒲公英	20.0	24.9	17.8				8.8			17.9	6.7
荠菜	14.4									14.4	
洽草	28.0	35.7	31.7							31.8	3.9
青海风毛菊	4.0		4.9		22.0		12.9			11.0	8.4
柔软紫菀		16.0	25.8		32.0		22.7			24.1	6.7
瑞苓草		18.1								18.1	
湿生扁蕾	10.0									10.0	
双叉细柄茅		42.0	36.7							39.4	3.7
薹草	4.0		6.4							5.2	1.7
无尾果			6.0							6.0	
西伯利亚蓼			8.3							8.3	
线叶龙胆			8.0							8.0	
线叶嵩草			21.0							21.0	
乳白香青	20.0	20.5	22.0							20.8	1.0
小大黄	2.0									2.0	
小米草		11.5	12.5				12.8			12.3	0.7
钉柱委陵菜	4.0		11.2				11.7			9.0	4.3
雅毛茛	11.0		8.0							9.5	2.1
羊茅	22.3	31.2								26.8	6.3
野青茅	26.0									26.0	
异针茅	22.5	35.3	25.0	13.9			21.0			23.5	7.8
早熟禾	26.5	39.0	30.5			36.0				33.0	5.6
獐芽菜	10.0	14.0	8.7		23.8					14.1	6.8
珠芽蓼	15.2	26.5	16.2		31.0	32.0	14.8			22.6	8.1
猪殃殃			14.4							14.4	

高寒小嵩草草甸生殖枝种间平均高度为 10.1 cm，变异系数为 0.8；群落年际间高度为（10.6±3.2）cm，变异系数为 0.3。种间变异是群落变异 2.8 倍，亦反映了人类放牧干扰引起的种间演替高于气候波动对群落生殖枝的影响。生殖枝高度处于群落上层的物种有拂子茅、湿生扁蕾、垂穗披碱草、草地早熟禾、早熟禾、藏异燕麦、高山唐松草和异针茅等，生殖枝高度较矮的物种有小嵩草、肉果草和兔耳草等（表 3-23）。

表 3-23　高寒小嵩草草甸物种生殖枝高度（样地编号：HBGZQ01AB0_01，8 月下旬测定）

单位：cm

植物种名	年份									种内平均值	种内标准偏差
	2001	2004	2005	2009	2010	2011	2012	2013	2014		
矮火绒草			3.9							3.9	
矮嵩草	5.8	5.3	4.4	5.2	7.1	7.3	5.3	5.5	5.1	5.7	0.9
藏异燕麦						21.5				21.5	
草地早熟禾				23.8						23.8	
垂穗披碱草	23.5	10.5	19.4	36.0	47.0	48.3	30.4	17.0	34.6	29.6	13.2
钝裂银莲花			8.8				10.8			9.8	1.4
多裂委陵菜			4.0		6.5	6.1		5.8		5.6	1.1
二裂委陵菜	5.0	2.8	2.6		5.0	5.2				4.1	1.3
双柱头藨薹草	13.0									13.0	
繁缕	5.4		5.3							5.4	0.1
拂子茅	38.0									38.0	
甘肃棘豆	8.0									8.0	
甘肃马先蒿		4.0								4.0	
异叶米口袋	3.5		5.1	0.0						2.9	2.6
小嵩草	3.4	2.9	2.5	3.9	3.2	3.0	2.8		2.5	3.0	0.5
高山唐松草	21.0									21.0	
兔耳草			1.4							1.4	
花苜蓿		3.3	4.2							3.8	0.6
黄花棘豆		5.5	6.4	17.7	14.7	15.0	13.6		13.0	12.3	4.6
黄芪			4.4			13.5	14.2			10.7	5.5
刺芒龙胆			3.0		4.4					3.7	1.0
卷鞘鸢尾				3.6						3.6	
鳞叶龙胆			3.9							3.9	
麻花艽	6.1	5.1	6.4	7.6	10.1	9.7	8.7			7.7	1.9
美丽风毛菊	5.2	3.8	3.8	6.0			6.1			5.0	1.1
蒲公英	9.1	5.5	4.6	2.5						5.4	2.8
棉毛莨	6.5		4.6	1.5						4.2	2.5
婆婆纳	5.2	4.5	5.0							4.9	0.4
洽草		8.7								8.7	
柔软紫菀	3.0	6.0	24.3							11.1	11.5
肉果草			1.7		1.6					1.7	0.1
乳白香青			6.5							6.5	

（续）

植物种名	年份									种内平均值	种内标准偏差
	2001	2004	2005	2009	2010	2011	2012	2013	2014		
美丽毛茛			6.9							6.9	
湿生扁蕾							36.8			36.8	
双叉细柄茅	14.0	11.0	12.0		22.0					14.8	5.0
薹草	8.0		4.5		14.6					9.0	5.1
线叶龙胆	4.2	3.0	3.8		6.1	5.6	3.2			4.3	1.3
线叶嵩草	9.5									9.5	
小米草							9.5			9.5	
钉柱委陵菜	5.4	4.5	3.4		6.0	6.3	6.1	5.5	5.9	5.4	1.0
雅毛茛	9.0									9.0	
羊茅	8.0	11.2	7.5	26.2						13.2	8.8
野青茅	15.0									15.0	
异针茅	14.3	11.8	9.9	22.8	17.0	26.0	16.4			16.9	5.8
早熟禾	20.0		12.3		22.0	35.5				22.5	9.7
獐芽菜	8.7		3.6							6.2	3.6
青海风毛菊			8.5		6.4					7.5	1.5
紫花地丁	3.0		3.3							3.2	0.2

　　3类草地草本群落生殖枝高度呈现出高寒金露梅灌丛草甸［（21.3±5.4）cm］＞高寒嵩草草甸［（17.0±4.3）cm］＞高寒小嵩草草甸［（10.6±3.2）cm］（表3-32），这亦与草地的水分含量、郁闭度有关，随着土壤水分含量的降低，郁闭度的加大，草本植物的生殖枝高度呈现逐渐增加的趋势。

3.2.3.5　物种分盖度

　　2001—2015年，在高寒矮嵩草草甸样地中，共调查到草本植物74种，其种间分盖度为（5.0±4.9）%，变异系数为1.0；群落种间年际分盖度为（9.6±8.4）%，年际间变异系数为0.9，种间变异和群落种间年际变异均很大，反映了观测期间草地受人类活动和气候的波动影响均较大，且这种改变可能发生在物种演替上，人类活动干扰的改变主要发生在2005—2006年，2005年以前，观测场属于牧民承包土地，2006年，通过土地流转归属于海北站，管理方式与放牧强度有很大的改变。群落中物种盖度占优势的植物包括异针茅、矮嵩草、花苜蓿、异叶米口袋、直立梗唐松草、早熟禾、野青茅、美丽风毛菊、垂穗披碱草等。喉毛花、阿拉善马先蒿、鸟足毛茛、海乳草、葶苈、肋柱花、箭叶橐吾、高山韭、车前子等盖度较小。表明群落是以禾草为优势种，退化程度较轻（表3-24）。

表3-24　高寒矮嵩草草甸物种分盖度（样地编号：HBGZH01ABC _ 01，8月下旬测定）

单位：%

植物种名	年份															种内平均值	种内标准差
	2001	2002	2003	2004	2005	2006	2007	2008	2009	2010	2011	2012	2013	2004	2015		
阿拉善马先蒿	0.5															0.5	

（续）

植物种名	年份															种内平均值	种内标准差
	2001	2002	2003	2004	2005	2006	2007	2008	2009	2010	2011	2012	2013	2004	2015		
矮火绒草	3.4	2.6	12.0	3.0	4.9			4.0		15.0	2.0	2.5	2.0	4.7	4.0	5.0	4.1
矮嵩草	9.6	8.6	16.8	17.0	20.0			23.2	69.0	10.3	13.4	6.3	13.6	16.7	21.9	19.0	15.9
藏异燕麦		1.0													3.3	2.2	1.6
车前子		1.0														1.0	
垂穗披碱草	11.6	7.6	21.3	7.7	13.2	9.1		10.0	24.8	8.0	14.7	5.6	6.3	5.6	9.7	11.1	5.8
刺芒龙胆	0.5									1.0	2.0	2.0	4.3	1.5	2.0	1.9	1.2
钝裂银莲花	5.0	1.0	1.0		2.5			7.0	4.5	2.4	0.6	1.8	4.0	4.0	1.5	2.9	2.0
多裂委陵菜		1.0										2.0				1.5	0.7
鹅绒委陵菜	0.6	13.6	27.0	1.9	2.4			4.0		1.8	3.0	9.7		2.0		6.6	8.3
二裂委陵菜	1.5	5.8	9.3	1.2	2.2			1.5	1.0	2.8	2.1	2.0	2.2	1.6	3.0	2.8	2.3
双柱头藨蘸草	3.8	10.0	12.2		2.4			2.4	5.0	3.5	2.0	2.3	2.9	6.6	2.3	4.6	3.3
发草								6.0				1.7		2.0		3.2	2.4
繁缕	1.1	1.0			2.4			1.1	8.0	2.0	0.6	1.3	0.7	1.0		1.9	2.2
拂子茅	3.9															3.9	
甘青老鹳草		6.8	4.0		3.3				6.0							5.0	1.6
甘肃棘豆	4.3	13.0														8.7	6.2
甘肃马先蒿	1.2	2.0	5.3	1.0	1.0			0.5	1.0		2.0	2.0			2.3	1.8	1.4
高山韭												1.0				1.0	
高山唐松草	2.8	27.2	23.0	1.3	6.6			7.3		3.6	17.7	15.9	8.1	8.7	10.3	11.0	8.2
海乳草	1.0							1.0	1.0			0.5	0.5	0.5		0.8	0.3
黑褐穗薹草			6.8	1.0						0.5						2.8	3.5
喉毛花													0.5			0.5	
花苜蓿	12.1	21.6	43.3	12.8	14.6			12.8	25.6	9.9	20.2	7.3	6.6	7.0	6.1	15.4	10.4
黄花棘豆	15.0		4.0	3.9	8.4			6.0	16.5	9.0	11.9	11.8	11.5	11.4	12.5	10.2	4.0
黄芪	1.4	2.8	13.0		4.0			9.3	8.0	1.8	2.0	2.0	4.2	12.2	7.8	5.7	4.2
刺芒龙胆	1.3		6.0	1.2	4.1			5.3	1.5			4.8		1.7	4.2	3.3	1.9
箭叶橐吾		1.0														1.0	
卷鞘鸢尾	0.8	1.0		1.0	5.0			6.0				11.5	4.0	2.5		4.0	3.6
宽叶羌活		1.0	1.0									1.0		0.5		0.9	0.3
蓝翠雀花		1.0			1.2									2.0		1.4	0.5
蓝花棘豆	2.0								4.0							3.0	1.4
肋柱花		1.0		1.0												1.0	0.0
鳞叶龙胆		4.0		1.3	2.8			2.0	0.5		1.5	1.5	1.0	1.0		1.7	1.1
露蕊乌头				2.0												2.0	

（续）

植物种名	年份															种内平均值	种内标准差
	2001	2002	2003	2004	2005	2006	2007	2008	2009	2010	2011	2012	2013	2004	2015		
麻花艽	9.6	12.6	14.3	12.6	8.9			15.2	2.6	7.6	10.3	12.4	11.0	10.7	8.8	10.5	3.2
美丽风毛菊	14.8	14.0	26.4	5.5	6.2			9.8	2.0			14.9		8.8	12.1	11.5	6.8
美丽毛茛		4.2	3.0					5.3	1.0	0.5	4.6	1.8	2.9	1.3	2.7	2.7	1.6
棉毛茛	0.8	6.0		3.9	1.0			1.3	1.0	1.2	4.0		1.6	0.8	1.5	2.1	1.7
摩岑草										6.0	1.0			3.0		3.3	2.5
鸟足毛茛											0.6					0.6	
蓬子菜	4.0	1.0								0.2				0.6		1.5	1.7
披针叶黄华	1.0											2.0	4.0			2.3	1.5
婆婆纳		3.0		1.0				0.5	1.0	0.8	3.5	13.3	1.0			3.0	4.3
蒲公英	1.7	6.0		4.3	3.9			5.0	3.5	3.0	3.4	1.5	5.1	2.1	1.3	3.4	1.5
洽草	1.8	4.0	25.0	2.4	5.4			0.8	8.3		4.7	2.6	4.4	1.9	3.1	5.4	6.5
青海风毛菊	3.5				4.5			4.0		4.3	11.3	8.6	13.0		7.5	7.1	3.6
柔软紫菀	10.5	7.0	1.0	2.0	7.8			7.0	9.8	1.8	6.5	7.0	7.5	6.8	7.1	6.3	2.9
肉果草	3.9	9.4	4.8	1.0	4.0			3.3	5.0	3.3	2.9	2.1	3.4	2.2	4.0	3.8	2.0
乳白香青	0.5	2.0														1.3	1.1
瑞苓草		1.0		2.3										16.0		6.4	8.3
三脉梅花草	0.5	1.0	3.0		2.5				3.0	1.0	4.0		0.8	1.8	1.7	1.9	1.2
湿生扁蕾		1.5		1.0	3.8			1.0			0.8	3.2	1.0		2.6	1.9	1.2
双叉细柄茅	1.0	1.0	22.0	3.8								5.0	1.0	5.2		5.6	7.5
四数獐牙菜													2.0		3.8	2.9	1.3
四叶葎			1.0	3.7												2.4	1.9
薹草	1.0	7.8			4.1			5.0	17.3	3.8	3.9	5.1	3.8	1.4	6.0	5.4	4.4
葶苈											1.0					1.0	
西伯利亚蓼		1.4	3.5								1.0	0.5				1.6	1.3
细叶亚菊	2.6		8.0	8.0	6.0			4.0	5.0		11.0	2.0		6.3	6.5	5.9	2.7
线叶龙胆	2.5	15.0	17.0	1.0	5.3			4.0	3.0	2.8	8.3	9.8	7.0	7.4	11.0	7.2	4.9
小米草	1.3	2.5	9.0	1.3	2.9			2.4		1.0	3.8	9.7	3.2	4.4	2.2	3.6	2.9
小嵩草				1.0				10.0						2.0	4.7	4.4	4.0
雅毛茛	0.7		7.3		4.3											4.1	3.3
羊茅	6.7	9.2	19.1	11.5	7.0			6.0	14.0	9.3	4.0	4.5	14.3	12.0	8.2	9.7	4.4
野青茅	4.0								29.0						2.7	11.9	14.8
异叶米口袋	4.6	26.3	26.2	2.4	15.9			10.4	16.0	12.2	14.4	18.1	16.4	14.6	8.1	14.3	7.1
异针茅	25.2	52.2	11.0	29.0	23.2	35.0	35.0	42.2	15.2	23.8	36.7	30.6	29.6	20.6	18.4	28.5	10.7
早熟禾	3.1	16.0	23.6	3.3	12.9			14.0	14.3	19.8	25.6	6.0	11.1	7.0	4.3	12.4	7.5

（续）

植物种名	年份															种内平均值	种内标准差
	2001	2002	2003	2004	2005	2006	2007	2008	2009	2010	2011	2012	2013	2004	2015		
獐芽菜	1.5		12.4		3.7			2.5	1.0	1.3	1.6	3.0		1.7		3.2	3.6
直梗高山唐松草	0.5								25.3							12.9	17.5
珠芽蓼			3.0													3.0	
紫花地丁		1.0						1.0			3.7		1.0		0.5	1.4	1.3
钉柱委陵菜	1.3	18.8	21.5	3.3	5.8			5.2	7.0	3.4	8.0	4.2	2.3	2.3	5.1	4.8	2.4

　　Liu（2018）利用海北站高寒矮嵩草草甸 1983 年到 2014 年的长期监测资料分析表明，随着气候变暖，在大气降水没有明显的情况下，高寒矮嵩草草甸植物功能群相对丰富度呈现出禾本科增加，莎草科植物降低，杂类草相对稳定的变化趋势。

　　高寒金露梅灌丛草甸由草本植物和灌木植物斑块构成，呈现镶嵌分布的景观，类似于森林生态系统的森林和林窗景观。2001—2015 年，在高寒灌丛草甸样地中，共观测到植物 79 种。草本斑块物种间分盖度为（5.1±3.8）%，种间变异系数为 0.8，群落种间年际分盖度为（6.7±2.3）%，年际间变异系数为 0.3。种间变异是年际间变异的 2.1 倍，亦反映了在人类活动干扰下的物种演替高于气候的波动变异。其中，盖度比较大的植物物种包括黑褐穗薹草、垂穗披碱草、野青茅、异针茅、珠牙蓼、藏异燕麦、肉果草、多裂委陵菜、矮火绒草、薹草和直立梗高山唐松草。阿尔泰狗娃花、蓝翠雀花、露蕊乌头、麦瓶草、梅花草、密枝柴胡、石生生影子草、紫花地丁、荠菜、紫堇等植物盖度较低。金露梅灌木物种在草地斑块中盖度较低，为（3.7±2.3）%（表 3-25）。近几年来，站区高寒灌丛草地区域，实施了雇佣放牧，牧户不发放工资，而是允许被雇佣者的家畜进入草地放牧，增加了草地的放牧强度，对草地物种和分种盖度造成了很大的影响。长期野外观测发现，在 20 世纪 70—80 年代，高寒金露梅灌丛草甸中灌木斑块覆盖度高，为 60%～90%，长势良好。而近 20 年来，灌木植物发生干梢死亡现象比较严重，灌木盖度有所降低，其覆盖度为（50±6）%，草本斑块盖度为 40%～45%，同时有约 5% 的鼠丘秃斑。

　　表 3-25　高寒金露梅灌丛草甸草本斑块物种分盖度（样地编号：HBGFZ01AB0_01，8 月下旬测定）

单位：%

植物种名	年份											种内平均值	种内标准偏差
	2001	2004	2005	2008	2009	2010	2011	2012	2013	2014	2015		
阿尔泰狗娃花									1.0			1.0	
矮火绒草	11.5	2.5	8.0			18.5	11.3	23.0	6.0	4.0		10.6	7.1
矮嵩草	5.3	15.0				6.0		4.7	10.0	6.0		7.8	4.0
白苞筋骨草								4.0		5.0		4.5	0.7
藏异燕麦							12.5					12.5	
草地早熟禾			6.0		3.0							4.5	2.1
垂穗披碱草	5.5	3.2	10.7	6.0	53.5	20.0	7.8	14.3	32.5	8.6	2.5	15.0	15.5
垂枝早熟禾			4.5									4.5	
刺芒龙胆	0.3		3.7			1.5	7.8	2.0		18.7	5.4	5.6	6.3
蓝翠雀花					1.0							1.0	
多裂委陵菜						6.0	16.0					11.0	7.1
二裂委陵菜		5.0	6.5			2.3		9.0	2.3		2.0	4.5	2.8

（续）

植物种名	年份											种内平均值	种内标准偏差
	2001	2004	2005	2008	2009	2010	2011	2012	2013	2014	2015		
双柱头藨蘦草	4.3	1.0	4.8	3.0	1.6			1.4		7.5	2.9	3.3	2.2
发草								4.0		3.2		3.6	0.6
繁缕	0.8		3.0			2.0		2.3	1.8	5.0		2.5	1.4
甘青老鹳草	2.2	2.8	5.0	3.0	31.0	3.0	3.0	8.6	5.1	3.5	3.1	6.4	8.4
甘肃马先蒿	2.0	1.0	2.1		1.0	3.5	3.5	1.5	1.0	1.3	1.8	1.9	0.9
高山唐松草	9.0	1.0	5.8	2.5		3.5	10.5	7.3	3.7	5.7	5.5	5.5	2.9
棉毛茛		2.5										2.5	
海乳草						2.0	1.0	6.0				3.0	2.6
黑褐穗薹草			2.8	29.0								15.9	18.5
喉毛花				3.0						0.5		1.8	1.8
花锚							3.0					3.0	
花苜蓿			3.0									3.0	
黄花棘豆	10.0	1.0						3.0	2.0	4.0		4.0	3.5
黄芪	4.2						7.0	6.0	2.0			4.8	2.2
黄帚橐吾			12.4	8.5			5.3	10.5	5.7	14.3	11.1	9.7	3.4
棘豆	3.3											3.3	
戟叶火绒草					2.0							2.0	
箭叶橐吾			8.2		2.5	8.0	10.7	4.0				6.7	3.3
鹅绒委陵菜	1.9	3.3	10.5	2.5		10.0	8.5	10.3		8.8		7.0	3.7
宽叶羌活	4.0	1.0	4.0				9.5	5.0	3.7	2.5	2.0	4.0	2.6
肉果草	5.3	1.3	10.9	14.0	22.5	12.0	16.6	7.7	14.8	11.2	6.4	11.2	5.9
鳞叶龙胆		1.3										1.3	
露蕊乌头		1.0										1.0	
麦瓶草						1.0						1.0	
梅花草				1.0								1.0	
美丽风毛菊	4.0				11.0			7.0		4.0	3.5	5.9	3.2
美丽毛茛				2.0			1.5	1.0	0.9	2.6	2.0	1.7	0.7
密花柴胡	1.0											1.0	
蓬子菜				8.0	4.0	1.0						4.3	3.5
婆婆纳		1.0					5.5		2.0	1.1	1.7	2.3	1.9
蒲公英	3.8	3.6	4.8	11.5	1.0	6.0	6.5	7.8	6.9	7.3	4.5	5.8	2.7
荠菜	0.4											0.4	
洽草	1.0	1.8	7.9				25.0	2.3	10.4	3.0	13.0	8.1	8.1
柔软紫菀	3.8	2.3	11.8	8.0		5.0	20.0	5.6	10.9	14.0	15.5	9.7	5.7
瑞苓草		1.3								6.7		4.0	3.8
湿生扁蕾	0.1									4.0		2.1	2.8
石生蝇子草									1.0			1.0	
双叉细柄茅		1.0	6.0	2.0						10.0		4.8	4.1

（续）

植物种名	年份											种内平均值	种内标准偏差
	2001	2004	2005	2008	2009	2010	2011	2012	2013	2014	2015		
四叶葎				6.0								6.0	
薹草	5.5		6.6	9.5	51.5	6.0	2.5	5.0	3.8	4.2	9.0	10.4	14.6
头花蓼										2.0		2.0	
无尾果			2.0									2.0	
西伯利亚蓼			4.3					3.7	7.3	1.7	0.5	3.5	2.6
西藏忍冬					3.0							3.0	
细叶亚菊							2.0					2.0	
线叶龙胆			4.0								6.0	5.0	1.4
线叶嵩草			13.5				2.3	10.0		3.0	12.5	8.3	5.3
乳白香青	5.8	1.0	11.0	9.5			2.3	16.5				7.7	5.8
小大黄	3.4											3.4	
小米草		1.0	2.8	4.0		3.0	0.5	2.5	0.8	2.0	3.1	2.2	1.2
双花堇菜	3.2											3.2	
雅毛茛	0.8		3.8									2.3	2.1
羊茅	5.3	2.0		9.0		4.0	7.0	2.0		6.0	19.5	6.9	5.6
野青茅	1.8				23.7						16.6	14.0	11.2
异叶米口袋	1.5	1.0			2.0			6.0			1.0	2.3	2.1
异针茅	10.3	13.0	16.5		1.0	11.0	4.5	10.3	44.0	14.0	15.0	14.0	11.6
钝裂银莲花	2.9	2.2	8.7	4.0		2.0	5.5	2.0	4.2	2.9	1.5	3.6	2.2
早熟禾	2.3	1.0	10.0			7.3	12.8	6.3	17.5	9.6	5.0	8.0	5.2
獐芽菜	1.1	1.0	3.9		1.6	2.0	4.5	6.0		2.3		2.8	1.8
直梗高山唐松草					10.0							10.0	
珠芽蓼	6.8	20.0	10.5	5.5	23.0	3.0	17.2	17.4	10.0	21.6	12.8	13.4	6.8
猪殃殃			3.1					1.0				2.1	1.5
紫花地丁		1.0										1.0	
紫堇	0.1											0.1	
钉柱委陵菜	6.3	6.0	4.7	4.0	11.0	20.0	16.5	6.6	12.7	7.2	6.1	9.2	5.2
青海风毛菊	6.8		9.3	5.0		7.5	12.8	3.7	10.0		5.4	7.6	3.0
金露梅				4.0	1.0	5.0	3.5	1.5	3.0	3.5	8.3	3.7	2.3

　　2001—2015 年，在高寒小嵩草草甸样地中，共观测到植物 63 种，其种间分盖度为（5.4±6.2）%，变异系数为 1.2；群落种间年际分盖度（6.9±2.6）%，变异系数为 0.4，种间变异是年际种间变异的 3 倍，反映了人为放牧干扰对高寒小嵩草草地盖度的影响远超于气候的波动变化，该类草地在青藏高原东北部和南部面积分布较大，超载放牧现象十分严重。群落物种分盖度比较大的物种有小嵩草、异针茅、直梗高山唐松草、矮嵩草、矮火绒草、美丽风毛菊、青海风毛菊等，而盖度较低的物种有藏异燕麦、甘青老鹳草、鸟足毛茛、湿生扁蕾、小米草、莎草、野青茅等，该类草地的优质牧草主要为莎草属植物，以根茎繁殖为主，禾本科牧草较少（表 3 - 26）。

表 3-26　高寒小嵩草草甸物种盖度（样地编号：HBGZQ01AB0_01，8月下旬测定）

单位：%

植物种名	年份											种内平均值	种内标准偏差
	2001	2004	2005	2008	2009	2010	2011	2012	2013	2014	2015		
矮火绒草	6.6	10.9	9.7	3.8	32.3	11.0	8.9	14.0	11.9	13.7	5.4	11.7	7.6
矮嵩草	29.5	2.9	7.7	18.5	38.3	5.1	7.1	6.6	11.7	13.4	4.9	13.2	11.3
白苞筋骨草							2.5			14.0		8.3	8.1
藏异燕麦							1.0					1.0	
草地早熟禾				7.6	12.0							9.8	3.1
四数獐牙菜									5.0		2.5	3.8	1.8
垂穗披碱草	7.0	1.5	14.9	6.0	12.3	1.2	4.8	3.6	4.0	4.4	3.6	5.8	4.3
刺芒龙胆			3.0		1.0	0.5			1.0	3.5	3.0	2.0	1.3
钝裂银莲花			6.8	3.0	2.0		7.0	2.0	1.0	1.8	1.5	3.1	2.4
多裂委陵菜			2.8		1.0	0.5	2.0	2.2	2.5		1.2	1.7	0.9
鹅绒委陵菜		5.0										5.0	
二裂委陵菜	5.9	4.0	4.5	1.5	5.6	1.1	6.7	7.3	4.7	5.7	5.1	4.7	1.9
双柱头蔺藨草	7.5									0.5		4.0	4.9
发草										10.0	4.0	7.0	4.2
繁缕	2.4		1.4	0.5							0.5	1.2	0.9
甘肃棘豆	6.9											6.9	
甘肃马先蒿		1.0								2.0		1.5	0.7
异叶米口袋	8.3		9.4	12.3	7.9	4.4	4.2	2.4	5.6	4.9	4.6	6.4	3.0
高山韭								1.0		2.0		1.5	0.7
小嵩草	13.2	66.0	24.9	7.8	161.0	47.0	31.1	47.3	35.7	32.0	23.9	44.5	41.9
高山唐松草	5.8	1.0			2.0				5.0	3.0		3.4	2.0
黑褐穗薹草			1.5									1.5	
喉毛花											4.1	4.1	
兔耳草			4.1									4.1	
花苜蓿		1.3	7.0	3.7		1.0	10.0					4.6	3.9
黄花棘豆	2.0	1.0	14.4	4.5	2.8	1.9	3.0	5.7	8.5	16.0	7.4	6.1	5.1
黄精					4.0							4.0	
黄芪	2.0	1.0	4.1	2.3	11.5	2.6	2.3	3.3	1.8	11.0	4.0	4.2	3.6
卷鞘鸢尾		1.0		1.0	1.0					4.0		1.8	1.5
宽叶羌活	2.0											2.0	
甘青老鹳草					1.0							1.0	
麻花艽	10.2	6.6	8.4	7.0	6.3	7.4	15.5	17.1	10.4	8.0	8.7	9.6	3.6
美丽风毛菊	19.5	7.0	7.3	6.4	2.6			17.9		15.3	14.7	11.3	6.2
美丽毛茛	1.0		6.0					1.0	3.0		1.3	2.5	2.1
鸟足毛茛							1.0					1.0	
婆婆纳	1.3	1.0	1.0	1.7	2.0	0.5	1.0		0.6	0.5	1.8	1.1	0.5
蒲公英	4.5	1.0	5.3	2.6	8.2	1.7	5.3	3.4	5.0	4.4	4.9	4.2	2.0

（续）

植物种名	年份											种内平均值	种内标准偏差
	2001	2004	2005	2008	2009	2010	2011	2012	2013	2014	2015		
荠菜	0.2											0.2	
洽草		1.0	3.0				5.0	1.0	3.0	3.5	0.5	2.4	1.6
青海风毛菊	0.8		3.0			14.2	18.0		16.1			10.4	7.9
柔软紫菀	3.03	1.0	4.3	5.0	4.0		7.0		4.7	5.7	1.0	4.0	2.0
肉果草	8.0	1.7	5.3	2.2	6.0	2.6	2.0	4.9	6.3	2.6	3.3	4.1	2.1
瑞苓草										5.0		5.0	
三脉梅花草				5.5			1.3			0.2		2.3	2.8
湿生扁蕾								1.0		.		1.0	
双叉细柄茅	3.0	1.0	5.0			0.2			11.0	1.0	7.7	4.1	4.0
薹草	5.0		3.9	1.0	3.0	2.0	4.0	1.0	3.6	2.3		2.9	1.4
微孔草	5.0											5.0	
线叶龙胆	2.7	1.0	3.9	5.0	2.0	4.8	9.1	5.6	6.5	6.7	5.7	4.8	2.3
线叶嵩草	2.25				7.0			4.0			8.0	5.3	2.7
乳白香青	3.5		7.2	5.0	26.0		14.8	10.0	4.5	7.3		9.8	7.5
小米草								1.0				1.0	
钉柱委陵菜	8.1	1.6	5.7	1.5	1.8	1.5	2.3	2.4	5.9	1.5	4.5	3.3	2.3
雅毛茛	0.5	1.0	2.0									1.2	0.8
羊茅	8.0	2.1	11.9	8.0		11.5	10.0	8.0	5.0	7.0	13.0	8.5	3.3
野青茅	0.1											0.1	
异针茅	12.6	9.1	16.4	8.6	44.0	8.0	29.2	12.8	16.5	19.7	13.0	17.3	10.7
棉毛茛	2.9		3.5	1.5	1.3	0.5		1.5	2.2	1.1	2.1	1.9	0.9
早熟禾	3.7		10.9			7.0	5.8	3.0	3.3	3.0	5.4	5.3	2.7
獐芽菜	2.2		4.3						16.0		7.0	7.4	6.1
直梗高山唐松草				14.0							14.0	14.0	
紫花地丁	6.7		5.2	3.5	4.7		1.4	2.0	2.3	1.6	1.5	3.2	1.9

从草本植物（灌丛草甸草地斑块）种间分盖度年际均值来看，3 类草地物种分盖度均为 7%，反映了高寒草地对气候波动具有较高的稳定性。而种间分盖度则呈现出高寒灌丛草甸 [（6±5）%] 略高于高寒矮嵩草草甸 [（5±4）%] 和高寒小嵩草草甸 [（5±6）%]，高寒矮嵩草草甸和高寒小嵩草草甸基本相当的相对次序（表 3 - 32）。

3.2.3.6 主要植物物种地上生物量

高寒草地植物种生物量种间变异反映了草地的演替，群落种间年际生物量的变异反映了气候条件的波动。2002—2015 年，高寒矮嵩草草甸物种间地上生物量平均为 9.09 g/m²，变异系数为 1.34，而种间年际地上生物量平均为 12.08 g/m²，变异系数为 0.21，略低于海北站建站初期（1983—1984 年）高寒矮嵩草草甸 21 种主要植物种的地上生物均值（15.47 g/m²）。高寒矮嵩草草地，群落物种组成中对草地生物量贡献较高的物种有异针茅、蓝花棘豆、羊茅、矮嵩草、垂穗披碱草、异叶米口袋、美丽风毛菊、麻花艽、早熟禾等，禾本科植物的生物量占据很大比例，是适于放牧的优良牧草；乳白香青、多列委陵菜、车前子、喉毛花、高山韭、箭叶橐吾、蓬子菜、肋柱花、西藏忍冬和宽叶羌活等偶见种对地上生物量的贡献比较低（表3-27）。

表3-27 高寒矮嵩草草甸物种地上生物量总干重（样地编号：HBGZH01ABC_01，8月下旬测定）

单位：g/m²

植物名称	年份														种内平均值	种内标准偏差
	2002	2003	2004	2005	2006	2007	2008	2009	2010	2011	2012	2013	2014	2015		
矮火绒草	0.48	1.44	2.30	7.36	3.65	1.60	5.60		25.84	0.96	7.46	0.88	5.17	6.40	5.32	6.67
矮嵩草	9.24	8.19	17.35	40.82	27.98	36.54	33.92	38.46	30.51	32.53	14.82	33.49	48.48	52.80	30.37	13.66
花苜蓿	18.71	23.81	17.47	29.41	21.82	11.55	12.38	14.59	15.68	13.53	7.74	7.18	7.66	4.80	14.74	7.04
藏异燕麦	0.72													9.60	5.16	6.28
车前子	0.50														0.50	
四数獐牙菜												0.32		4.80	2.56	3.17
垂穗披碱草	94.61	27.76	19.54	36.72	9.67	21.18	10.28	21.12	34.27	22.61	13.53	19.43	16.85	27.20	26.77	21.09
刺芒龙胆									2.48	2.66	2.88	4.32	0.48	1.60	2.40	1.29
钝裂银莲花	0.18	2.08	2.14	3.92	8.00	1.07	9.12	2.56	4.04	1.04	0.97	3.84	3.68		3.28	2.68
多裂委陵菜	0.68										0.90				0.79	0.16
二裂委陵菜	0.98	3.15	1.53	1.76	4.45	1.68	1.60	1.28	5.88	3.14	1.07	4.75	2.56	3.20	2.65	1.52
发草							16.16				1.67		4.91		7.58	7.61
繁缕	3.07		0.78	1.79	1.09	2.05	1.40	1.60	2.19	1.07	0.64	0.58	0.92		1.43	0.74
甘青老鹳草	1.24	1.36	0.56	1.23	0.51	0.40		2.24							1.08	0.65
甘肃棘豆	2.90				55.28	0.48									19.55	30.96
甘肃马先蒿	0.04	4.80	0.46	1.12	6.16	4.91	0.48	1.92		5.44	2.24			3.20	2.80	2.22
异叶米口袋	18.12	18.62	26.05	40.30	18.65	21.12	21.73	16.10	23.62	13.92	38.07	47.64	41.55	16.00	25.82	11.17
高山韭											0.45				0.45	
小嵩草			2.72		4.88		12.80						9.92	6.40	7.34	4.02
高山唐松草	7.44	4.16	5.24	7.31	10.90	4.38	13.08		8.24	16.76	10.57	10.86	14.82	12.80	9.74	4.00
海乳草			4.24		0.53		0.80	0.16			0.58	0.64	0.80		1.11	1.40
黑褐穗薹草		8.60	6.42		0.56				1.92						4.38	3.77
喉毛花													0.48		0.48	
黄花棘豆		3.68	10.90	10.16	18.00	8.64	16.24	40.44	31.36	24.05	33.27	22.99	25.25	36.80	21.68	11.60
黄芪	1.78	3.20	4.52	5.87	6.36	6.60	20.48	7.04	2.00	1.33	5.02	12.22	42.53	11.20	9.30	10.83
刺芒龙胆		3.57	1.91	3.90	1.49	1.39	1.60	0.72			4.09		1.92	4.80	2.54	1.41
箭叶橐吾	0.02		0.76												0.39	0.52
卷鞘鸢尾	0.10	1.60	1.20	7.52	2.32	3.52	11.04				17.86	23.04	2.72		7.09	7.85
鹅绒委陵菜	7.15	6.08		1.07	0.53	1.60	4.96		6.40	2.64	14.06		3.36		4.79	4.01
宽叶羌活	0.26		0.08								0.13		0.32		0.20	0.11
蓝翠雀花	0.04			0.64	3.20	4.96							4.80		2.73	2.30
蓝花棘豆								47.20							47.20	
肋柱花	0.32														0.32	
鳞叶龙胆	0.34		1.66	7.15	1.04			2.24	1.44		0.66	1.28	1.04	1.60	1.85	1.94
麻花艽	15.31	26.40	39.30	21.54	18.56	23.79	30.72	14.34	30.04	24.30	23.58	32.92	32.27	19.20	25.16	7.22

（续）

植物名称	年份														种内平均值	种内标准偏差
	2002	2003	2004	2005	2006	2007	2008	2009	2010	2011	2012	2013	2014	2015		
美丽风毛菊	17.11	37.57	46.00	15.54	19.79	22.75	13.80	5.25			34.69		37.88	27.20	25.23	12.50
美丽毛茛	3.48	25.60	0.40		1.48	1.12	2.08	0.64	1.97	7.32	0.77	2.20	2.63	1.60	3.95	6.74
鸟足毛茛										1.12					1.12	
蓬子菜	0.60				0.32				0.48				0.16		0.39	0.19
披针叶黄华											6.45	8.96			7.71	1.77
婆婆纳	1.31		0.77		2.16	0.32	0.64	0.32	0.80	10.91	27.77	0.53	0.16		4.15	8.42
蒲公英	2.21	6.45	2.06	5.17	5.84	4.77	5.12	1.32	6.83	3.49	2.44	10.56	5.01		4.71	2.50
洽草	7.38	7.28	11.59	9.10	8.64	3.63	2.40	2.08		5.49	4.43	8.78	4.59	4.80	6.17	2.87
柔软紫菀	79.62	3.68	9.88	10.08	15.40	29.76	7.44	12.36	2.40	20.00	12.60	18.16	22.99	16.00	18.60	19.05
肉果草	2.86	2.69	3.04	4.92	3.57	3.04	3.36	2.92	2.88	3.00	1.55	2.90	2.98	3.20	3.07	0.70
乳白香青	0.04				2.32	0.48									0.95	1.21
瑞苓草	1.38		2.49										8.48		4.12	3.82
三脉梅花草	0.04	0.16	0.56	3.25	0.48	2.40		3.04	0.32	3.36		0.48	0.37	1.60	1.34	1.31
湿生扁蕾	0.10		1.03	8.24	5.56	2.51	3.52			3.92	6.95			9.60	4.60	3.23
双叉细柄茅	0.89	24.26									4.64	7.36	8.00		9.03	8.96
双柱头藨蔘草	5.33	9.73	1.13	91.32	5.56	5.40	1.36	3.04	6.16	5.36	2.73	3.61	5.10	8.00	10.99	23.24
四叶葎	0.13	1.39													0.76	0.89
薹草	20.23			9.39	9.40	12.74	4.86	9.39	14.68	7.92	4.43	4.59	3.20	8.00	9.07	4.92
葶苈										1.44					1.44	
西伯利亚蓼	0.24	2.56								0.96	0.70				1.12	1.01
西藏忍冬	0.20														0.20	
细叶亚菊		4.00	2.36	4.00	3.62	13.52	4.96	3.60		34.45	2.14		15.72	20.80	9.92	10.29
线叶龙胆	9.42	24.92	11.09	32.44	33.36	23.16	13.44	4.27	9.12	22.95	27.50	35.87	27.95	28.80	21.74	10.31
小米草	0.34	1.28	5.20	3.08	18.18	3.58	4.19		1.92	5.76	23.74	4.85	9.10	3.20	6.49	6.88
钉柱委陵菜	6.71	10.64	4.73	8.96	10.86	3.84	10.91	6.72	7.40	13.52	2.54	7.63	2.77	8.00	7.52	3.29
雅毛茛		35.79		1.39	2.02	1.65									10.21	17.05
羊茅	25.00	106.51	31.86	27.52	22.56	13.97	2.88	55.76	53.28	7.84	9.81	32.88	33.30	30.40	32.40	26.28
野青茅								16.16						1.60	8.88	10.30
野蒜					1.76										1.76	
异针茅	87.44	57.71	66.53	92.77	68.10	36.74	57.55	13.24	84.54	82.05	113.75	123.12	77.95	75.20	74.05	28.32
摩岺草					1.12				22.56	16.96			38.24		19.72	15.33
早熟禾	27.16	11.65	6.73	33.81	12.18	26.27	18.75	8.69	63.32	67.20	15.67	30.12	18.54	9.60	24.98	19.03
獐芽菜		4.83	2.00	6.62	1.57	1.02	2.56	4.32	1.36	3.40	2.27		2.45		2.95	1.70
直梗高山唐松草					1.12	8.16		7.63							5.64	3.92
重齿风毛菊						7.15									7.15	
珠芽蓼		2.72													2.72	
紫花地丁	0.60				1.24	0.05	0.32			4.48					1.34	1.81
棉毛茛	1.51		1.21	0.96	4.27	0.80	1.39	0.48	0.85	12.80		1.40	1.33	1.60	2.38	3.42
青海风毛菊				35.84	6.72		2.72		15.60	12.50	11.87	19.92		14.40	14.95	9.96

　　高寒金露梅草甸中包括草本植物斑块和灌木植物斑块。其中，草本斑块物种种间生物量为（9.31±9.22）g/m²，变异系数为 0.99；群落物种年际种间生物量为（11.49±2.37）g/m²，变异系数为0.24。生物量种间变异是群落年际变异的 4.13 倍，说明高寒寒金露梅灌丛草甸草本斑块生物量的改变，人为干扰大于气候波动。金露梅灌丛丛间草地地上生物量比较高的物种包括黑褐穗薹草、棘豆、异针茅、乳白香青、垂穗披碱草、黄帚橐吾、羊茅等，地上生物量较低的物种包括无尾果、石生蝇子草、三脉梅花草、麻花艽、直立梗唐松草、花苜蓿等（表 3 - 28）。

表 3 - 28　高寒金露梅灌丛草甸草本斑块植物物种地上生物量（样地编号：HBGFZ01AB0 _ 01，8 月下旬测定）

单位：g/m²

植物种名	年份										种内平均值	种内标准差
	2004	2005	2008	2009	2010	2011	2012	2013	2014	2015		
阿尔泰狗娃花								1.28			1.28	
矮火绒草	8.10	8.64			38.56	17.65	16.47	46.24	3.20	1.60	17.56	16.45
矮嵩草	7.07				7.20		6.36	7.04	11.28	9.60	8.09	1.92
白苞筋骨草							1.36		9.12		5.24	5.49
藏异燕麦						25.68					25.68	
草地早熟禾		8.64		4.80							6.72	2.72
垂穗披碱草	16.45	17.97	20.72	47.84	25.28	9.32	37.44	44.43	16.03	8.00	24.35	14.17
垂枝早熟禾		3.52									3.52	
刺芒龙胆	7.81	2.72			0.88	3.87	0.97		19.04	8.00	6.18	6.38
钉柱委陵菜	7.01	7.07	8.00	5.72	26.88	7.60	7.36	8.75	8.93	8.00	9.53	6.16
钝裂银莲花	3.71	5.02	3.44		1.28	15.52	2.05	6.72	3.33	1.60	4.74	4.39
多裂委陵菜					6.88	13.76					10.32	4.86
鹅绒委陵菜	12.06	8.48	2.32		35.36	7.48	9.49		15.36		12.94	10.67
二裂委陵菜	1.38	7.81			3.36		9.16	2.45		6.40	5.09	3.14
双柱头蔺藨草	1.46	12.16	9.36	48.32	24.80	13.12	2.15	23.68	20.40	4.80	16.03	14.13
发草	0.10	1.52					13.11		5.08		4.95	5.83
繁缕	0.53	2.08			2.88		1.50	1.60	4.85		2.24	1.49
甘青老鹳草	3.28	14.12	3.76	11.44	6.64	2.76	4.72	9.90	4.48	4.80	6.59	3.89
甘肃马先蒿	1.12	2.26		0.32	6.88	4.32	1.59	1.12	3.72	12.80	3.79	3.94
高山唐松草	4.85	4.80	2.96		2.16	4.60	4.27	10.64	4.50	6.40	5.02	2.42
海乳草	14.45	1.28			0.64	1.12	6.53				4.80	5.90
黑褐穗薹草	18.95	67.36									43.16	34.23
喉毛花				1.92					0.48		1.20	1.02
花锚							1.12				1.12	
花苜蓿		0.80									0.80	
黄花棘豆		21.21					4.87	6.08	0.64		8.20	8.98
黄芪	7.20	27.52		0.64		10.48	11.92	3.36			10.19	9.49
黄帚橐吾		22.08	17.12			11.52	13.76	16.67	40.21	27.20	21.22	9.87
棘豆		43.04									43.04	
戟叶火绒草				9.28							9.28	
箭叶橐吾	5.25	8.66		7.60	16.16	12.00	4.80				9.08	4.34

（续）

植物种名	年份										种内平均值	种内标准差
	2004	2005	2008	2009	2010	2011	2012	2013	2014	2015		
宽叶羌活	2.11	3.68				7.76	5.15	4.05	7.28	3.20	4.75	2.11
蓝翠雀花	2.12			1.60							1.86	0.37
鳞叶龙胆	4.24										4.24	
露蕊乌头	17.01										17.01	
麻花艽	0.45										0.45	
麦瓶草				1.12							1.12	
梅花草			1.12								1.12	
美丽风毛菊	2.93			16.88			16.08		8.24	9.60	10.75	5.80
美丽毛茛	4.72		0.80			1.28	1.41	7.57	3.12		3.15	2.61
棉毛茛	3.47										3.47	
蓬子菜			8.16	1.68	0.32						3.39	4.19
婆婆纳	0.77	0.32				5.76		1.28	0.56	3.20	1.98	2.12
蒲公英	8.11	5.44	14.64	33.6	4.16	2.21	5.39	7.02	7.48	4.80	9.29	9.17
洽草	18.37	9.95				21.36	5.54	17.04	5.28	19.20	13.82	6.75
青海风毛菊		7.89	3.52		14.40	16.53	4.49	10.91		8.00	9.39	4.85
柔软紫菀	8.37	19.18	9.60		13.28	16.96	6.46	18.99	16.77	28.80	15.38	6.88
肉果草	20.72		25.68	16.32	20.96	17.31	8.76	9.05	13.62	9.60	15.78	6.01
乳白香青		34.08	11.36			2.80	50.85				24.77	21.83
瑞苓草	5.34								6.03		5.69	0.49
三裂叶碱毛茛	3.44										3.44	
三脉梅花草	0.45										0.45	
沙棘	1.72										1.72	
湿生扁蕾	8.88									3.20	6.04	4.02
石生蝇子草								0.32			0.32	
双叉细柄茅		4.10	1.76							9.60	5.15	4.02
四叶葎			8.16								8.16	
薹草		41.46	30.88	38.48	13.76	2.08	12.02	15.36	4.53	16.00	19.40	14.22
头花蓼									2.64		2.64	
无尾果		0.32									0.32	
西伯利亚蓼	2.08	5.87					7.45	28.11	1.82		9.07	10.92
西藏忍冬		8.32		10.88							9.60	1.81
细叶亚菊	11.84	6.88				0.96					6.56	5.45
线叶龙胆	2.75	1.52								44.80	16.36	24.64
线叶嵩草		19.36				4.32	28.98		4.48	25.60	16.55	11.61
小大黄		2.96									2.96	
小米草	1.87	1.65	5.76		1.28	1.12	1.12	1.36	2.00	3.20	2.15	1.50
小嵩草	4.16										4.16	
雅毛茛		2.72									2.72	

（续）

植物种名	年份										种内平均值	种内标准差
	2004	2005	2008	2009	2010	2011	2012	2013	2014	2015		
羊茅	24.09		23.68		26.24	31.52	4.81		10.08	27.2	21.09	9.79
野青茅				6.72						33.60	20.16	19.01
异叶米口袋				1.76			10.38			1.60	4.58	5.02
异针茅	11.41	27.84		1.28	26.64	14.72	16.48	147.84	42.24	38.40	36.32	43.80
早熟禾	8.00	14.94			9.20	32.36	12.70	29.52	29.87	11.20	18.47	10.28
獐芽菜	10.74	1.76		2.64	5.76	7.20	9.42		0.80		5.47	3.87
直立梗高山唐松草				0.80							0.80	
珠芽蓼	1.92	12.14	11.36	29.92	9.60	16.10	17.82	17.12	45.05	27.20	18.82	12.31
猪殃殃		6.13					1.20				3.67	3.49
立枯			74.08	42.96	50.88						55.97	16.17
凋落物						31.90	37.11	55.22	76.27	62.40	52.58	18.25

2004—2015 年，高寒金露梅灌丛草甸草本斑块地上生物量为 379.32±93.45 g/m² （表 3-29）。为了解决灌木植物生物量测定的月份不对称问题，采用 2014 年、2016 年、2018 年 8 月和 9 月的灌木植物地上生物量，建立线性回归模型，$y = -1.541\,2x + 316.32$，$R^2 = 0.988\,7$，其中 x 为 9 月生物量，y 为 8 月生物量。再将 2012 年和 2013 年的 9 月生物量带入该模型，获得了这两年 8 月的灌木植物地上生物量。2012—2018 年，高寒金露梅灌木草甸灌木斑块 8 月底地上生物量为（186.16±65.09）g/m²，变异系数为 0.35（表 3-30）。

表 3-29　高寒灌丛草甸灌木物种地上生物量（样地编号：HBGFZ01AB0 _ 01）

年份	测定日期	标准株型	灌木投影面积（样方）/m²	灌木高度/m	绿色部分干重/（g/样方）	绿色部分干重/（g/m²）	绿色部分干重月均值/（g/m²）
2012	5.29	大株	1.70×0.90	0.50	7.97	5.21	5.02±1.59
		中株	1.20×0.80	0.50	3.21	3.34	
		小株	0.64×0.50	0.46	2.08	6.50	
	9.23	大株	1.35×0.65	0.30	89.10	101.54	105.23±36.31
		中株	0.78×0.52	0.41	58.10	143.24	
		小株	0.81×0.41	0.41	23.55	70.91	
2013	5.27	大株	1.70×0.90	0.50	13.44	8.78	6.92±4.14
		中株	1.20×0.80	0.50	2.09	2.18	
		小株	0.64×0.50	0.46	3.14	9.81	
	6.25	大株	1.70×0.90	0.50	48.51	31.71	39.10±7.56
		中株	1.20×0.80	0.50	44.94	46.81	
		小株	0.64×0.50	0.46	12.41	38.78	
	9.23	大株	1.70×0.90	0.50	57.47	37.56	23.76±14.69
		中株	1.20×0.80	0.50	24.39	25.41	
		小株	0.64×0.50	0.46	2.66	8.31	

（续）

年份	测定日期	标准株型	灌木投影面积（样方）/m²	灌木高度/m	绿色部分干重/（g/样方）	绿色部分干重/（g/m²）	绿色部分干重月均值/（g/m²）
2014	5.21	大株	1.40×0.90	0.45	1.58	1.25	
		中株	1.20×0.75	0.40	0.63	0.70	1.64±1.18
		小株	0.60×0.45	0.35	0.80	2.96	
	6.25	大株	0.73×0.57	0.42	34.82	83.68	
		中株	0.82×0.37	0.36	27.83	91.73	96.60±15.92
		小株	0.36×0.11	0.26	4.53	114.39	
	7.23	大株	1.40×0.75	0.40	111.55	106.24	
		中株	1.00×0.60	0.40	46.19	76.98	135.81±77.94
		小株	0.25×0.20	0.23	11.21	224.20	
	8.2	大株	0.77×0.72	0.56	104.28	188.10	
		中株	0.46×0.34	0.38	35.96	229.92	222.29±31.09
		小株	0.23×0.21	0.25	12.02	248.86	
	9.24	大株	1.18×0.97	0.36	28.00	24.46	
		中株	0.87×0.41	0.41	28.37	79.53	60.46±31.19
		小株	0.42×0.24	0.31	7.80	77.38	
2015	5.26	大株	1.85×1.10	0.51	16.38	8.05	
		中株	0.97×0.45	0.34	6.25	14.32	29.82±32.43
		小株	0.44×0.23	0.35	6.79	67.09	
	6.27	大株	1.34×0.76	0.39	56.73	55.71	
		中株	1.16×0.72	0.24	27.14	32.50	50.94±16.58
		小株	0.63×0.27	0.38	10.99	64.61	
	8.26	大株	1.15×0.66	0.32	129.31	170.37	
		中株	0.45×0.27	0.15	36.14	297.45	228.47±64.23
		小株	0.12×0.8	0.10	20.89	217.60	
2016	6.28	大株	1.17×0.66	0.32	135.09	174.94	
		中株	0.65×0.55	0.40	46.30	129.51	112.39±72.64
		小株	1.16×0.72	0.24	27.32	32.71	
	8.3	大株	1.35×0.65	0.30	89.82	102.36	
		中株	0.72×0.50	0.46	36.08	100.22	180.80±137.71
		小株	0.30×0.18	0.25	18.35	339.81	
	9.27	大株	0.85×0.62	0.63	24.09	45.71	
		中株	0.85×0.62	0.44	26.41	50.11	90.33±73.50
		小株	0.23×0.14	0.24	5.64	175.16	
2017	7.28	大株	1.28×0.62	0.24	90.76	114.36	
		中株	0.76×0.55	0.24	61.51	130.04	138.61±29.49
		小株	0.45×0.34	0.20	26.23	171.44	
	8.24	大株	1.50×0.70	0.43	43.13	41.08	
		中株	0.90×0.64	0.33	37.18	64.55	77.28±43.97
		小株	0.55×0.24	0.22	16.66	126.21	

（续）

年份	测定日期	标准株型	灌木投影面积 （样方）/m²	灌木高度/m	绿色部分干重/ （g/样方）	绿色部分干重/ （g/m²）	绿色部分干重 月均值/（g/m²）
2018	5.29	大株	1.35×0.60	0.38	29.10	35.93	44.79±23.35
		中株	0.78×0.52	0.41	11.02	27.17	
		小株	0.30×0.21	0.18	4.49	71.27	
	6.27	大株	1.15×0.67	0.55	87.06	112.99	149.08±37.02
		中株	0.54×0.32	0.25	25.45	147.28	
		小株	0.33×0.20	0.17	12.34	186.97	
	7.26	大株	1.35×0.60	0.38	107.72	132.99	181.47±81.23
		中株	0.78×0.52	0.41	55.23	136.17	
		小株	0.30×0.21	0.18	17.34	275.24	
	8.25	大株	1.33×0.62	0.40	112.54	136.48	160.43±75.11
		中株	0.72×0.50	0.46	36.08	100.22	
		小株	0.35×0.18	0.18	15.41	244.60	
	9.25	大株	1.30×0.60	0.30	32.89	42.17	99.31±94.87
		中株	0.60×0.55	0.40	15.49	46.94	
		小株	0.30×0.20	0.25	12.53	208.83	

表 3 - 30　灌木物种 8 月地上生物量（样地编号：HBGFZ01AB0_01）

单位：g/m²

样地名称	样地编号	年份	8 月总干重	9 月总干重
高寒灌丛草甸	HBGFZ01AB0_01	2012	154.14 *	105.23
		2013	279.70 *	23.76
		2014	222.29	60.46
		2015	228.47	
		2016	180.80	90.33
		2017	77.28	
		2018	160.43	99.31

* 线性回归求得。

高寒小嵩草草甸植物种间地上生物量均值为 7.11 g/m²，变异系数是 1.16；群落年际种间地上生物量均值为 9.11 g/m²，变异系数 0.14。种间系数是群落种间年际的 8.02 倍，表明高寒小嵩草草甸土地利用格局变化或管理制度引起的物种演变对生物量的影响远大于气候的波动，该地块原为夏季公用牧场，在 2009 年由于水库建设，被用作生态移民牧户冬季牧场，且牧户实施了草地轮牧，人类干扰强度大且深刻。群落物中对地上生物量贡献较大的物种有小嵩草、异针茅、美丽风毛菊、青海风毛菊、羊茅、早熟禾、麻花艽、西伯利亚蓼、矮嵩草、黄花棘豆、黑褐穗薹草、矮火绒草、乳白香青、线叶嵩草、线叶龙胆等。地上生物量比较小的有甘青老鹳草、刺芒龙胆、卷鞘鸢尾、藏异燕麦、湿生扁蕾、婆婆纳、繁缕、双柱头藨薹草等。该类草地的优质牧草主要为莎草属植物，以根茎繁殖为主，禾本科牧草较少（表 3 - 31）。

3 类草地的地上生物量表现为金露梅灌丛草甸＞高寒矮嵩草草甸＞高寒小嵩草草甸（表 3 - 32）。

表 3-31　高寒小嵩草草甸地上部分生物量总干重（样地编号：HBGZQ01AB0＿01，8月下旬测定）

单位：g/m²

植物种名	年份										种内平均值	种内标准差
	2004	2005	2008	2009	2010	2011	2012	2013	2014	2015		
矮火绒草	18.26	4.05	3.52	11.68	7.17	12.03	12.23	13.31	18.63	12.80	11.37	5.17
矮嵩草	19.72	9.82	42.08	13.17	10.21	7.32	4.16	18.95	18.54	6.40	15.04	10.99
白苞筋骨草						3.60				6.40	5.00	1.98
藏异燕麦						0.80					0.80	
草地早熟禾			14.50	3.88							9.19	7.51
垂穗披碱草	27.78	16.11	13.60	3.73	2.30	3.28	2.91	6.81	5.60	4.80	8.69	8.16
刺芒龙胆		0.48		0.32	0.16			0.80	2.16	1.60	0.92	0.79
钉柱委陵菜	1.49	4.85	1.71	1.79	2.72	1.62	1.93	5.76	3.64	3.20	2.87	1.49
钝裂银莲花	2.96	4.91	2.96	1.60		13.28	0.58	0.96	1.52	1.60	3.37	3.94
多裂委陵菜		0.48		0.16	0.16	2.08	2.11	1.04		1.60	1.09	0.85
二裂委陵菜	12.29	10.18	1.84	3.62	2.08	4.07	8.98	5.62	6.01	6.40	6.11	3.47
双柱头蔺薦草	0.40								0.64		0.52	0.17
发草									11.04	3.20	7.12	5.54
繁缕	0.97	0.96	0.32						0.16		0.60	0.42
甘青老鹳草				0.96							0.96	
高山韭							2.74			1.60	2.17	0.81
高山唐松草	0.77			2.16				2.24	4.48		2.41	1.53
黑褐穗薹草	11.20		12.48								11.84	0.91
喉毛花										3.20	3.20	
兔耳草		2.32									2.32	
花苜蓿	6.64	6.88	2.88		1.60	5.44					4.69	2.34
黄花棘豆	2.74	36.99	6.36	15.60	1.88	3.12	6.97	7.00	29.20	11.20	12.11	11.94
黄精				1.28							1.28	
黄芪	0.66	1.47	1.76	4.24	4.24	2.66	4.77	0.59	11.01	4.80	3.62	3.07
卷鞘鸢尾	0.46		0.80	0.80					1.60		0.92	0.48
鳞叶龙胆		1.60									1.60	
麻花艽	11.49	23.10	13.02	23.76	18.40	27.74	17.32	16.41	15.78	14.40	18.14	5.19
美丽风毛菊	41.33	18.32	9.79	10.78			27.94		48.75	30.40	26.76	14.86
美丽毛茛	5.20	0.59					0.32	1.44		1.60	1.83	1.96
棉毛茛	3.09	1.80	1.36	0.37	0.92		1.09	1.12	1.34	3.20	1.59	0.96
鸟足毛茛						1.62					1.62	
婆婆纳	0.36	1.15	0.69	0.48	0.56	1.00		0.64	0.37		0.66	0.29
蒲公英	5.91	4.03	1.70	4.80	1.34	4.32	2.87	4.46	5.67	3.20	3.83	1.54
洽草	14.43	1.76				6.88	6.40	7.20	2.48		6.53	4.52
青海风毛菊		6.40			36.83	29.46		18.77			22.87	13.25
柔软紫菀	4.48	9.49	3.84	4.96		6.40		3.78	9.84		6.11	2.58

（续）

植物种名	年份										种内平均值	种内标准差
	2004	2005	2008	2009	2010	2011	2012	2013	2014	2015		
肉果草	2.69	1.03	1.98	2.93	2.82	2.08	4.14	7.57	2.32	3.20	3.08	1.78
乳白香青	4.82	7.36	5.36	12.16		20.36	10.91	9.68	11.84	11.20	10.41	4.63
瑞苓草	1.16							3.04			2.10	1.33
三脉梅花草	2.04		0.80			1.44			0.16		1.11	0.81
湿生扁蕾	0.04						1.54				0.79	1.06
双叉细柄茅	0.77	4.32			0.16			18.16	0.16	12.80	6.06	7.65
四数獐牙菜								3.04		3.20	3.12	0.11
薹草		5.03	0.96	1.52	2.88	3.36	1.31	4.54	2.24		2.73	1.50
西伯利亚蓼	16.68										16.68	
线叶龙胆	14.17	14.08	8.64	3.04	13.28	11.04	7.81	13.40	10.75	6.40	10.26	3.73
线叶嵩草				4.80			11.65			14.40	10.28	4.94
小米草							3.47				3.47	
小嵩草	13.36	62.82	18.76	69.70	58.72	34.93	37.65	44.73	38.88	28.80	40.84	18.52
雅毛茛	1.54	1.92									1.73	0.27
羊茅	28.72	22.77	18.32	29.44	34.32	25.92	17.07	6.45	12.87	14.40	21.03	8.69
异叶米口袋	4.58	23.50	13.44	8.16	5.08	3.88	3.72	6.00	7.01	3.20	7.86	6.26
异针茅	48.95	36.91	21.44	25.79	17.23	32.84	22.80	33.22	37.58	22.40	29.92	9.70
早熟禾	38.03	14.38			67.52	8.72	2.18	3.68	4.96	8.00	18.43	22.92
獐芽菜	7.15	2.64					7.54		5.97		5.83	2.23
直梗高山唐松草				2.24							2.24	
紫花地丁	2.08	1.78	1.60	0.85		1.70	1.18	1.36	0.96	1.60	1.46	0.38
凋落物						17.94	13.56	11.33	10.66	17.60	14.22	3.42
枯草			43.04	8.32	12.22						21.19	19.02

表 3-32　高寒草地植物群落物种结构特征（8 月下旬测定）

观测场编号	草地名称	植被斑块	植物群落结构参数			
			群落叶层高度/cm	群落生殖枝高度/cm	群落种间分盖度/%	群落种间生物量/（g/m²）
HBGZQ01AB0_01	高寒矮嵩草草甸	草本植物	10.3±5.4	17.0±4.3	9.6±8.4	12.08±2.53
HBGFZ01AB0_01	高寒金露梅灌丛草甸	草本斑块	8.3±1.8	21.3±5.3	6.7±2.3 *	11.49±2.73
		灌木斑块	38.7±14.3	38.7±14.3	50.0±6.0	186.16±65.09
HBGZQ01AB0_01	高寒小嵩草草甸	草本植物	5.3±1.3	10.6±3.2	7.0±3.0	5.00±6.00

＊ 为草本斑块植物物种平均分盖度。

3.2.3.7　生态系统地上生物量

2002—2015 年，高寒矮嵩草草甸生态系统地上生物量虽有波动，基本保持在（491.87±82.42）g/m²，年际变异系数为 0.17（表 3-33，图 3-9），表明了其对气候波动具有较高的稳定性。史顺海（1989）在海北站建站初期的 1983—1984 年，对高寒矮嵩草草甸 21 种主要植物种的地上生物进行了调查，并估算出生态系统的地上生物量（329.90 g/m²），约是 2002—2015 年均值的 67%。Wang（2020）研究表明，气候变化导致高寒草地植物发生返青期提前，生长速度更快，但并没有改变高寒草地植物的物质生产量。两时段测定结果的差异可能由于选择的主要物种数量不同所致，也可能与草地管理方式改变导致的物种演替有关。

在高寒金露梅灌丛草甸中，按照灌木斑块覆盖度 50%、草本斑块盖度 45%、鼠丘秃斑盖度 5% 计算，草本斑块和灌木斑块生物量分别乘以其分盖度后，加和计算得出高寒金露梅灌丛草甸的地上生物量为 264.05 g/m²（表 3-33）。在其年际生物量构成中，草本植物贡献量呈现逐渐增加的趋势，而灌木植物呈现逐渐降低的趋势（图 3-10），这也与野外观测到的近年来金露梅灌木发生干梢死亡数量越来越多现象相吻合。

2004—2015 年，高寒小嵩草草甸生态系统地上生物量呈波动下降变化趋势（图 3-11），其均值为（292.99±52.38）g/m²，变异系数为 0.18（表 3-33）。

表 3-33　高寒草地地上生物量的年际动态（8 月下旬测定）

单位：g/m²

高寒矮嵩草草甸（HBGZH01ABC_01）

项目	年份													
	2002	2003	2004	2005	2006	2007	2008	2009	2010	2011	2012	2013	2014	2015
年际动态	485.56	529.92	377.79	633.99	494.83	386.29	388.64	373.24	522.38	524.18	517.06	547.58	600.75	504.00
2002—2015 年地上生物量	491.87±82.42													
2002—2015 年立枯生物量	35.42±10.03													
2002—2015 凋落物量	31.60±3.53													

高寒金露梅灌丛草甸（HBGFZ01AB0_01）

项目	斑块类型	年份													
		2004	2005	2008	2009	2010	2011	2012	2013	2014	2015	2016	2017	2018
年际动态	草本斑块	312.86	537.27	226.08	298.52	352.56	364.27	386.39	505.50	382.54	427.20			
	灌木斑块							154.14	279.70	222.29	228.47	180.80	77.28	160.43
2004—2015 年草本斑块生物量		379.32±93.45												
2012—2018 年灌木斑块生物量		186.16±65.09												
2004—2015 年草地生物量		264.05												
2002—2015 年立枯生物量		55.97±16.17												
2002—2015 年凋落物生物量		52.58±18.25												

高寒小嵩草草甸（HBGZQ01AB0_01）

项目	年份													
	2002	2003	2004	2005	2006	2007	2008	2009	2010	2011	2012	2013	2014	2015
年际动态	379.41	366.28	226.51	270.40	294.74	284.61	238.22	274.49	339.24	256.00	379.41	366.28	226.51	270.40
2002—2015 年地上生物量	292.99±52.38													
2002—2015 立枯生物量	21.19±19.02													
2002—2015 凋落物量	14.22±19.02													

* 按照灌木斑块盖度 50%，草本斑块盖度 45%，鼠丘秃斑盖度 5% 计算结果。

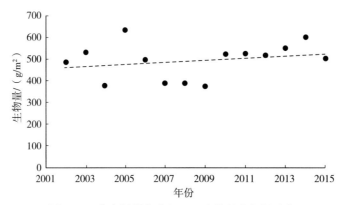

图 3-9　高寒矮嵩草草甸地上生物量的年际动态

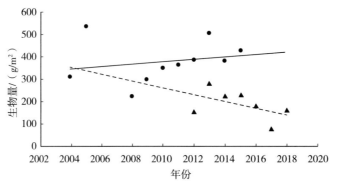

● 草本斑块　▲ 灌木斑块　——线性（草本斑块）　- - - 线性（灌木斑块）

图 3-10　草本和灌木植物对高寒灌丛草甸生物量的贡献

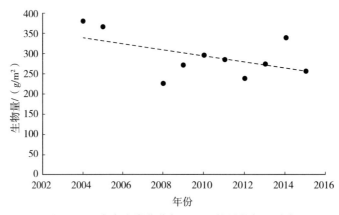

图 3-11　高寒小嵩草草甸地上生物量的年际动态

　　3 类草地进行比较，其生态系统地上生物量呈现出高寒矮嵩草草甸＞高寒小嵩草草甸＞高寒金露梅灌丛草甸的相对顺序，虽然高寒灌木株体较大，但以老的枝干为主，新生枝叶生物量较低，造成其地上生物量低于高寒小嵩草草甸。如果仅从草本植物来看，草本植物的地上量包括立枯和凋落物，则呈现出高寒矮嵩草草甸＞高寒金露梅灌丛草甸＞高寒小嵩草草甸的相对顺序，与人们表观上的感觉一致。

3.2.3.8　地下生物量

　　高寒矮嵩草草甸 0～40 cm 土层中，5—9 月根系现存总量为（2 775.92±498.32）g/m²，其中，81.0% 的根系现存量分布于 0～10 cm 土层中，随着土层的加深，根系现存量呈现快速的下降趋势，

0～20 cm、20～30 cm 和 30～40 cm 分别约占 9.8%、5.0% 和 3.6%。在一个生长季内，5 月植物根系现存量最低，9 月最高，显现出 5—6 月根系的现存量增加，6—8 月持续缓慢下降，随后至 9 月大幅提高的季节动态，经过一个冬季，现存量降到返青期的最低点（表 3-34，图 3-12）。高寒草地植物属于多年生植物，环境恶劣，养分的再利用是高寒草地的主要特征之一，8 月地下生物量的降低和 9 月的大幅提升正是养分从地上部分向地下转移的生物学过程的反映。

表 3-34　高寒草地生态系统地下根系现存量

观测场编号	植被类型	时间（年-月）	根系现存量/（g/m²）					土层占 0～40 cm 剖面比/%			
			0～10 cm	10～20 cm	20～30 cm	30～40 cm	0～40 cm	0～10 cm	10～20 cm	20～30 cm	30～40 cm
		2001-09	2 733.03	199.95	141.58		3 001.14	91.07	6.66	4.72	
		2001-06	3 377.65	190.17	86.92		3 581.32	94.31	5.31	2.43	
		2002-07	2 049.41	186.15	162.72		2 324.87	88.15	8.01	7.00	
		2002-08	2 269.90	268.55	128.22		2 593.25	87.53	10.36	4.94	
		2002-09	2 644.91	263.48	103.95		2 938.92	90.00	8.97	3.54	
		2003-05	2 061.13	210.80	128.39	99.31	2 389.50	86.26	8.82	5.37	4.16
		2003-06	2 169.26	229.10	143.16	109.79	2 541.17	85.36	9.02	5.63	4.32
		2003-07	2 588.76	275.55	136.97	91.47	2 982.62	86.79	9.24	4.59	3.07
		2003-08	2 681.77	211.05	133.97	86.82	3 003.47	89.29	7.03	4.46	2.89
		2003-09	2 466.90	223.01	145.04	111.47	2 836.29	86.98	7.86	5.11	3.93
		2004-05	2 143.52	428.15	137.90	88.06	2 687.50	79.76	15.93	5.13	3.28
		2004-06	1 594.56	285.97	137.15	100.22	2007.77	79.42	14.24	6.83	4.99
		2004-07	1 872.54	221.85	122.75	97.91	2 204.92	84.93	10.06	5.57	4.44
		2004-08	2 353.17	268.17	132.12	94.31	2 737.63	85.96	9.80	4.83	3.44
		2005-05	2 149.59	260.31	122.69	77.24	2 499.70	85.99	10.41	4.91	3.09
HBGZH01 ABC_01	高寒嵩草草甸	2005-06	1 670.55	200.51	136.35	86.18	1 983.46	84.22	10.11	6.87	4.34
		2005-07	1 826.97	246.98	92.83	72.77	2 129.42	85.80	11.60	4.36	3.42
		2005-08	2 027.88	222.98	126.10	84.63	2 351.45	86.0	8.00	3.90	2.10
		2005-09	2 326.55	179.54	101.36	75.40	2 572.71	90.3	5.60	2.50	1.50
		2006-05	1 675.19	200.59	105.83	81.59	1 953.07	85.50	8.60	3.60	2.30
		2006-06	2 169.49	215.73	113.59	72.07	2 460.73	88.00	7.40	3.20	1.50
		2006-07	1 967.82	246.36	134.42	82.24	2 320.71	84.50	9.20	4.30	2.00
		2006-08	2005.05	250.02	125.38	84.58	2 354.89	84.90	9.20	3.80	2.10
		2006-09	1 740.57	234.71	144.93	92.22	2 102.29	82.50	9.60	5.20	2.70
		2007-05	1 683.68	153.70	120.02	82.17	1 929.43	87.00	6.20	4.40	2.40
		2007-06	2 169.54	256.93	132.42	93.81	2 542.56	85.10	8.80	3.80	2.30
		2007-07	1 972.83	246.84	130.72	80.88	2 321.15	84.80	9.20	4.10	1.90
		2007-08	2 620.87	400.33	158.82	102.45	3 172.33	82.40	11.60	3.90	2.10
		2008-05	3 063.16	378.95	168.42	51.28	3 705.27	82.70	10.20	4.50	2.60
		2008-06	3 044.74	465.79	200.00	94.74	3 802.64	80.10	12.20	5.30	2.40
		2008-07	2 478.95	394.74	218.42	92.11	3 207.90	77.30	12.30	6.80	3.60
		2008-08	2 521.05	407.89	223.68	115.79	3 268.41	77.10	12.50	6.80	3.50

（续）

观测场编号	植被类型	时间（年-月）	根系现存量/（g/m²）					土层占 0～40 cm 剖面比/%			
			0～10 cm	10～20 cm	20～30 cm	30～40 cm	0～40 cm	0～10 cm	10～20 cm	20～30 cm	30～40 cm
		2008 - 09	2 602.63	444.74	226.32	115.79	3 400.01	76.50	13.10	6.70	3.70
		2009 - 05	2 041.05	370.42	178.84	126.32	2 696.63	75.70	13.70	6.60	3.90
		2009 - 06	2 249.37	364.53	151.58	106.32	2 856.85	86.24	9.48	5.36	3.60
		2009 - 07	2 458.00	312.53	158.00	91.37	3 027.58	90.43	6.98	3.94	2.93
		2009 - 08	1 926.32	324.74	108.16	99.05	2 427.59	85.77	10.27	5.42	4.18
		2009 - 09	2 520.95	405.13	210.05	68.37	3 247.17	88.16	8.77	4.62	2.93
		2010 - 05	1 836.21	352.74	177.37	111.04	2 461.90	84.79	10.62	5.79	3.54
		2010 - 06	2 034.62	321.66	202.83	95.58	2 678.54	85.14	10.62	5.32	3.59
		2010 - 07	2 241.23	313.16	202.30	119.43	2 844.85	82.79	11.16	6.89	4.39
		2010 - 08	2 182.26	387.09	185.71	88.16	2 847.82	87.26	7.97	6.22	4.26
		2010 - 09	2 717.37	353.66	202.29	92.76	3 388.48	85.33	10.11	5.21	3.69
		2011 - 05	2 130.95	431.05	191.47	115.16	2 889.47	84.99	10.63	5.63	3.48
		2011 - 06	2 522.95	459.79	213.16	136.00	3 288.43	82.62	12.62	5.01	3.23
		2011 - 07	2 931.68	389.58	166.00	92.53	3 580.84	82.67	10.23	4.55	1.38
		2011 - 08	2 667.58	457.08	172.21	93.58	3 389.92	80.07	12.25	5.26	2.49
		2011 - 09	2 343.55	444.47	162.32	93.05	3 029.60	77.28	12.31	6.81	2.87
		2012 - 05	2 237.58	315.79	179.58	79.26	2 842.32	77.13	12.48	6.84	3.54
HBGZH01	高寒嵩	2012 - 06	2 561.16	442.00	192.74	109.37	3 295.37	76.55	13.08	6.66	3.41
ABC _ 01	草草甸	2012 - 07	2 050.00	378.53	223.37	99.47	2 774.43	75.69	13.74	6.63	4.68
		2012 - 08	2 399.89	317.79	128.84	122.53	2 945.36	81.48	10.79	4.37	4.16
		2012 - 09	2 734.53	514.74	210.11	98.84	3 571.17	76.57	14.41	5.88	2.77
		2013 - 05	1 784.32	241.89	130.00	111.79	2 230.95	79.98	10.84	5.83	5.01
		2013 - 06	2 378.11	435.89	257.89	74.74	3 171.68	74.98	13.74	8.13	2.36
		2013 - 07	2 290.63	372.32	164.74	99.79	2 921.80	78.40	12.74	5.64	3.42
		2013 - 08	1 481.89	243.05	267.58	94.11	2 050.84	72.26	11.85	13.05	4.59
		2013 - 09	1 779.79	370.53	150.95	58.32	2 413.38	73.75	15.35	6.25	2.42
		2014 - 05	2 213.37	330.11	167.16	112.11	2 800.32	79.04	11.79	5.97	4.00
		2014 - 06	2 200.11	339.26	140.11	89.68	2 765.06	79.57	12.27	5.07	3.24
		2014 - 07	2 175.89	429.68	235.68	85.58	2 957.36	73.58	14.53	7.97	2.89
		2014 - 08	1 442.21	126.53	66.11	116.11	1 674.96	86.10	7.55	3.95	6.93
		2014 - 09	2 734.63	503.58	215.89	40.11	3 548.10	77.07	14.19	6.08	1.13
		2015 - 05	2 174.95	325.16	129.26	94.00	2 702.00	80.49	12.03	4.78	3.48
		2015 - 06	1 840.95	233.37	127.58	72.63	2 291.37	80.34	10.18	5.57	3.17
		2015 - 07	2 281.47	446.42	249.05	89.47	3 147.05	72.50	14.19	7.91	2.84
		2015 - 08	1 791.68	330.42	158.32	170.11	2 374.95	75.44	13.91	6.67	7.16
		2015 - 09	2 918.21	445.37	214.21	94.53	3 720.11	78.44	11.97	5.76	2.54

（续）

观测场编号	植被类型	时间（年-月）	根系现存量/（g/m²）					土层占 0～40 cm 剖面比/%			
			0～10 cm	10～20 cm	20～30 cm	30～40 cm	0～40 cm	0～10 cm	10～20 cm	20～30 cm	30～40 cm
		2004 - 05	1 691.65	416.30	325.26	188.06	2 621.28	64.54	15.88	12.41	7.17
		2004 - 06	1 145.02	202.78	118.67	79.49	1 545.96	74.07	13.12	7.68	5.14
		2004 - 07	1 730.99	340.39	273.37	89.28	2 434.04	71.12	13.98	11.23	3.67
		2004 - 08	1 952.41	290.46	180.04	141.16	2 564.07	76.15	11.33	7.02	5.51
		2005 - 05	2 350.20	415.84	244.03	129.79	3 139.86	74.85	13.24	7.77	4.13
		2005 - 06	1 968.60	426.37	240.85	178.78	2 814.60	69.94	15.15	8.56	6.35
		2005 - 07	1 828.72	397.75	230.39	121.11	2 577.98	70.94	15.43	8.94	4.70
		2005 - 08	2 240.67	620.23	333.56	167.30	3 361.75	66.65	18.45	9.92	4.98
		2005 - 09	2 778.65	567.17	269.98	141.86	3 757.66	73.95	15.09	7.18	3.78
		2008 - 05	2 307.89	807.89	1 105.26	315.79	4 536.83	50.87	17.81	24.36	6.96
		2008 - 06	2 700.00	1 050.00	602.63	368.42	4 721.05	57.19	22.24	12.76	7.80
		2008 - 07	1 865.79	1 234.21	573.68	294.74	3 968.42	47.02	31.10	14.46	7.43
		2008 - 08	1 860.53	673.68	460.53	252.63	3 247.37	57.29	20.75	14.18	7.78
		2008 - 09	1 944.74	839.47	497.37	334.21	3 615.79	53.78	23.22	13.76	9.24
		2009 - 05	1 786.00	844.42	513.05	268.32	3 411.79	52.35	24.75	15.04	7.86
		2009 - 06	2 022.63	951.68	515.16	220.42	3 709.89	54.52	25.65	13.89	5.94
		2009 - 07	1 821.05	702.32	413.68	195.58	3 132.63	58.13	22.42	13.21	6.24
		2009 - 08	1 990.42	643.47	300.95	164.95	3 099.79	64.21	20.76	9.71	5.32
HBGFZ01 AB0 _ 01	高寒金露梅灌丛草甸	2009 - 09	1 570.63	691.47	627.79	348.42	3 238.31	48.50	21.35	19.39	10.76
		2010 - 05	1 801.58	633.37	613.37	341.26	3 389.58	53.15	18.69	18.10	10.07
		2010 - 06	1 478.95	581.05	474.11	271.47	2 805.58	52.71	20.71	16.90	9.68
		2010 - 07	1 706.32	825.89	334.21	268.11	3 134.53	54.44	26.35	10.66	8.55
		2010 - 08	1 535.16	621.16	396.00	281.16	2 833.48	54.18	21.92	13.98	9.92
		2010 - 09	2 233.37	908.32	623.79	287.26	4 052.74	55.11	22.41	15.39	7.09
		2011 - 05	1 598.74	653.47	471.58	270.63	2 994.42	53.39	21.82	15.75	9.04
		2011 - 06	2 123.68	616.63	509.26	240.11	3 489.68	60.86	17.67	14.59	6.88
		2011 - 07	1 584.74	584.11	521.47	278.42	2 968.74	53.38	19.68	17.57	9.38
		2011 - 08	1 379.79	591.16	511.89	226.95	2 709.79	50.92	21.82	18.89	8.38
		2011 - 09	2 126.21	830.53	415.79	228.42	3 600.95	59.05	23.06	11.55	6.34
		2012 - 05	2 040.11	668.21	400.21	128.95	3 237.48	63.02	20.64	12.36	3.98
		2012 - 06	2 161.68	735.16	484.84	240.63	3 622.31	59.68	20.30	13.38	6.64
		2012 - 07	1 715.26	587.05	411.89	242.00	2 956.20	58.02	19.86	13.93	8.19
		2012 - 08	1 683.05	651.47	280.53	161.16	2 776.21	60.62	23.47	10.10	5.81
		2012 - 09	2 031.89	955.37	1 055.37	371.58	4 414.21	46.03	21.64	23.91	8.42
		2013 - 05	1 180.32	431.68	212.74	135.16	1 959.90	60.22	22.03	10.85	6.90
		2013 - 06	1 796.42	570.11	401.26	287.37	3 055.16	58.80	18.66	13.13	9.41
		2013 - 07	2 428.42	885.16	548.00	256.95	4 118.53	58.96	21.49	13.31	6.24
		2013 - 08	1 261.26	304.21	297.16	140.32	2 002.95	62.97	15.19	14.84	7.01

（续）

观测场编号	植被类型	时间（年-月）	根系现存量/（g/m²）					土层占 0~40 cm 剖面比/%			
			0~10 cm	10~20 cm	20~30 cm	30~40 cm	0~40 cm	0~10 cm	10~20 cm	20~30 cm	30~40 cm
HBGFZ01 AB0 _ 01	高寒金露梅灌丛草甸	2013 - 09	1 884.21	492.11	318.42	192.11	2 886.85	65.27	17.05	11.03	6.65
		2014 - 05	1 221.47	498.95	401.05	168.42	2 289.89	53.34	21.79	17.51	7.35
		2014 - 06	2 165.37	640.74	441.68	172.95	3 420.74	63.30	18.73	12.91	5.06
		2014 - 07	2 028.11	851.68	492.11	202.00	3 573.90	56.75	23.83	13.77	5.65
		2014 - 08	1 536.00	524.00	259.16	136.42	2 455.58	62.55	21.34	10.55	5.56
		2014 - 09	1 923.47	560.11	388.95	177.68	3 050.21	63.06	18.36	12.75	5.83
		2015 - 05	1 927.58	720.42	475.37	253.16	3 376.53	57.09	21.34	14.08	7.50
		2015 - 06	1 612.21	550.11	312.21	206.53	2 681.06	60.13	20.52	11.65	7.70
		2015 - 07	2 315.16	834.42	659.16	340.95	4 149.69	55.79	20.11	15.88	8.22
		2015 - 08	2 126.42	558.42	418.32	190.00	3 293.16	64.57	16.96	12.70	5.77
		2015 - 09	2 787.16	1 097.05	617.37	330.32	4 831.90	57.68	22.70	12.78	6.84
HBGZQ01 AB0 _ 01	高寒小嵩草草甸	2004 - 05	3 429.87	423.84	143.41	75.45	4 072.57	84.22	10.41	3.52	1.85
		2004 - 06	3 971.31	439.15	129.01	99.93	4 639.39	85.60	9.47	2.78	2.15
		2004 - 07	3 270.72	455.22	144.66	81.50	3 952.10	82.76	11.52	3.66	2.06
		2004 - 08	3 295.74	472.17	185.82	120.11	4 073.84	80.90	11.59	4.56	2.95
		2005 - 05	2 925.70	286.11	156.98	92.33	3 461.12	84.53	8.27	4.54	2.67
		2005 - 06	2 552.49	290.18	180.21	108.78	3 131.65	81.51	9.27	5.75	3.47
		2005 - 07	2 402.11	259.32	140.74	94.51	2 896.68	82.93	8.95	4.86	3.26
		2005 - 08	2 963.51	391.20	145.99	100.63	3 601.34	82.29	10.86	4.05	2.79
		2005 - 09	3 464.50	340.43	181.10	99.81	4 085.84	84.79	8.33	4.43	2.44
		2008 - 05	5 205.26	847.37	265.79	94.74	6 413.16	81.17	13.21	4.14	1.48
		2008 - 06	5 047.37	871.05	318.42	118.42	6 355.26	79.42	13.71	5.01	1.86
		2008 - 07	2 478.94	394.74	218.42	115.79	3 207.89	77.28	12.31	6.81	3.61
		2008 - 08	2 521.05	407.89	223.68	115.79	3 268.41	77.13	12.48	6.84	3.54
		2008 - 09	2 602.63	444.74	226.32	126.32	3 400.01	76.55	13.08	6.66	3.72
		2009 - 05	3 868.84	972.63	311.05	142.53	5 295.05	73.07	18.37	5.87	2.69
		2009 - 06	3 862.84	968.63	335.05	128.95	5 295.47	72.95	18.29	6.33	2.44
		2009 - 07	4 076.42	816.00	314.74	103.89	5 311.05	76.75	15.36	5.93	1.96
		2009 - 08	3 704.42	507.89	232.63	85.16	4 530.10	81.77	11.21	5.14	1.88
		2009 - 09	3 626.21	842.63	354.11	136.32	4 959.27	73.12	16.99	7.14	2.75
		2010 - 05	3 577.16	591.47	319.37	123.47	4 611.47	77.57	12.83	6.93	2.68
		2010 - 06	3 783.26	703.26	226.21	88.42	4 801.15	78.80	14.65	4.71	1.84
		2010 - 07	3 282.74	656.42	305.05	117.16	4 361.37	75.27	15.05	6.99	2.69
		2010 - 08	3 594.84	582.74	220.00	84.21	4 481.79	80.21	13.00	4.91	1.88
		2010 - 09	4 424.53	622.95	276.11	124.42	5 448.01	81.21	11.43	5.07	2.28
		2011 - 05	4 273.16	1 032.95	376.95	143.58	5 826.64	73.34	17.73	6.47	2.46
		2011 - 06	4 554.21	1 140.32	400.95	128.32	6 223.80	73.17	18.32	6.44	2.06
		2011 - 07	5 865.58	1 024.11	300.74	110.74	7 301.17	80.34	14.03	4.12	1.52

（续）

观测场编号	植被类型	时间 (年-月)	根系现存量/（g/m²）					土层占 0~40 cm 剖面比/%			
			0~10 cm	10~20 cm	20~30 cm	30~40 cm	0~40 cm	0~10 cm	10~20 cm	20~30 cm	30~40 cm
HBGZQ01 AB0_01	高寒小嵩草草甸	2011-08	4 099.47	728.53	251.47	94.00	5 173.47	79.24	14.08	4.86	1.82
		2011-09	4 219.68	846.95	269.37	113.68	5 449.68	77.43	15.54	4.94	2.09
		2012-05	5 224.95	722.84	367.58	108.53	6 423.90	81.34	11.25	5.72	1.69
		2012-06	4 510.84	925.37	301.16	116.84	5 854.21	77.05	15.81	5.14	2.00
		2012-07	4 603.26	904.42	321.05	122.74	5 951.47	77.35	15.20	5.39	2.06
		2012-08	4 287.47	468.32	196.11	66.32	5 018.22	85.44	9.33	3.91	1.32
		2012-09	5 218.11	1 389.05	462.63	167.05	7 236.84	72.10	19.19	6.39	2.31
		2013-05	4 012.84	827.37	261.47	91.16	5 192.84	77.28	15.93	5.04	1.76
		2013-06	4 552.42	1 020.63	384.74	119.89	6 077.68	74.90	16.79	6.33	1.97
		2013-07	4 908.84	929.05	261.68	111.37	6 210.94	79.04	14.96	4.21	1.79
		2013-08	4 687.16	822.11	190.63	58.74	5 758.64	81.39	14.28	3.31	1.02
		2013-09	5 747.05	840.11	320.11	125.58	7 032.85	81.72	11.95	4.55	1.79
		2014-05	5 222.63	717.58	260.42	104.84	6 305.47	82.83	11.38	4.13	1.66
		2014-06	4 586.11	687.37	278.74	108.74	5 660.96	81.01	12.14	4.92	1.92
		2014-07	6 153.47	883.58	334.42	108.00	7 479.47	82.27	11.81	4.47	1.44
		2014-08	5 467.26	572.63	172.32	62.63	6 274.84	87.13	9.13	2.75	1.00
		2014-09	4 832.32	847.47	297.79	114.11	6 091.69	79.33	13.91	4.89	1.87
		2015-05	3 732.32	719.79	279.58	85.79	4 817.48	77.47	14.94	5.80	1.78
		2015-06	3 896.84	635.89	173.68	91.16	4 797.57	81.23	13.25	3.62	1.90
		2015-07	4 666.32	921.47	400.42	173.37	6 161.58	75.73	14.96	6.50	2.81
		2015-08	4 353.89	591.79	193.89	59.89	5 199.46	83.74	11.38	3.73	1.15
		2015-09	5 333.37	1 009.89	345.79	145.37	6 834.42	78.04	14.78	5.06	2.13

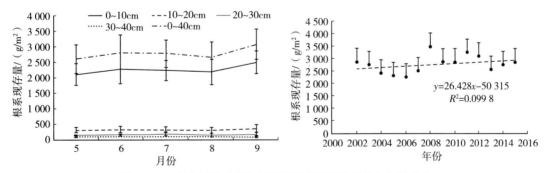

图 3-12 高寒矮嵩草草甸地下根系现存量的季节与年际动态

2002—2015 年，高寒矮嵩草草甸 0~40 cm 土层根系的现存量为（2 764.60±146.46）g/m²，其年际动态表现出 2002—2006 年持续下降，随后波动上升的变化趋势。在 2001 年达到最大，为（3 235.65±277.51）g/m²，振幅高达 997.1 g/m²。以返青期地下根系现存量作为生长季初始值，最高生产力（9 月）的现存量作为终值。2002—2015 年，高寒矮嵩草草甸的地下根系生产力平均值为 179.95 g/m²。但从长远来看，草地的根系现存量基本处于平衡状态。

高寒金露梅灌丛草甸 0~40 cm 土层中，5—9 月根系现存总量为（3 216.96±692.87）g/m²，其中，

59％的根系现存量分布于 0～10 cm 土层中，随着土层的加深，根系现存量呈现快速的下降趋势，10～20 cm、20～30 cm 和 30～40 cm 分别约占总根量的 20％、14％和 7％。在一个生长季内，5—7 月植物根系现存量呈现出逐渐增加的趋势，7—8 月大幅降低，9 月快速增加达到年度内最高值（表 3 - 34，图 3 - 13）。这个季相特征亦是生长季末期植物体养分从地上部分向地下转移的生物学过程所致。

2004—2015 年，高寒金露梅灌丛草甸 0～40 cm 土层中根系的现存量为（3 198.45±470.28）g/m²，其年际动态表现出波动缓慢上升的变化趋势，但趋势不明显。以返青期地下根系现存量作为生长季初始值，最高生产力（9 月）的现存量作为终值，2002—2015 年，高寒金露梅灌丛草甸地下根系生产力平均值为 620.76 g/m²。但从长远来看，草地的根系现存量基本处于平衡状态。

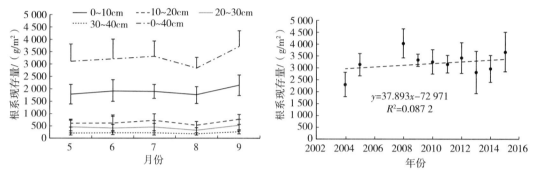

图 3 - 13　高寒金露梅灌丛草甸地下根系现存量的季节与年际动态

高寒小嵩草草甸 0～40 cm 土层中，5—9 月根系现存总量为（5 224.68±1 184.93）g/m²，其中79％的根系现存量分布于 0～10 cm 土层中，随着土层的加深，根系现存量呈现快速的下降趋势，10～20 cm、20～30 cm 和 30～40 cm 分别约占总根量的 14％、5％和 2％。在一个生长季内，呈现出5—7 月植物根系现存量逐渐增加，7—8 月大幅降低，9 月快速增加达到年度内最高值的季节动态（表 3 - 34，图 3 - 14）。这个季相特征亦是由于生长季末期植物体养分从地上部分向地下转移的生物学过程所致。

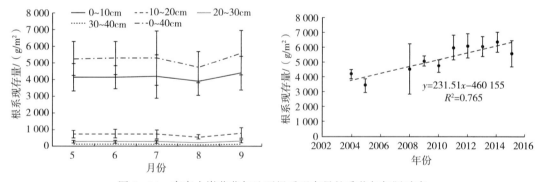

图 3 - 14　高寒小嵩草草甸地下根系现存量的季节与年际动态

2004—2015 年，高寒小嵩草草甸 0～40 cm 土层根系的现存量为（5 203.88±970.14）g/m²，其年际动态表现出持续上升的变化趋势，且变化较为明显。以返青期地下根系现存量作为生长季初始值，最高生产力（9 月）的现存量作为终值，2002—2015 年，高寒小嵩草草甸地下根系生产力平均值为 373.43 g/m²。但从长远来看，草地的根系现存量基本处于平衡状态。

高寒草地光合产物主要分配在土壤 0～40 cm 土层中，3 类高寒草地中，地下根系现存量表现出高寒小嵩草草甸 ［（5 232.49±314.815）g/m²］＞高寒金露梅灌丛草甸 ［（3 226.95±323.32）g/m²］＞高寒嵩草草甸 ［（2 779.04±181.09）g/m²］ 的相对顺序。随土层的加深，其根系现存量呈现逐渐降低的趋势，且植物根系主要分布于 0～20 cm 土层，其中，高寒矮嵩草草甸和高寒小嵩草草甸具有相似的剖面分布特征，0～20 cm 土层中的根系分别占 0～40 cm 土层的 81％和 79％以上，而金露梅灌丛草甸的稍低为 59％，即以草本植物为优势种群的高寒草地具有根的表聚性特征（表 3 - 35）。

表 3 - 35　高寒草地地下根系现存量及其剖面分布

观测场编号	植被类型	统计指标	根系现存量（干重）／（g/m²）					土层占 0～40 cm 剖面比/％			
			0～10 cm	10～20 cm	20～30 cm	30～40 cm	0～40 cm	0～10 cm	10～20 cm	20～30 cm	30～40 cm
HBGZH01ABC _ 01	高寒嵩草草甸	平均值	2 251.01	320.67	160.19	94.15	2 779.04	81	12	6	3
		标准偏差	147.35	22.45	10.32	6.93	181.09				
		变异	0.07	0.07	0.06	0.07	0.07				
HBGFZ01AB0 _ 01	高寒金露梅灌丛草甸	平均值	1 901.86	656.99	442.17	225.93	3 226.95	59	20	14	7
		方差	151.27	90.01	71.57	29.12	323.32				
		变异	0.08	0.14	0.16	0.13	0.10				
HBGZQ01AB0 _ 01	高寒小嵩草草甸	平均值	4 146.55	711.92	265.25	108.78	5 232.49	79	14	5	2
		方差	173.12	94.28	38.05	15.71	314.81				
		变异	0.04	0.13	0.14	0.14	0.06				

注：2001—2007 年根系现存量取样方法为土坑法，在此已校准到根钻法。

3.2.3.9　生物地球化学特征

在大年监测中，才实施高寒草地代表性植物种的生物地球化学特征测定。以植物功能群进行分类，可分为禾本科、莎草属、豆科、杂类草和灌木 5 大类（表 3 - 36、表 3 - 37）。

表 3 - 36　高寒草地植物生物地球化学特征

观测场编号	植被类型	年份	植物种名	采样部位	全碳/(g/kg)	全氮/(g/kg)	全磷/(g/kg)	全钾/(g/kg)	全硫/(g/kg)	全钙/(g/kg)	全镁/(g/kg)	干重热值/(MJ/kg)	灰分/%
		2004	矮嵩草	地上部分		14.90	1.08	15.00	0.58	0.33	5.20		
		2004	垂穗披碱草	地上部分		14.87	1.17	12.10	0.45	1.47	3.53		
		2004	凋落物	地上部分		19.43	1.37	9.17	0.94	13.47	10.30		
		2004	立枯	立枯		16.70	1.21	10.30	0.67	12.20	6.03		
		2004	美丽风毛菊	地上部分		17.63	1.58	24.33	0.55	11.67	5.23		
		2005	矮嵩草	地上部分	446.42	16.22	1.34	13.85	1.47	0.45	0.75	22.56	7.90
		2005	垂穗披碱草	地上部分	482.64	18.35	1.78	10.80	1.64	0.41	0.62	22.92	6.05
HBGZH01 ABC _ 01	高寒矮嵩草草甸	2005	花苜蓿	地上部分	482.42	30.64	2.03	21.28	2.11	1.17	3.33	22.83	8.80
		2005	美丽风毛菊	地上部分	467.20	16.69	1.68	23.64	1.22	1.36	2.22		
		2005	异针矛	地上部分	478.10	18.84	1.45	11.55	1.07	0.31	0.70	23.29	5.50
		2010	矮嵩草	地上部分	427.70	14.35	1.13	15.20	2.53	3.91	1.12	22.70	6.30
		2010	垂穗披碱草	地上部分	434.80	10.14	1.24	10.59	2.28	2.41	0.66	23.10	4.60
		2010	根系	地下部分	395.50	14.60	1.18	4.38	3.38	11.24	3.10	19.80	14.40
		2010	花苜蓿	地上部分	448.60	33.55	1.86	29.39	2.92	11.35	2.06	22.60	7.10
		2010	美丽风毛菊	地上部分	416.00	15.02	1.69	43.09	2.18	14.61	1.48	21.90	10.10
		2010	异针茅	地上部分	448.70	14.31	1.30	11.92	2.48	2.54	0.64	23.20	3.80

（续）

观测场编号	植被类型	年份	植物种名	采样部位	全碳/(g/kg)	全氮/(g/kg)	全磷/(g/kg)	全钾/(g/kg)	全硫/(g/kg)	全钙/(g/kg)	全镁/(g/kg)	干重热值/(MJ/kg)	灰分/%
HBGFZ01 AB0_01	高寒金露梅灌丛草甸	2004	矮嵩草	地上部分		12.67	1.27	17.93	0.88	5.63	5.13		
		2004	凋落物	地上部分		14.93	1.31	14.13	1.34	12.10	12.17		
		2004	金露梅	地上部分		18.17	1.78	10.43	1.21	5.13	5.93		
		2004	立枯	立枯		14.83	1.29	13.07	0.91	13.87	7.13		
		2004	洽草	地上部分		17.83	1.60	22.33	1.60	0.00	5.37		
		2005	垂穗披碱草	地上部分	471.26	10.56	1.26	10.99	1.43	0.33	0.77	22.55	8.20
		2005	金露梅	地上部分	481.70	13.44	1.30	7.87	1.19	0.71	2.65		
		2005	钉柱委菱菜	地上部分	474.00	14.15	2.70	13.36	1.97	1.33	2.99	22.15	
		2005	早熟禾	地上部分	479.08	17.88	1.46	22.28	2.07	0.65	3.65	22.37	5.65
		2005	珠芽蓼	地上部分	486.30	16.07	1.34	12.08	1.37	0.32	0.93	22.25	1.95
		2010	垂穗披碱草	地上部分	455.80	9.98	1.03	13.22	2.37	1.42	0.69	22.40	4.30
		2010	凋落物	地上部分	423.80	13.67	0.84	5.29	2.81	12.71	3.28	21.20	10.90
		2010	根系	地下部分	437.40	12.51	0.96	6.49	2.75	10.38	2.80	21.90	10.60
		2010	金露梅	地上部分	471.00	13.26	1.02	4.62	2.31	7.40	1.85	23.60	4.10
		2010	早熟禾	地上部分	432.20	10.63	0.78	6.98	2.42	2.12	0.79	22.60	3.30
		2010	钉柱委陵菜	地上部分	419.40	16.94	1.27	18.71	2.52	16.71	3.32	22.10	9.30
		2010	珠芽蓼	地上部分	448.60	18.12	1.31	22.01	2.36	7.32	6.11	22.50	7.60
HBGZQ01 AB0_01	高寒小嵩草草甸	2004	矮嵩草	地上部分		16.17	1.58	21.01	1.06	12.03	8.90		
		2004	凋落物	地上部分		13.60	1.13	9.10	0.89	19.77	3.03		
		2004	立枯	立枯		13.43	1.12	9.40	1.06	10.00	8.97		
		2004	高山嵩草	地上部分		18.27	1.20	14.53	0.88	11.53	5.20		
		2004	异针茅	地上部分		15.13	1.17	14.30	0.86	3.37	5.33		
		2005	垂穗披碱草	地上部分	488.10	21.39	1.37	16.36	1.81	0.45	0.95	23.02	8.70
		2005	黄花棘豆	地上部分	472.00	15.05	1.26	13.77	1.46	0.79	2.04	22.73	8.60
		2005	麻花九	地上部分	486.82	28.62	2.01	16.00	2.19	1.57	4.37	22.74	7.25
		2005	高山嵩草	地上部分	470.08	17.95	0.95	13.25	1.37	0.55	0.79	21.94	12.10
		2005	异针矛	地上部分	493.22	20.98	0.92	14.26	1.43	0.48	0.88	22.42	8.75
		2010	垂穗披碱草	地上部分	444.40	11.27	1.07	9.15	2.47	2.02	0.76	23.30	3.40
		2010	根系	地下部分	412.20	9.65	0.68	3.26	3.57	17.34	3.27	20.60	12.50
		2010	黄花棘豆	地上部分	460.20	32.60	1.82	13.16	3.01	20.20	3.94	21.90	8.10
		2010	麻花艽	地上部分	426.60	17.32	1.37	12.74	3.26	9.98	2.27	22.80	5.00
		2010	高山嵩草	地上部分	439.40	17.77	1.04	11.45	2.50	4.29	1.33	21.90	5.00
		2010	异针茅	地上部分	466.70	12.88	0.86	11.76	3.71	2.25	0.65	22.60	3.70

表3-37　高寒草地植物功能群生物地球化学特征

植物功能群	全碳/(g/kg)	全氮/(g/kg)	全磷/(g/kg)	全钾/(g/kg)	全硫/(g/kg)	全钙/(g/kg)	全镁/(g/kg)	干重热值/(MJ/kg)	灰分/%
禾本科	464.58±20.92	15.00±4.01	1.23±0.28	13.24±4.30	1.87±0.80	1.35±1.05	1.73±1.77	22.81±0.36	5.50±2.05
莎草属	445.90±17.87	16.04±1.97	1.20±0.20	15.28±2.96	1.41±0.74	4.84±4.72	3.55±3.00	22.28±0.41	7.83±3.09

（续）

植物功能群	全碳/(g/kg)	全氮/(g/kg)	全磷/(g/kg)	全钾/(g/kg)	全硫/(g/kg)	全钙/(g/kg)	全镁/(g/kg)	干重热值/(MJ/kg)	灰分/%
豆科	468.81±14.65	27.96±8.69	1.74±0.33	19.40±7.62	2.38±0.73	8.38±9.28	2.84±0.95	22.52±0.42	8.15±0.76
杂类草	453.12±29.54	17.84±4.23	1.66±0.46	20.66±9.63	1.96±0.80	7.21±6.33	3.21±1.73	22.35±0.34	6.87±2.99
灌木	476.35±7.57	14.96±2.78	1.37±0.38	7.64±2.91	1.57±0.64	4.41±3.40	3.48±2.16	23.60	4.10
地上活体	459.98±22.50	17.20±5.63	1.39±0.38	15.57±6.91	1.83±0.79	4.37±5.25	2.70±2.10	22.61±0.46	6.49±2.46
立枯		14.99±1.64	1.21±0.09	10.92±1.91	0.88±0.20	12.02±1.94	7.38±1.49		
凋落物	423.80	15.41±2.75	1.16±0.24	9.42±3.62	1.50±0.90	14.51±3.55	7.20±4.73	21.20	10.90
根系	415.03±21.09	12.25±2.48	0.94±0.25	4.71±1.64	3.23±0.43	12.99±3.79	3.06±0.24	20.77±1.06	12.50±1.90

从植物地上活体碳含量区间为 453.12～476.35 g/kg，其均值为 459.98 g/kg，变异系数 0.05，差异较小；氮素含量区间为 14.96～27.96 g/kg，变异系数 0.33，表现出豆科＞杂类草＞莎草属＞禾本科＞灌木的相对次序；磷素含量区间为 1.20～1.74 g/kg，变异系数 0.27，表现出豆科＞杂类草＞灌木＞禾本科＞莎草属的相对次序；钾素含量区间为 7.64～20.66 g/kg，变异系数 0.44，表现出杂类草＞豆科＞莎草属＞禾本科＞灌木的相对次序；全硫含量区间为 1.41～2.38 g/kg，变异系数 0.43，表现出豆科＞杂类草＞禾本科＞灌木＞莎草属的相对次序；全钙含量区间为 1.35～8.38 g/kg，变异系数 1.20，变异最大，表现出豆科＞杂类草＞莎草属＞灌木＞禾本科的相对次序；全镁含量区间为 1.73～3.48 g/kg，变异系数 0.78，表现出莎草属＞灌木＞杂类草＞豆科＞禾本科的相对次序；热值含量比较接近，均值为 22.61 MJ/kg，变异系数 0.02. 灰分含量区间范围为 4.10%～8.15%，均值为 6.49%，变异系数为 0.38，表现出豆科＞莎草属＞杂类草＞禾本科＞灌木的相对次序。

立枯和凋落物种生物地球化学特征与植物地上活体相比，呈现出养分元素明显降低，钙、镁元素相对富集的特征。

植物地下根系生物地球化学特征与地上部分相比，呈现出碳、氮、磷、钾含量相对较低，而全硫、全钙、全镁含量和灰分相对较高的特征，热值差异不大。

且经 F 检验和多重比较发现 3 种类型高寒草地植被之间，植物的生物化学特征没有显著性差距（$P>0.05$）。由于测定年份较少，比较长期变化没有意义。

3.2.3.10　土壤微生物量碳

土壤微生物生物量是指土壤中体积小于 5 000 μm^3 的生物总量，是土壤有机质中最为活跃的组分。微生物量碳（MBC）是微生物生物量的主要组分。一般情况下，土壤酶活性高的土壤中，土壤微生物生物量碳、氮含量也高，土壤微生物学特性可以反映土壤质量的变化，并可用作评价土壤健康的生物指标。

2010 年，采取田间土壤样品后，直接进行了氯仿熏蒸-微生物量碳的测定，自然条件条件下，高寒草地植物生长季 5—9 月土壤微生物量碳为（62.43±57.22）mg/kg，呈现出单峰季节变化特征，植物生长盛期（8 月）最高，5—8 月逐渐增加，8—9 月逐渐降低，这与气温变化和植物生长节律一致（表 3 - 38）。不同类型高寒草地 0～30 cm 的微生物量碳，表现出高寒金露梅灌丛草甸〔（72.64±45.99）mg/kg〕＞高寒矮嵩草草甸〔（65.02±68.09）mg/kg〕＞高寒小嵩草草甸〔（49.63±56.95）mg/kg〕的相对顺序。随着土层的加深，3 类草地微生物碳量均呈现出逐渐降低的趋势，但 3 类型草地不同土层之间的相对顺序发生了改变，其中，0～10 cm 土层微生物碳量表现为高寒矮嵩草草甸＞高寒金露梅灌丛草甸＞高寒小嵩草草甸；10～20 cm 表现为高寒金露梅灌丛草甸＞高寒小嵩草草甸＞高寒矮嵩草草甸；而 20～30 cm 土层则表现为高寒金露梅灌丛草甸＞高寒矮嵩草草甸＞高寒小嵩草草甸的相对顺序（表 3 - 38，图 3 - 16）。

2015 年，对采自野外的土壤样品进行了室内培养，以期进行潜在微生物功能群与功能基因的测定，然后使用该培养样品测定氯仿熏蒸-微生物量碳的量。培养后，使高寒草地 0～20 cm 土层土壤微生物量碳量提高了 6～7 倍，且 3 类草地的相对顺序发生了改变，呈现出高寒小嵩草草甸［（924.25±309.32）mg/kg］＞高寒矮嵩草草甸［（906.00±440.15）mg/kg］＞高寒金露梅灌丛草甸［（825.01±269.93）mg/kg］的相对顺序（表 3 - 38，图 3 - 15）。

由此可见，自然状况下，高寒草地微生物数量和酶活性是很低的，高寒环境有利于土壤有机物质的积累，而不利于分解，使土壤呈现出"全量养分丰富而速效养分贫乏"的养分特征。在未来气候变暖的背景下，可大大提高高寒草地土壤碳的活性。

表 3 - 38　高寒草地微生物碳

时间 （年-月）	土层深度/ cm	高寒矮嵩草草甸 HBGZQ01AB0 _ 01		高寒金露梅灌丛草甸 HBGFZ01AB0 _ 01		高寒小嵩草草甸 HBGZQ01AB0 _ 01	
		土壤含水量/ %	微生物量碳/ （mg/kg）	土壤含水量/ %	微生物量碳/ （mg/kg）	土壤含水量/ %	微生物量碳/ （mg/kg）
2010 - 05	0～10	35.28±1.98	13.13±2.27	34.40±2.95	12.66±2.15	36.88±1.65	9.42±2.84
2010 - 05	10～20	28.54±1.23	5.44±1.04	34.00±2.87	11.15±3.80	31.98±1.07	3.27±2.28
2010 - 05	20～30	27.88±2.65	2.27±1.42	31.40±2.23	7.34±4.04	27.14±0.74	1.04±0.97
2010 - 06	0～10	33.84±2.02	197.42±53.69	27.56±2.83	98.81±15.35	18.64±2.96	85.76±19.25
2010 - 06	10～20	27.24±1.06	63.76±10.47	28.24±2.24	69.42±13.89	19.60±2.82	37.53±6.56
2010 - 06	20～30	22.52±0.63	27.97±7.73	27.2±2.24	43.98±8.38	20.86±0.73	13.45±4.41
2010 - 07	0～10	18.92±1.33	129.38±57.63	27.54±2.07	106.49±22.06	19.64±1.63	45.5±12.38
2010 - 07	10～20	20.7±0.55	36.21±17.38	28.92±0.98	79.08±27.50	19.00±4.75	18.08±11.50
2010 - 07	20～30	21.84±0.65	11.88±8.14	28.58±1.66	47.72±12.4	20.20±0.88	10.14±4.56
2010 - 08	0～10	34.98±1.58	166.00±75.82	33.20±2.13	155.75±34.26	31.04±3.33	222.14±42.95
2010 - 08	10～20	27.26±0.81	41.28±26.68	32.34±1.92	103.10±22.44	28.40±2.48	90.02±26.77
2010 - 08	20～30	25.84±0.52	22.03±18.5	30.76±1.31	62.83±9.19	25.92±2.26	41.75±10.63
2010 - 09	0～10	36.04±2.29	182.23±35.62	36.20±1.99	150.11±28.35	33.00±0.75	87.98±29.66
2010 - 09	10～20	24.26±6.23	48.92±20.93	33.80±0.79	89.36±8.25	30.58±7.31	59.13±18.83
2010 - 09	20～30	28.18±6.60	27.38±15.65	31.12±0.77	51.81±12.65	25.18±3.15	19.20±9.17
2015 - 05	0～10	27.5±0.8	1 506.6±80.5	34.1±0.4	1 333.1±51.3	29.5±0.5	1 339.0±62.7
2015 - 05	10～20	24.4±0.5	703.6±35.7	34.5±0.9	983.4±25.8	25.2±0.5	841.1±43.3
2015 - 06	0～10	31.6±0.5	1 098.2±62.0	34.8±1.1	782.8±61.7	32.4±0.5	1 090.9±85.6
2015 - 06	10～20	24.8±0.7	477.7±30.7	32.3±0.7	495.9±22.0	26.9±0.7	583.6±43.9
2015 - 07	0～10	25.6±0.7	1 673.0±96.4	32.6±1.0	1 090.3±60.5	29±0.6	1 365.9±81.0
2015 - 07	10～20	22.4±0.2	635.7±19.0	31.5±1.1	761.7±33.5	25.7±0.5	760.7±52.4
2015 - 08	0～10	25.2±0.6	1 040.7±107.3	32.3±1.2	893.7±56.8	19.0±1.1	922.7±66.8
2015 - 08	10～20	20.3±0.6	425.1±53.6	29.7±1.3	523.453.9	18.6±0.6	559.7±35.4
2015 - 09	0～10	34.1±1.6	1 034.2±81.5	35.7±0.7	862.4±36.7	33.7±1.6	1 190.5±160.0
2015 - 09	10～20	26.6±0.4	465.2±26.6	35.2±0.7	523.4±31.8	28.9±1.0	588.4±69.1

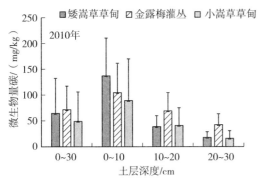
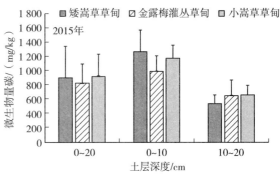

图 3 - 15　高寒草地微生物量碳

3.2.3.11　土壤微生物数量

有关土壤微生物数量，海北站仅在 2005 年进行了 3 种类型高寒草地土壤放线菌和细菌数量的季节动态调查（表 3 - 39）。结果表明（微生物数量单位为 $\times 10^6$ 个/g 干土），高寒草地土壤 $0 \sim 40$ cm 土层的细菌数量略高于放线菌，其值分别为 27.18 ± 4.47 和 23.23 ± 24.30。3 类草地细菌数量呈现出高寒金露梅灌丛草甸（30.70 ± 2.50）＞高寒矮嵩草草甸（26.01 ± 4.73）＞高寒小嵩草草甸（24.85 ± 3.75）的相对顺序；而放线菌则现出高寒小嵩草草甸（26.72 ± 25.827）＞高寒矮嵩草草甸（27.18 ± 4.47）＞高寒金露梅灌丛草甸（27.18 ± 4.47）的相对次序。随着土层的加深，土壤放线菌和细菌数量均呈现出逐渐减少的变化趋势。土壤放线菌和细菌数量 3 类草地季节变化动态各异，随着生长季的延长，高寒小嵩草草甸的细菌数量持续降低，而高寒金露梅灌丛草甸的放线菌持续升高，高寒矮嵩草草甸的细菌和放线菌呈现波动行季节动态，变化不明显（表 3 - 39，图 3 - 16）。

表 3 - 39　高寒草地微生物数量

时间 （年-月）	土层 深度/cm	高寒矮嵩草草甸 HBGZQ01AB0 _ 01		高寒金露梅灌丛草甸 HBGFZ01AB0 _ 01		高寒小嵩草草甸 HBGZQ01AB0 _ 01	
		细菌/（$\times 10^6$ 个/g 干土）	放线菌/（$\times 10^6$ 个/g 干土）	细菌/（$\times 10^6$ 个/g 干土）	放线菌/（$\times 10^6$ 个/g 干土）	细菌/（$\times 10^6$ 个/g 干土）	放线菌/（$\times 10^6$ 个/g 干土）
2005 - 05	$0 \sim 10$	29.04 ± 2.53	14.63 ± 2.36	31.61 ± 2.67	15.36 ± 4.99	30.6 ± 2.94	15.92 ± 5.08
2005 - 05	$10 \sim 20$	24.34 ± 2.39	12.53 ± 2.55	31.71 ± 3.53	8.34 ± 3.19	27.55 ± 2.68	16.73 ± 6.60
2005 - 05	$20 \sim 40$	22.86 ± 1.40	8.52 ± 2.94	26.62 ± 2.41	3.74 ± 1.84	25.39 ± 2.90	9.15 ± 2.97
2005 - 06	$0 \sim 10$	33.96 ± 4.76	16.29 ± 5.53	32.03 ± 2.33	20.05 ± 9.36	24.84 ± 1.49	20.57 ± 6.46
2005 - 06	$10 \sim 20$	23.12 ± 1.16	11.12 ± 4.08	31.29 ± 1.72	17.92 ± 4.69	21.46 ± 1.92	15.66 ± 4.30
2005 - 06	$20 \sim 40$	21.82 ± 0.68	8.51 ± 2.99	27.85 ± 3.95	9.54 ± 1.55	22.20 ± 0.73	11.19 ± 4.07
2005 - 07	$0 \sim 10$	25.75 ± 3.15	99.54 ± 53.62	32.38 ± 5.08	74.77 ± 17.14	24.06 ± 3.41	89.01 ± 28.85
2005 - 07	$10 \sim 20$	22.95 ± 3.32	49.74 ± 12.12	29.09 ± 4.14	43.17 ± 14.16	20.46 ± 3.17	58.71 ± 26.96
2005 - 07	$20 \sim 40$	20.82 ± 2.18	32.61 ± 14.88	27.74 ± 3.81	30.83 ± 10.95	18.73 ± 3.42	52.24 ± 25.11
2005 - 08	$0 \sim 10$	35.75 ± 2.62	13.34 ± 4.63	34.82 ± 2.86	7.62 ± 1.56	30.57 ± 1.50	16.44 ± 4.56
2005 - 08	$10 \sim 20$	27.15 ± 2.16	5.24 ± 1.33	33.47 ± 2.30	5.03 ± 1.23	27.26 ± 1.42	9.44 ± 2.29
2005 - 08	$20 \sim 40$	24.51 ± 0.42	4.17 ± 4.04	29.73 ± 1.75	3.13 ± 3.24	25.07 ± 1.86	5.62 ± 2.29

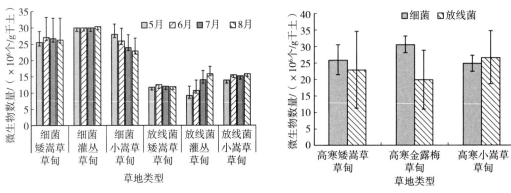

图 3-16　高寒草地微生物数量及其季节动态

3.3　土壤监测

3.3.1　概述

　　土壤由岩石风化而成的矿物质、动植物和微生物残体腐解产生的有机质、土壤生物（固相物质）以及水分（液相物质）、空气（气相物质），氧化的腐殖质等物质组成。它能为植物生长提供营养物质，同时为植物根系的定植起到支撑作用。土壤理化性状的改变，不仅受到气候因子（特别是大气干湿沉降物化学组成和数量）的影响，同时受到人类活动（如施肥、耕作、放牧践踏等）的影响，进而对生态系统生产力和稳定性造成极大的影响。

3.3.2　数据采集和处理方法

3.3.2.1　观测场设置

　　选择具有区域生态类型、土地利用方式的典型高寒草地作为观测场，其植被类型包括高寒矮嵩草草甸、高寒金露梅灌丛草甸和高寒小嵩草草甸 3 种植被类型（表 3-40）。

表 3-40　土壤要素观测场

样地编号	观测场类型	植被类型	关键点地理坐标	土壤基本特征	经济管理
HBGZH01ABC_01	综合观测场	高寒矮嵩草草甸	北纬 37°36′39″，东经 101°18′51″，3 212 m；北纬 37°36′31″，东经 101°18′44″，3 204 m；北纬 37°36′35″，东经 101°18′37″，3 212 m；北纬 37°36′43″，东经 101°18′44″，3 206 m	土壤为草毡寒冻雏形土，剖面呈 As—A$_1$—（AB）BC—C（D）构型 As：高山草甸土所特有的草毡表层，由矿物颗粒和众多的死、活根紧密交织而成的毡状物层 A$_1$：As 层以下嵩草须根分布区，大量腐殖质累积染色使土层成暗色松软的腐殖层 AB：上层土壤淋溶物质在此淀积，但由于粘粒或同时有腐殖酸及其铁锰深色络合物在结构体表面淀积，因而色泽很深，是剖面色泽最暗的层次 C 或 D：母质层或母岩 土壤厚度 95 cm。土壤母质为洪冲积物	冬春草场，放牧时段为每年的牧草休眠期（2—3 月）。放牧强度控制在取食地上生物量的 50%

（续）

样地编号	观测场类型	植被类型	关键点地理坐标	土壤基本特征	经济管理
HBGFZ01AB0_01	辅助观测场	高寒金露梅灌丛草甸	北纬 37°39′50″，东经 101°19′33″，3 327 m；北纬 37°39′48″，东经 101°19′37″，3 320 m；北纬 37°39′47″，东经 101°19′30″，3 321 m；北纬 37°39′46″，东经 101°19′33″，3 323 m	土壤类型为暗沃寒冻雏形土，剖面构型 A_0-A_1-（AB）$-C$（D）构型 A_0：凋落物层或苔藓层，有苔藓发育 A_1：粗腐殖质层，富含未分解或半分解的粗有机质，腐殖质层深厚 AB：过渡层，土色深暗，但有时发育不明显，在该土体层往往可见冻融交替形成的鱼鳞斑 C：母岩多样，母质为洪—冲积物。土层厚 60～80 cm	该样地属冬春草场，放牧时间为每年的 8 月 20 日至翌年 6 月 10 日，为成年家畜放牧地段。放牧强度较重。草地内灌丛和草地呈镶嵌斑块状分布
HBGZQ01AB0_01	站区调查点	高寒小嵩草草甸	北纬 37°42′1″，东经 101°34′58″，3 342 m；北纬 37°41′57″，东经 101°16′36″，3 331 m；北纬 37°41′46″，东经 101°16′8″，3 268 m；北纬 37°41′39″，东经 101°16′15″，3 280 m	土壤类型为石灰性草毡寒冻雏形土，剖面构型呈 $As-A_1-$（AB）BC$-C$（D）构型。地表有一层厚 10 cm 的草毡表层，极为坚韧且硬度高。在土体中部，可见石灰性斑点的淀积 土层厚 50～60 cm，母质为洪—冲积物，土体干燥	属冬春草场，按照当地放牧制度放牧。放牧时间为每年的 8 月 20 日至翌年 6 月 10 日，为成年家畜放牧地段。2012 年以后，将草地分区，划区轮牧，放牧强度较重

3.3.2.2　数据采集方法

土壤监测具有大年和小年之分，小年即每年观测，大年每隔 5 年监测 1 次，分别在 2005 年、2010 年、2015 年等年份进行。大年与小年观测指标有所不同，其中，小年观测的主要指标是土壤的养分特征，包括有机质、硝态氮、铵态氮、速效磷、速效钾。大年观测指标是在小年观测指标的基础上增加了土壤机械组成、土壤矿质全量、土壤全量养分和土壤微量元素等 39 个指标。

3.3.2.3　样品采集与前处理

土壤样品的采集，在每年的植物生长盛期 8 月下旬进行，将坡度小于 5°的监测样地划分为一级（150 m×150 m）、二级（25 m×25 m）、三级采样单元（4 m×4 m），在三级采样单元中的 B（图 3-17c）

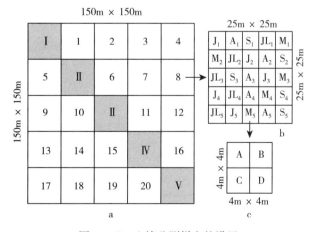

图 3-17　土壤监测样方的设置

注：a 代表整个观测场，把整个观测场平均分成 25 个等份，b 代表其中的一个采样小区，去除边缘 5 m 的边际效应后剩下的部分是 25 m×25 m，c 表示每个采样小区再分层 4 个小区 2 m×2 m 的，每次随机选取 4 个小区中的 3 个，采用梅花采样法或 s 型采样法采样，然后混合成一个样品。

中进行土壤监测样品的采集。

小年的样品采样深度为 0～10 cm、10～20 cm、20～30 cm、30～40 cm；大年时采样深度增加 40～60 cm 和 60～80 cm 两个层次。采集土壤样品选择土钻法（Φ6 cm），5 钻合为 1 个重复，每样地 3～5 个重复。

样品采集后放置于纯棉土壤袋中，风干，挑除大于 2 mm 砾石和根系，分别过 0.25 mm 和 2 mm 土壤分析筛备用。土壤硝态氮、铵态氮、速效磷、速效钾、缓效钾、无机碳、有效微量元素采用 2 mm 粒径土壤进行分析，其他监测指标采用 0.25 mm 粒径土壤进行分析。

3.3.2.4　样品分析方法

样品的分析采用中国生态网络土壤监测规范（表 3-41），并用盲样控制分析质量。

表 3-41　土壤要素的测定方法

项目名称	分析方法名称	引用标准	参考文献
阳离子交换量	氯化铵-乙酸铵交换法	GB 7863—87	刘光崧，1997
pH	电位法，水土比 2.5∶1	GB 7859—87	刘光崧，1997
有机质	2000—2006 年采用重铬酸钾氧化外加热法；2007—2011 年总有机碳分析仪（岛津 5000A）；2012—2015 年元素分析仪（PE2400II）	GB 7857—87	刘光崧，1997
全氮	2000—2011 年半微量开氏法2012—2015 年元素分析仪（PE2400II）	GB 7173—87（现 NY/T 53—1987）	刘光崧，1997
全钾	酸溶-火焰光度法	GB 7854—87	刘光崧，1997
全磷	酸溶-分光光度法	GB 7852—87	刘光崧，1997
无机碳	滴定法		
缓效钾	1 mol/L 硝酸煮沸浸提-火焰光度法	GB 7855—87	刘光崧，1997
速效钾	乙酸铵浸提-火焰光度法	GB 7856—87	刘光崧，1997
有效磷	碳酸氢钠浸提-钼锑抗比色法	GB 7853—87	刘光崧，1997
铵态氮	2000—2012 年氯化钾浸提-蒸馏法；2013—2015 年全自动化学分析仪（Smart Chem140）		刘光崧，1997
硝态氮	2000—2012 年氯化钾浸提-蒸馏法；2013—2015 年全自动化学分析仪（Smart Chem140）		刘光崧，1997
有效硫	氯化钙溶液浸提-硫酸钡比浊法	LY/T 1265—1999	中国生态系统研究网络科学委员会，2007
有效锰	乙酸铵-对苯二酚浸提，火焰原子吸收法	LY/T 1264—1999（原 GB/T 7883—1987）	中国生态系统研究网络科学委员会，2007
有效铁	DTPA 浸提，火焰原子吸收法	LY/T 1262—1999（原 GB/T 7881—1987）	中国生态系统研究网络科学委员会，2007
有效铜	DTPA 浸提，火焰原子吸收法	LY/T 1260—1999（原 GB/T 7879—1987）	中国生态系统研究网络科学委员会，2007
有效锌	DTPA 浸提，火焰原子吸收法	LY/T 1261—1999（原 GB/T 7880—1987）	中国生态系统研究网络科学委员会，2007
Al_2O_3	偏硼酸锂熔融-AES 法		鲁如坤，1999

（续）

项目名称	分析方法名称	引用标准	参考文献
CaO	偏硼酸锂熔融-AES 法		鲁如坤，1999
K₂O	偏硼酸锂熔融-AES 法		鲁如坤，1999
MgO	偏硼酸锂熔融-AES 法		鲁如坤，1999
MnO	偏硼酸锂熔融-AES 法		鲁如坤，1999
Na₂O	偏硼酸锂熔融-AES 法		鲁如坤，1999
P₂O₅	偏硼酸锂熔融-AES 法		鲁如坤，1999
硫（S）	燃烧法		中国科学院南京土壤研究所，1978
SiO₂	偏硼酸锂熔融-AES 法		鲁如坤，1999
Fe₂O₃	偏硼酸锂熔融-AES 法		鲁如坤，1999
TiO₂	偏硼酸锂熔融-AES 法		鲁如坤，1999
烧失量	减重法		中国科学院南京土壤研究所，1978
砷（As）	王水溶样-AF 检测	NY/T 1121.11—2006	
硼（B）	电弧发射光谱法		见附件
镉（Cd）	四酸溶样-MS 检测		鲁如坤，1999
铬（Cr）	四酸溶样-MS 检测		鲁如坤，1999
铜（Cu）	四酸溶样-MS 检测		鲁如坤，1999
铁（Fe）	四酸溶样-MS 检测		鲁如坤，1999
汞（Hg）	王水溶样-AF 检测	NY/T 1121.10—2006	
锰（Mn）	四酸溶样-MS 检测		鲁如坤，1999
钼（Mo）	四酸溶样-MS 检测		鲁如坤，1999
镍（Ni）	四酸溶样-MS 检测		鲁如坤，1999
铅（Pb）	四酸溶样-MS 检测		鲁如坤，1999
硒（Se）	王水溶样-AF 检测	NY/T 1104—2006	
锌（Zn）	四酸溶样-MS 检测		鲁如坤，1999
容重	环刀法		刘光崧，1997

3.3.3 土壤监测数据集

本数据集整理了海北站 2000—2015 年的土壤监数据。数据集为年尺度数据，土壤样品采集于植物生长盛期（8 月底），分别给出了分年度、测定年度的不同土层深度、剖面土体监测因子的平均值，数据表述为平均值±标准差。

3.3.3.1 全量及微量元素

（1）全量元素

按照国际植物营养学会的规定，植物必需元素在生理上应具备 3 个特征：对植物生长或生理代谢有直接作用；缺乏时植物不能正常生长发育；其生理功能不可用其他元素代替。

目前已确定的植物必需元素共有 17 种。除碳、氢、氧外，其余的 14 种元素称为植物必需的矿质元素。必需的营养元素在植物体内的含量相差很多，但它们之间并没有重要和次要之分，植物必需的各种营养元素是同等重要的，而且相互之间不能替代。其中，碳（C）、氢（H）、氧（O）、氮（N）、磷（P）、钾（K）、钙（Ca）、镁（Mg）、硫（S）9 种元素植物需要量相对较大，在植物体内含量相对较高（大于 10 mmol/kg 干重），称为大量元素；铁（Fe）、锰（Mn）、铜（Cu）、锌（Zn）、硼

（B）、钼（Mo）、氯（Cl）和镍（Ni）8 种元素也来自土壤，植物需要量极微（小于 10 mmol/kg 干重），稍多反而对植物有害，甚至致其死亡，称为微量元素。

与世界土壤的大量元素平均化学组成（表 3-42）相比，海北站地区高寒草地土壤矿质元素和微量元素，呈现出低硅、低铁、低铝、低钠、低磷、低钼，高钙、高镁、高铜、高锌、高钴、高硼的元素特征（表 3-43～表 3-45）。其余元素与世界土壤的元素平均化学组成相似。

表 3-42 高寒草地全量和微量元素含量

单位：%

元素（以存在形式计）	高寒草地	地壳中*	土壤中*
SiO_2	58.18±2.32	62.04	70.60
Fe_2O_3	4.61±0.02	13.30	10.87
MnO	0.09±0.01		
TiO_2	0.61±0.04		
Al_2O_3	11.06±1.81	30.42	26.94
CaO	4.54±1.49	4.14	1.92
MgO	1.84±0.03	2.27	0.99
K_2O	2.40±0.11	6.02	3.28
Na_2O	1.41±0.10	6.74	4.50
P_2O_5	0.18±0.02		
S	0.17±0.18		
LOI（烧失量）	16.35±1.27		

* 地壳及土壤的大量元素和微量元素平均化学组成数据来源于黄昌勇（2000）。

3 个草地类型比较，高寒金露梅灌丛草甸与高寒矮嵩草草甸相比，具有更高的硅、铝、锌和较低的钙、硼含量特征。高寒矮嵩草草甸 0～80 cm 土层硫含量为（0.43±0.15）%，是高寒金露梅灌丛草甸（0.04±0.20）%和高寒小嵩草草甸（0.04±0.02）%的 10 倍，这是否与高寒矮嵩草草甸观测场与站生活区毗邻，长期受锅炉煤烟灰尘的沉降有关？同时，高寒灌丛草甸位于山前洪积扇上，土壤湿度较大，土壤的淋溶作用较强，土壤 0～80 cm 土层中，CaO 平均含量（2.5±0.7）%约是高寒矮嵩草草甸（6.0±2.0）%和高寒嵩草草甸（5.1±3.3）%的一半。其余元素含量比较一致（图 3-18）。

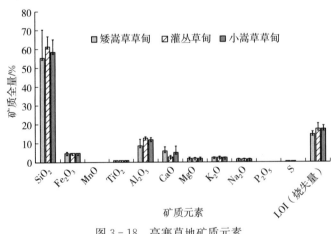

图 3-18 高寒草地矿质元素

随着土壤深度的增加，高寒草地矿质元素含量的剖面分异不明显。土壤的烧失量与土壤的有机质含量密切相关，也常作为快速测定土壤有机质的方法，高寒草地土壤烧失量为 15% 左右，远高于农田土壤（48.41 g/kg）（徐雪，2015），这与高寒草地具有较高的土壤有机质有关。

表 3 - 43　高寒矮嵩草草甸（HBGZH01ABC_01）矿质全量

单位：%

元素	年份	土层深度						
		0~10 cm	10~20 cm	20~30 cm	30~40 cm	40~60 cm	60~80 cm	0~80 cm
SiO_2	2001	66.68±4.89	68.86±5.41	65.61±4.00	64.63±5.26			55.32±14.69
	2015	54.36±4.24	55.38±4.50	55.46±4.49	55.65±3.14	54.95±1.98	54.85±1.12	
Fe_2O_3	2000	4.03±0.06	3.99±0.05	3.82±0.26	3.72±0.15			4.63±0.43
	2001	4.65±0.08	4.64±0.14	4.70±0.03	4.67±0.03			
	2005	4.58±0.28	5.09±0.22	5.41±0.20	5.04±0.24	4.90±0.08	5.06±0.30	
	2015	4.65±0.22	4.82±0.03	4.81±0.08	4.77±0.23	4.69±0.39	4.65±0.27	
MnO	2000	0.12±0.01	0.11±0.01	0.11±0.01	0.10±0.01			0.10±0.01
	2001	0.10±0.00	0.10±0.01	0.10±0.01	0.09±0.01			
	2015	0.09±0.02	0.09±0.01	0.08±0.01	0.08±0.01	0.08±0.00	0.08±0.01	
TiO_2	2000	0.80±0.01	0.77±0.03	0.74±0.04	0.71±0.04			0.66±0.06
	2001	0.62±0.12	0.58±0.09	0.60±0.10	0.65±0.11			
	2015	0.62±0.05	0.64±0.05	0.63±0.04	0.64±0.03	0.64±0.03	0.63±0.02	
Al_2O_3	2000	7.24±0.29	7.29±0.21	7.19±0.37	6.90±0.43			8.54±3.27
	2015	11.73±0.72	12.11±0.72	12.14±0.75	12.29±0.41	12.32±0.44	12.12±0.37	
CaO	2000	2.24±0.62	2.90±1.54	3.37±2.02	4.23±2.09			6.00±1.99
	2001	5.32±1.32	6.25±1.28	6.88±0.95	7.83±1.38			
	2015	5.94±1.59	7.84±0.55	7.84±1.02	7.66±1.25	7.14±0.84	8.53±1.16	
MgO	2000	1.33±0.06	1.34±0.06	1.34±0.05	1.33±0.07			1.87±0.46
	2001	1.85±0.61	1.52±0.39	1.64±0.25	1.55±0.27			
	2015	2.21±0.21	2.47±0.22	2.43±0.19	2.43±0.16	2.34±0.12	2.36±0.08	
K_2O	2001	2.41±0.05	2.52±0.04	2.51±0.03	2.30±0.15			2.46±0.07
	2015	2.41±0.17	2.51±0.21	2.45±0.20	2.49±0.12	2.54±0.08	2.48±0.11	
Na_2O	2000	0.98±0.03	0.99±0.03	0.98±0.04	0.97±0.04			1.27±0.19
	2001	1.42±0.03	1.46±0.01	1.49±0.02	1.43±0.04			
	2015	1.35±0.15	1.36±0.11	1.36±0.09	1.36±0.09	1.35±0.08	1.30±0.07	
S	2001	0.28±0.05	0.23±0.05	0.22±0.05	0.25±0.05			0.43±0.15
	2015	0.65±0.18	0.52±0.20	0.55±0.19	0.53±0.09	0.56±0.11	0.47±0.06	
P_2O_5	2015	0.20±0.02	0.18±0.01	0.18±0.02	0.18±0.02	0.18±0.02	0.17±0.01	0.18±0.01
LOI（烧失量）	2015	17.24±5.03	14.11±5.24	14.02±5.02	13.27±2.77	15.30±3.27	13.43±1.20	14.56±1.36

表 3 - 44　高寒金露梅灌丛草甸（HBGFZ01AB0_01）矿质全量

单位：%

项目	年份	样本数	土层深度						
			0~10 cm	10~20 cm	20~30 cm	30~40 cm	40~60 cm	60~80 cm	0~80 cm
SiO_2	2001	6	64.960±4.100	64.770±6.700	58.080±5.300	66.630±5.200			
	2015	3	54.280±0.700	54.680±0.500	57.110±0.800	59.440±1.900	59.570±0.800	59.870±1.200	
	分层统计		61.400±6.300	61.400±7.300	57.760±4.200	64.230±5.600	59.570±0.800	59.870±1.200	61.000±5.600
Fe_2O_3	2001	6	4.280±0.100	4.340±0.040	4.320±0.050	4.330±0.050			
	2015	3	4.740±0.050	4.760±0.020	5.030±0.200	5.250±0.100	5.190±0.000	5.220±0.007	
	分层统计		4.430±0.200	4.480±0.200	4.560±0.400	4.640±0.500	5.190±0.000	5.220±0.007	4.600±0.400
MnO	2001	6	0.078±0.010	0.078±0.010	0.076±0.010	0.077±0.005			
	2015	3	0.084±0.010	0.091±0.001	0.092±0.002	0.093±0.010	0.096±0.030	0.096±0.030	
	分层统计		0.080±0.010	0.083±0.010	0.081±0.010	0.082±0.010	0.096±0.030	0.096±0.030	0.100±0.010
TiO_2	2001	6	0.620±0.100	0.650±0.100	0.620±0.100	0.580±0.100			
	2015	3	0.620±0.010	0.630±0.010	0.660±0.020	0.700±0.010	0.680±0.006	0.690±0.005	
	分层统计		0.620±0.100	0.650±0.100	0.630±0.100	0.620±0.100	0.680±0.004	0.690±0.003	0.600±0.100
Al_2O_3	2015	3	11.950±0.160	12.100±0.100	12.700±0.300	13.250±0.300	13.150±0.200	13.140±0.030	12.70±0.50
CaO	2001	6	2.960±0.650	3.080±0.600	3.150±0.700	2.960±0.400			
	2015	3	1.990±0.100	1.930±0.100	1.910±0.100	1.760±0.040	1.890±0.100	1.780±0.200	
	分层统计		2.640±0.700	2.700±0.800	2.740±0.900	2.560±0.700	1.890±0.100	1.780±0.200	2.500±0.700
MgO	2001	6	1.500±0.200	1.580±0.300	1.630±0.300	1.720±0.300			
	2015	3	1.900±0.020	1.890±0.020	1.960±0.050	2.010±0.030	1.990±0.020	2.040±0.020	
	分层统计		1.630±0.300	1.680±0.300	1.740±0.300	1.820±0.300	1.990±0.020	2.040±0.020	1.800±0.300
K_2O	2001	6	2.520±0.100	2.580±0.100	2.650±0.200	2.600±0.200			
	2015	3	2.330±0.020	2.280±0.020	2.390±0.100	2.470±0.100	2.470±0.090	2.440±0.010	
	分层统计		2.460±0.100	2.480±0.200	2.560±0.200	2.550±0.200	2.470±0.090	2.440±0.010	2.500±0.200

（续）

项目	年份	样本数	土层深度						
			0~10 cm	10~20 cm	20~30 cm	30~40 cm	40~60 cm	60~80 cm	0~80 cm
Na₂O	2001	6	1.510±0.030	1.550±0.030	1.580±0.020	1.660±0.200	1.460±0.200	1.350±0.100	
	2015	3	1.220±0.100	1.230±0.100	1.310±0.100	1.360±0.100	1.460±0.200	1.350±0.100	1.500±0.200
	分层统计		1.410±0.100	1.450±0.200	1.490±0.100	1.560±0.200			
P₂O₅	2015	3	0.190±0.010	0.190±0.004	0.190±0.005	0.180±0.010	0.150±0.030	0.150±0.030	0.200±0.020
LOI（烧失量）	2015	3	22.150±0.800	20.580±0.400	17.460±0.800	14.580±0.700	14.860±0.800	14.230±0.100	17.300±3.100
S	2001	6	0.022±0.030	0.024±0.030	0.020±0.040	0.020±0.040	0.050±0.030	0.045±0.100	0.040±0.200
	2015	3	0.066±0.100	0.068±0.100	0.054±0.050	0.046±0.100	0.050±0.030	0.045±0.100	
	分层统计		0.037±0.200	0.039±0.200	0.031±0.200	0.028±0.100			

表 3 - 45　高寒小嵩草草甸（HBGZQ01AB0_01）矿质全量养分

单位：%

项目	年份	样本数	土层深度						
			0~10 cm	10~20 cm	20~30 cm	30~40 cm	40~60 cm	60~80 cm	0~80 cm
SiO₂	2001	6	60.680±5.200	63.450±5.700	63.080±8.100	63.180±4.700			
	2015	3	54.580±0.700	52.820±0.700	53.980±1.300	53.200±2.700	50.600±2.000	49.100±3.500	58.220±6.820
	分层统计	9	58.650±5.100	59.910±7.000	60.050±7.900	59.850±6.400			
Fe₂O₃	2001	6	4.360±0.300	4.230±0.100	4.300±0.100	4.420±0.300			
	2015	3	4.900±0.400	5.070±0.100	5.200±0.100	5.100±0.300	4.800±0.200	4.600±0.200	4.590±0.390
	分层统计	9	4.540±0.400	4.510±0.400	4.600±0.500	4.650±0.400			
MnO	2001	6	0.062±0.010	0.064±0.004	0.066±0.010	0.064±0.010			
	2015	3	0.090±0.010	0.101±0.002	0.101±0.003	0.102±0.010	0.095±0.004	0.081±0.008	0.077±0.017
	分层统计	9	0.071±0.020	0.076±0.020	0.078±0.020	0.077±0.020			
TiO₂	2001	6	0.540±0.100	0.470±0.100	0.500±0.100	0.490±0.100			
	2015	3	0.650±0.040	0.660±0.000	0.670±0.010	0.660±0.040	0.600±0.030	0.600±0.040	0.560±0.100
	分层统计	9	0.580±0.100	0.530±0.100	0.550±0.100	0.550±0.100			

（续）

项目	年份	样本数	土层深度						
			0~10 cm	10~20 cm	20~30 cm	30~40 cm	40~60 cm	60~80 cm	0~80 cm
Al_2O_3	2015	3	11.960±0.500	12.200±0.300	12.490±0.400	12.380±0.800	11.700±0.400	10.800±0.700	11.930±0.710
CaO	2001	6	2.710±1.100	2.850±1.200	4.250±1.600	6.230±1.300			
	2015	3	3.630±2.100	3.120±0.600	3.710±0.400	5.920±1.300	9.400±1.300	13.800±2.300	5.118±3.250
	分层统计	9	3.020±1.400	2.940±1.000	4.070±1.300	6.130±1.300			
MgO	2001	6	1.470±0.300	1.790±0.500	1.720±0.500	1.790±0.500			
	2015	3	2.050±0.200	1.980±0.050	2.030±0.100	2.110±0.010	2.100±0.100	2.200±0.100	1.850±0.380
	分层统计	9	1.660±0.400	1.850±0.400	1.820±0.400	1.900±0.400			
K_2O	2001	6	2.060±0.300	2.210±0.300	2.250±0.100	2.000±0.400			
	2015	3	2.430±0.100	2.430±0.050	2.470±0.100	2.450±0.200	2.300±0.100	2.200±0.200	2.240±0.250
	分层特征	9	2.180±0.300	2.280±0.200	2.320±0.100	2.150±0.400			
Na_2O	2001	6	1.510±0.000	1.570±0.040	1.590±0.030	1.550±0.050			
	2015	3	1.230±0.200	1.310±0.040	1.340±0.100	1.320±0.100	1.200±0.100	1.100±0.100	1.470±0.140
	分层统计	9	1.420±0.200	1.480±0.100	1.510±0.100	1.470±0.100			
P_2O_5	2015	3	0.190±0.040	0.170±0.020	0.160±0.020	0.160±0.020	0.150±0.010	0.150±0.010	0.160±0.020
LOI（烧失量）	2015	3	18.510±2.000	19.610±0.800	17.220±0.600	15.360±0.300	16.800±2.300	15.700±2.100	17.200±1.870
S	2001	6	0.019±0.003	0.020±0.010	0.019±0.004	0.019±0.004			
	2015	3	0.071±0.003	0.082±0.004	0.073±0.010	0.063±0.010	0.047±0.010	0.049±0.010	0.038±0.024
	分层特征	9	0.036±0.030	0.041±0.030	0.037±0.030	0.033±0.020			

（2）微量元素

微量元素在作物体内的含量虽少，但它对植物的生长发育期起着至关重要的作用，是植物体内酶或辅酶的组成部分，具有很强的专一性，是作物生长发育不可缺少和不可代替的元素。其中，硼影响着生殖器官的发育、作物体内细胞的伸长和分裂，且对开花结实有重要作用。铁是细胞色素、血红素、铁氧还蛋白及多种酶的重要组分，在植物体内起传递电子的作用，是叶绿素合成中必不可少的物质。锌是多种酶的组分和活化剂，参与生长素的合成，植物缺锌时生长素含量下降，植物生长受阻，节间缩短，叶片扩展受抑制，表现为小叶簇生。锰是叶绿体的成分，促进种子发育和幼苗早期生长，对光合作用和蛋白质的形成有重要作用。钼是需要量最少的必需元素，MoO_4^{2-} 是硝酸还原酶、固氮酶的组成成分，豆科植物根瘤菌的固氮特别需要钼，固氮酶是由铁蛋白和铁钼蛋白组成的。

与世界土壤微量元素平均含量相比（表 3 - 46），高寒草地 0～80 cm 土层中，土壤微量元素硼、锌、钴含量丰富，是世界土壤均值的 1.5～3.0 倍；铜与世界土壤均值基本相当；而钼偏低，仅为世界土壤均值的 1/3，这也许是造成高寒豆科植物多为无效根瘤的原因之一，在生产中应增加钼肥的使用（表 3 - 47～表 3 - 49）。3 种草地类型之间，高寒矮嵩草草甸和高寒小嵩草草甸锰含量基本相当，且显著高于高寒灌丛草甸。而硼含量则为高寒矮嵩草草甸和高寒灌丛草甸基本相当，显著高于高寒小嵩草草甸。高寒小嵩草草甸和高寒灌丛草甸锌含量基本相当，显著高于高寒矮嵩草草甸。其余微量元素含量虽有差异，但不明显（图 3 - 19）。

表 3 - 46　高寒草地微量元素含量

单位：mg/kg

微量元素	高寒草地	地壳中*	土壤中*
硼	60.81±15.50	30	10
钼	0.95±0.06	30	3
锰	808.70±143.94		
锌	77.46±6.92	50	50
铜	29.97±3.74	100	20
镉	0.21±0.01		
铁	3.21±0.11		
铅	24.72±3.74		
铬	72.20±6.60		
镍	38.72±0.69		
汞	0.09±0.02		
砷	13.43±2.79		
硒	0.19±0.01		
钴	16.93±0.46	30	8

* 地壳及土壤的大量元素和微量元素平均化学组成数据来源于黄昌勇（2000）。

尽管锰、铜、锌等重金属是生命活动所需要的微量元素，但是大部分重金属（如汞、铅、镉等）并非生命活动所必须，而且所有重金属超过一定浓度就会对植物的生长造成影响，同时，其生产的农副产品会毒害人体。海北站土壤 pH 在 6.5 以上，属石灰性土壤。按照我国农用地土壤污染风险筛选值标准（表 3 - 50）（中华人民共和国生态环境部，2018），海北站微量元素及重金属远低于我国农用地土壤污染风险筛选值标准，不会对家畜和人体健康造成威胁，其农副产品属绿色产品，可以放心食用。

表 3‑47　高寒矮嵩草草甸（HBGZH01ABC_01）土壤微量元素含量

单位：mg/kg

项目	年份	样本数	0~10 cm	10~20 cm	20~30 cm	30~40 cm	40~60 cm	60~80 cm	0~80 cm
硼	2000	6	84.62±3.74	65.82±27.25	69.21±11.23	64.66±3.95			
	2015	6	63.46±2.94	63.67±2.48	64.84±2.72	66.79±3.57	63.97±5.43	63.67±3.97	67.07±11.62
	分层统计		74.04±11.10	64.74±19.38	67.03±8.46	65.72±3.91	63.97±5.43	63.67±3.97	
钼	2000	6	1.03±0.05	0.97±0.08	0.99±0.17	0.89±0.16			
	2015	6	0.91±0.22	0.83±0.08	0.88±0.14	0.81±0.081 7	0.86±0.12	0.72±0.19	0.89±0.17
	分层统计		0.97±0.17	0.90±0.11	0.93±0.16	0.85±0.17	0.86±0.12	0.72±0.19	
锰	2001	6	968.33±62.56	981.67±57.28	973.33±61.55	883.33±82.19			
	2005	3	1 350.04±126.99	1 402.12±18.31	1 455.59±68.59	1 375.51±53.42	1 267.62±120.46	1 242.92±112.13	
	2015	6	671.99±138.07	657.45±7.18	651.36±5.82	650.43±20.48	650.44±14.48	600.91±15.61	902.78±291.69
	分层统计		926.1±270.51	936.1±283.08	941.0±303.23	888.6±274.13	856.2±300.22	814.9±312.79	
锌	2000	6	97.16±4.27	77.72±22.70	84.20±4.27	82.17±3.72			
	2001	6	58.86±8.83	51.15±5.28	50.26±5.59	41.85±6.22			
	2005	3	79.30±4.19	78.58±1.18	77.86±3.54	77.86±3.42	76.94±2.24	73.49±2.35	69.48±15.24
	2015	6	68.77±4.22	66.74±1.88	66.65±9.55	68.27±3.64	68.53±2.92	66.84±5.57	
	分层统计		75.55±16.22	67.11±16.74	68.58±14.87	66.06±16.83	71.33±4.80	69.05±5.69	
铜	2000	6	41.11±3.08	34.72±1.57	32.04±3.15	31.42±3.57			
	2001	6	32.53±4.60	32.77±5.42	33.53±4.70	29.63±5.64			
	2005	3	27.52±1.80	29.49±1.50	28.78±1.28	28.22±1.55	27.38±1.13	27.39±1.22	30.53±5.01
	2015	6	26.75±2.69	29.26±3.34	29.05±5.23	27.33±2.91	27.68±1.21	26.75±2.00	
	分层统计		32.61±6.74	31.85±4.23	31.15±4.59	29.28±4.26	27.58±1.19	26.97±1.80	
镉	2000	6	0.21±0.03	0.17±0.01	0.16±0.02	1.60±0.02			
	2001	6	0.35±0.08	0.29±0.07	0.31±0.09	2.52±0.11			
	2005	3	0.17±0.02	0.17±0.00	0.17±0.03	1.10±0.00	0.17±0.02	0.16±0.00	0.20±0.08
	2015	6	0.18±0.02	0.16±0.001	0.16±0.01	1.30±0.01	0.19±0.03	0.16±0.02	
	分层统计		0.24±0.09	0.20±0.07	0.20±0.09	0.19±0.08	0.18±0.03	0.16±0.01	
铁	2015	6	3.08±0.16	3.11±0.03	3.28±0.37	3.11±0.14	2.99±0.22	2.99±0.17	3.09±0.23
铅	2000	6	37.17±4.35	31.67±3.90	28.45±6.37	39.34±22.35			
	2001	6	18.54±3.56	20.92±4.28	23.59±2.50	20.34±2.99			
	2005	3	24.50±0.54	25.49±1.63	24.24±1.00	26.82±1.04	25.07±1.11	24.82±1.52	25.35±8.36
	2015	6	23.96±3.97	22.84±1.83	22.05±2.42	22.36±0.67	22.96±2.25	21.38±0.90	
	分层统计		26.3±8.16	25.2±5.45	24.6±4.65	27.3±14.42	23.7±2.18	22.5±1.99	
铬	2000	6	72.06±6.35	77.03±3.78	81.31±8.45	74.43±4.01			
	2001	6	52.71±10.66	50.14±11.79	52.14±14.10	58.29±10.17			
	2005	3	83.32±5.49	88.82±2.72	87.51±4.54	81.45±11.20	81.62±7.71	72.71±4.50	71.31±13.69
	2015	6	74.80±11.02	74.34±7.39	72.55±8.30	74.97±4.27	74.16±6.89	75.67±6.97	
	分层统计		68.92±14.16	70.26±15.59	71.36±16.47	70.98±11.27	76.64±7.99	74.68±6.40	
镍	2000	6	43.23±3.41	45.65±5.03	44.98±4.56	45.72±3.76			38.46±6.52
	2001	6	29.68±5.98	33.39±7.81	35.72±7.55	33.56±8.42			

（续）

项目	年份	样本数	0～10 cm	10～20 cm	20～30 cm	30～40 cm	40～60 cm	60～80 cm	0～80 cm
镍	2005	3	36.47±2.14	39.40±0.94	40.55±1.04	40.06±1.35	39.98±0.70	39.44±0.47	
	2015	6	38.51±6.94	38.35±4.12	35.66±2.99	36.96±0.95	37.29±3.60	37.19±3.12	
	分层统计		37.04±7.42	39.17±7.17	39.04±6.46	38.93±6.89	38.19±3.22	37.94±2.78	
汞	2005	3	0.05±0.00	0.03±0.01	0.01±0.00	0.01±0.00	0.01±0.00	0.01±0.00	
	2015	6	0.13±0.04	0.12±0.02	0.12±0.03	0.12±0.05	0.11±0.03	0.10±0.01	0.09±0.05
	分层统计		0.12±0.04	0.09±0.04	0.09±0.06	0.09±0.06	0.08±0.05	0.07±0.04	
砷	2000	6	3.45±0.76	7.43±2.47	12.55±2.80	13.04±2.03			
	2001	6	8.46±0.66	10.96±1.00	11.51±0.67	13.67±1.40			
	2005	3	15.43±0.84	16.67±1.11	16.73±1.09	16.16±1.33	15.37±1.27	14.87±0.30	12.05±3.44
	2015	6	12.45±0.81	13.50±1.18	13.27±1.65	12.66±1.14	12.21±1.65	12.10±1.83	
	分层统计		9.17±4.33	11.49±3.52	13.05±2.45	13.55±1.91	13.26±2.14	13.02±1.99	
硒	2000	6	0.13±0.03	0.15±0.02	0.16±0.04	0.16±0.04			
	2001	6	0.22±0.03	0.13±0.02	0.13±0.02	0.12±0.04			
	2005	3	0.23±0.01	0.26±0.04	0.24±0.01	0.28±0.03	0.28±0.05	0.26±0.03	0.19±0.06
	2015	6	0.20±0.01	0.17±0.01	0.18±0.01	0.20±0.02	0.22±0.02	0.22±0.01	
	分层统计		0.19±0.05	0.17±0.05	0.17±0.05	0.18±0.07	0.24±0.05	0.23±0.03	
钴	2000	6	15.08±0.47	14.97±0.78	14.83±0.57	13.90±0.74			
	2001	6	21.33±2.5.41	21.36±5.82	18.42±4.38	19.81±5.23			17.46±4.74
	分层统计		18.21±4.95	18.17±5.24	16.62±3.60	16.85±4.76			

表 3-48 高寒金露梅灌丛草甸（HBGFZ01AB0_01）土壤微量元素含量

单位：mg/kg

元素	年份	样本数	0～10 cm	10～20 cm	20～30 cm	30～40 cm	40～60 cm	60～80 cm	0～80 cm
硼	2000	6	86.30±18.80	83.70±12.70	80.40±10.00	70.10±11.00			
	2015	3	63.30±1.00	61.40±3.40	57.70±6.10	62.10±8.10	60.90±5.80	63.70±5.00	72.20±14.30
	分层统计		78.70±18.80	76.30±15.10	72.80±14.20	67.40±10.40			
钼	2000	6	0.90±0.10	0.90±0.10	0.90±0.20	0.80±0.20			
	2015	3	1.10±0.10	1.20±0.20	1.10±0.10	1.00±0.10	1.10±0.10	1.00±0.10	1.00±0.20
	分层统计		1.00±0.20	1.00±0.20	1.00±0.20	0.90±0.20			
锰	2005	3	628.90±27.90	592.50±28.80	575.20±48.50	555.90±38.20	552.70±49.50	531.70±54.80	
	2015	3	653.40±73.00	708.00±5.30	713.50±16.00	722.10±48.20	739.80±3.10	743.00±56.50	643.00±84.20
	分层统计		641.10±51.20	650.20±66.00	644.30±82.40	639.00±99.00	646.20±107.10	637.30±126.00	
锌	2000	6	99.70±8.30	76.40±25.90	84.20±2.90	85.00±5.30			
	2005	3	91.00±4.20	92.70±1.30	91.40±6.50	85.60±6.20	76.90±4.80	76.10±4.10	81.90±9.00
	2015	3	79.00±4.90	75.80±1.80	69.40±0.40	68.00±2.40	74.90±5.40	71.20±1.80	
	分层统计		92.30±10.80	80.30±19.00	82.30±9.00	80.90±9.00	75.90±4.70	73.60±3.90	
铜	2000	6	39.40±6.50	33.50±3.00	32.40±2.20	33.30±4.20			33.40±5.10
	2005	3	37.30±1.60	37.60±1.00	39.70±3.80	37.40±3.90	34.70±1.80	33.80±1.00	

（续）

元素	年份	样本数	土层深度						
			0~10 cm	10~20 cm	20~30 cm	30~40 cm	40~60 cm	60~80 cm	0~80 cm
铜	2015	3	28.20±4.10	29.40±6.70	27.80±2.40	27.40±3.10	29.20±1.00	28.30±1.50	
	分层统计		36.10±6.80	33.50±4.70	33.10±5.10	32.80±5.10	31.90±3.30	31.10±3.20	
铁	2015	6	3.10±0.10	3.20±0.10	3.30±0.10	3.30±0.20	3.40±0.10	3.50±0.10	3.30±0.20
镉	2000	6	0.20±0.03	0.20±0.01	0.20±0.02	0.20±0.02			
	2005	3	0.20±0.02	0.20±0.03	0.10±0.02	0.10±0.01	0.10±0.02	0.10±0.02	0.20±0.04
	2015	3	0.20±0.01	0.20±0.02	0.10±0.03	0.10±0.01	0.10±0.02	0.10±0.01	
	分层统计		0.20±0.04	0.20±0.02	0.10±0.02	0.10±0.04	0.10±0.03	0.10±0.02	
铅	2000	6	37.30±8.40	30.50±5.10	28.30±5.00	32.20±8.30			
	2005	3	29.40±0.70	29.30±1.90	28.90±3.70	27.80±4.80	22.50±3.20	24.20±2.20	28.10±6.20
	2015	3	27.60±7.20	23.10±0.80	22.70±0.40	22.80±1.30	23.70±0.90	24.20±0.80	
	分层统计		32.90±7.90	28.30±4.80	27.10±4.60	28.80±7.20	23.10±2.20	24.20±1.50	
铬	2000	6	71.40±6.90	81.80±3.60	79.40±3.70	83.40±11.90			
	2001	6	57.40±15.50	61.70±14.80	56.00±9.50	45.60±13.20			
	2005	3	118.80±6.10	118.10±2.60	123.70±13.80	116.50±11.00	113.60±7.90	112.80±0.80	79.20±23.90
	2015	3	68.90±2.50	71.50±1.00	71.40±1.20	73.70±4.10	77.90±1.50	77.70±0.90	
	分层统计		74.20±23.40	79.40±21.40	77.70±24.50	74.70±27.30	95.70±20.20	95.30±19.20	
砷	2001	6	8.20±2.60	9.70±3.10	10.80±1.80	11.60±2.10			
	2015	3	13.40±1.70	13.20±1.80	13.70±1.30	14.50±1.40	13.90±1.60	13.60±2.20	11.60±2.80
	分层统计		9.90±3.40	10.90±3.10	11.80±2.10	12.60±2.30			
镍	2000	6	43.50±4.60	44.10±4.30	44.60±4.40	47.70±4.60			
	2001	6	27.30±7.70	30.50±7.90	29.80±5.50	27.10±6.10			
	2005	3	51.40±2.40	50.70±1.50	53.60±4.40	51.90±4.20	48.10±2.40	47.90±1.30	39.50±9.60
	2015	3	33.40±1.20	34.40±0.10	34.90±1.10	34.60±1.80	38.80±1.30	36.70±1.90	
	分层统计		37.70±10.50	39.00±9.30	39.60±9.90	39.30±11.40	43.50±5.40	42.30±6.30	
汞	2005	3	0.30±0.40	0.20±0.30	0.04±0.01	0.02±0.01	0.02±0.00	0.02±0.00	
	2015	3	0.10±0.02	0.10±0.00	0.10±0.03	0.10±0.01	0.10±0.00	0.10±0.02	0.10±0.20
	分层统计		0.20±0.30	0.20±0.20	0.10±0.06	0.10±0.06	0.10±0.05	0.10±0.05	
硒	2000	6	0.10±0.05	0.20±0.03	0.20±0.05	0.20±0.10			
	2001	6	0.20±0.04	0.20±0.02	0.10±0.01	0.10±0.03			
	2005	3	0.10±0.02	0.10±0.01	0.20±0.03	0.20±0.04	0.20±0.02	0.20±0.04	0.20±0.05
	2015	3	0.20±0.02	0.20±0.03	0.20±0.02	0.20±0.03	0.20±0.01	0.20±0.03	
	分层统计		0.20±0.10	0.20±0.04	0.20±0.04	0.20±0.10	0.20±0.04	0.20±0.10	
钴	2000	6	14.60±1.50	14.90±1.00	15.20±0.90	14.70±0.50			
	2001	6	20.60±5.30	16.20±3.90	19.90±3.60	16.60±5.00	16.60±3.70		
	分层统计		17.60±4.80	15.60±2.80	17.50±3.50	15.70±3.50			

表 3 - 49　高寒小嵩草草草甸（HBGZQ01AB0 _ 01）土壤微量元素含量

单位：mg/kg

元素	年份	样本数	土层深度						
			0～10 cm	10～20 cm	20～30 cm	30～40 cm	40～60 cm	60～80 cm	0～80 cm
硼	2001	6	46.41±14.10	38.19±16.60	30.54±14.10	23.39±8.00			
	2015	3	56.38±4.80	56.73±1.00	57.27±2.20	55.56±5.70	51.49±4.40	49.78±3.00	43.16±15.31
	分层统计	9	51.40±24.90	47.46±3.68	43.91±3.51	39.48±21.50	51.49±3.62	49.78±2.43	
钼	2015	3	1.04±0.10	0.99±0.03	1.11±0.20	0.98±0.10	0.92±0.04	0.79±0.10	0.97±0.13
锰	2001	6	615.00±53.60	641.67±37.10	663.33±50.50	636.67±64.40			
	2005	3	1 412.93±32.10	1 390.27±69.90	1 418.06±35.10	1 335.94±81.80	1 251.17±95.40	1 274.27±122.50	880.33±316.36
	2015	3	700.13±71.60	779.12±15.90	783.27±23.40	790.12±53.30	732.46±37.60	625.54±72.40	
	分层统计	12	835.77±353.40	863.18±325.60	882.00±329.50	849.85±306.30	991.81±266.03	949.90±334.60	
锌	2001	6	89.78±11.90	101.53±8.30	104.16±14.10	93.50±9.80			
	2005	3	77.60±1.30	72.86±4.10	82.39±16.50	69.19±1.70	65.29±3.30	65.04±5.80	80.99±16.46
	2015	3	72.74±6.40	73.25±3.70	74.06±6.10	66.56±3.90	65.12±2.00	57.70±1.60	
	分层特征	12	82.47±11.50	87.29±16.10	91.19±18.40	80.69±15.10	65.21±2.22	61.37±5.08	
铜	2001	6	20.02±8.70	25.73±6.80	27.06±8.70	18.06±3.20			
	2005	3	27.83±0.10	27.86±0.90	32.47±8.00	26.80±0.80	26.56±1.40	27.21±4.70	25.98±5.90
	2015	3	27.54±1.60	29.25±0.40	29.66±0.40	28.55±1.00	27.59±0.90	26.52±1.70	
	分层特征	12	23.85±7.10	27.14±4.90	29.06±7.20	22.86±5.50	27.07±1.08	26.86±2.91	
铁	2015	3	3.21±0.20	3.39±0.10	3.46±0.10	3.29±0.10	3.19±0.20	2.94±0.10	3.25±0.20
镉	2001	6	0.39±0.10	0.33±0.10	0.28±0.10	0.38±0.10			
	2005	3	0.15±0.01	0.12±0.02	0.12±0.01	0.12±0.02	0.10±0.01	0.10±0.02	0.22±0.13
	2015	3	0.18±0.03	0.15±0.01	0.15±0.01	0.15±0.01	0.13±0.01	0.11±0.02	
	分层特征	12	0.28±0.10	0.23±0.10	0.21±0.10	0.26±0.20	0.11±0.02	0.11±0.02	
铅	2001	6	15.82±1.40	17.32±2.40	19.03±5.50	17.11±3.40			
	2005	3	22.90±2.60	20.84±3.50	26.54±9.30	21.98±2.10	20.91±1.60	21.16±3.90	20.70±4.31
	2015	3	24.04±0.40	23.87±0.20	24.27±0.20	23.23±0.50	22.21±0.80	23.59±3.80	
	分层特征	12	19.64±4.30	19.84±3.60	22.22±6.40	19.86±3.80	21.56±1.23	22.37±3.36	
铬	2001	6	71.36±11.80	64.38±8.10	69.17±8.10	61.67±8.40			
	2005	3	85.70±1.00	82.04±2.50	97.37±26.70	78.45±9.20	69.57±11.50	78.17±10.30	66.08±19.69
	2015	3	73.83±2.90	77.60±1.10	79.70±1.70	79.10±2.70	75.96±2.50	72.97±5.80	
	分层特征	12	75.56±10.20	72.10±9.90	78.85±17.50	70.22±11.30	72.76±7.53	75.57±7.30	
镍	2001	6	32.00±18.40	32.67±12.40	41.20±13.80	35.25±14.40			
	2005	3	38.30±0.50	37.50±1.60	44.93±11.60	37.27±1.20	37.57±4.20	39.83±6.30	38.19±9.79
	2015	3	38.00±2.30	41.15±0.90	43.92±3.20	41.57±0.80	40.04±1.00	41.44±1.50	
	分层特征	12	35.08±12.90	36.00±9.20	42.81±10.70	37.33±10.10	38.81±2.81	40.64±3.83	
汞	2005	3	0.05±0.01	0.03±0.02	0.03±0.01	0.02±0.01	0.02±0.00	0.02±0.00	
	2015	3	0.13±0.03	0.10±0.05	0.11±0.04	0.11±0.02	0.10±0.02	0.15±0.05	0.07±0.05
	分层特征	6	0.09±0.02	0.65±0.05	0.07±	0.6.5±	0.06±0.04	0.08±0.07	
砷	2001	6	9.66±1.10	10.39±0.80	11.53±0.50	12.65±1.40			16.65±5.47
	2005	3	17.93±1.30	16.67±2.20	20.71±3.70	17.47±1.20	17.24±2.80	17.92±0.70	

（续）

元素	年份	样本数	土层深度						
			0～10 cm	10～20 cm	20～30 cm	30～40 cm	40～60 cm	60～80 cm	0～80 cm
砷	2015	3	18.28±5.20	22.72±2.70	24.80±2.00	23.42±0.70	22.29±0.40	25.07±3.80	
	分层特征	12	13.88±5.00	15.04±5.60	17.14±6.30	16.55±4.80	19.76±3.02	21.50±4.22	
硒	2001	6	0.22±0.02	0.14±0.02	0.12±0.02	0.08±0.04			
	2005	3	0.18±0.03	0.20±0.05	0.25±0.04	0.25±0.10	0.22±0.10	0.21±0.04	0.19±0.07
	2015	3	0.19±0.04	0.22±0.01	0.22±0.02	0.26±0.02	0.27±0.01	0.25±0.02	
	分层特征	12	0.20±0.03	0.17±0.05	0.18±0.10	0.17±0.10	0.25±0.05	0.23±0.03	
钴	2001	6	14.62±3.10	15.17±1.60	15.00±3.30	22.12±6.00			16.73±2.26

表 3-50　农用地土壤污染风险筛选值（基本项目）

单位：mg/kg

序号	污染物项目		风险筛选值			
			pH≤5.5	5.5<pH≤6.5	6.5<pH≤7.5	pH>5.5
1	镉	水田	0.3	0.4	0.6	0.8
		其他	0.3	0.3	0.3	0.6
2	汞	水田	0.5	0.5	0.6	1.0
		其他	1.3	1.8	2.4	3.4
3	砷	水田	30	30	25	20
		其他	40	40	30	25
4	铅	水田	80	100	140	240
		其他	70	90	120	170
5	铬	水田	250	250	300	350
		其他	150	150	200	250
6	铜	水田	150	150	200	200
		其他	50	50	100	100
7	镍		60	70	100	190
8	锌		200	200	250	300

注：重金属和类金属砷均按元素总量计。对于水旱轮作地，采用其中较严格的风险筛选指标。

3.3.3.2　土壤养分

（1）土壤阳离子代换量（CEC）

土壤 CEC 代表了土壤胶体所能吸附的各种阳离子的总量，代表了土壤可保持的养分数量、土壤的缓冲能力，也是评价土壤保肥能力，进行土壤改良和合理施肥的重要依据。高寒草地土壤 0～40 cm 土层的阳离子代换量为（262.7±53.7）mmol/kg，远高于农田和其他土壤，是其他土壤的 3～6 倍（郜春花等，2008；贾科利等，2006），这可能与其土壤高含量有机质对元素的电荷吸附有关。随着土层的加深，CEC 呈现逐渐下降趋势，这与不同土层间有机质含量分异有关（表 3-51）。3 类草地的 CEC 表现出高寒矮嵩草草甸相对较低，高寒金露梅灌丛草甸和高寒小嵩草草甸基本相当的相对次序（图 3-21）。

表 3-51　高寒草地土壤交换性离子量

单位：mmol/kg

草地类型	样地代号	年份	指标	样本数	0~10 cm	10~20 cm	20~30 cm	30~40 cm	0~40 cm
高寒矮嵩草草甸	HBGZH01ABC_01	2005	阳离子代换量	6	286.18±25.91	238.84±13.84			
		2010	阳离子代换量	6	352.10±88.93	256.40±30.15	215.30±27.98	168.90±36.23	200.80±95.30
		2015	阳离子代换量	6	164.80±86.43	115.00±69.50	101.10±50.59	109.80±36.14	
			分层统计		267.68±106.61	203.43±77.04	158.18±70.24	139.31±46.73	
		2005	交换性钾离子	6	8.45±1.38	5.92±0.93			7.19±1.73
		2005	交换性钠离子	6	1.58±0.87	1.44±0.65			1.51±0.77
高寒金露梅灌丛草甸	HBGFZ01AB0_01	2005	交换性阳离子	6	293.40±34.70	279.40±27.00			
		2010	交换性阳离子	3	356.00±58.80	281.90±51.30	296.20±31.30	260.10±95.00	290.10±25.50
			分层统计		314.30±51.00	280.20±33.40			
		2005	交换性钾	6	3.90±1.90	2.60±0.50			3.30±0.90
		2005	交换性钠	6	2.00±1.00	1.80±0.70			1.90±0.70
高寒小嵩草草甸	HBGZQ01AB0_01	2010	交换性阳离子	6	315.20±137.60	333.20±61.60	340.00±129.90	240.40±75.90	
		2015	交换性阳离子	3	285.60±41.40	314.40±12.40	264.00±11.50	246.90±17.50	297.10±82.60
			分层统计		311.90±90.50	307.20±47.50	311.50±109.30	242.50±62.80	
		2005	交换性钾	6	8.00±0.90	5.30±1.00			6.70±1.30
		2005	交换性钠	6	1.80±0.60	2.20±0.80			2.00±0.70

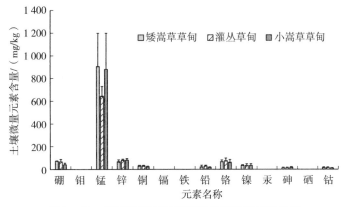

图 3-19　不同类型高寒高寒草地的微量元素含量

（2）交换性钾钠和缓效钾

交换性盐基是指土壤吸收复合体吸附的碱金属和碱土金属离子（K^+、Na^+、Ca^{2+}、Mg^{2+}）的总和，即交换性盐基总量。交换性养分是指吸附在土壤胶体上的，可被同电荷离子交换出的养分离子，它们被吸附在土壤颗粒表面，降低了随水流失的风险，也避免了养分被固定而有效性被降低的可能，交换态养分是植物养分较佳的存在方式。

交换性钾和非交换性钾（缓效钾），都是土壤钾的一种形态，其中，交换性钾可以被钙等同种电荷的离子所交换，而非交换性钾是存在于三八面体的层状硅酸盐矿物层间和颗粒边缘上，不能被中性盐的阳离子短时间内交换和移走的钾，非交换性钾含量常作为土壤供钾潜力分级的依据。土壤非交换性钾与交换性钾处于平衡状态，非交换性钾的释放过程是一个与扩散相联系的交换过程。高寒草地 0~40 cm 土层的交换性钾含量为（5.73±2.11）mmol/kg，土壤缓效钾的含量为（945.28±213.09）mg/kg

（表 3 - 51、表 3 - 52），二者单位是等值的，高寒草地无机钾以缓效钾为主。从 3 类高寒草地类型来说，高寒矮嵩草草甸和高寒小嵩草草甸的交换性钾和非交换性钾含量基本相当，略高于高寒灌丛草甸（图 3 - 20）。随土层深度的加深，交换性钾和非交换性钾含量均呈现降低趋势。其交换性钾含量远低于一般农田土壤含量 40～600 mg/kg 水平，土壤缓效钾含量亦低于垆土，高于红壤，与潮土含量基本相当（张会民等，2009）

　　土壤的交换性钠，是了解盐碱土是否发生碱化的指标，当土壤碱化层交换性钠占交换性阳离子总量（碱化度）20% 以上，土壤呈强碱性，pH 大于 9，表层含盐量不及 0.5% 时，称为碱土。高寒草地交换性钠的含量（1.8±0.3）mmol/kg，仅占 CEC 总量的 0.6%，说明高寒草地没有盐碱化的风险。

表 3 - 52　高寒草地土壤缓效钾含量

单位：mg/kg

草地类型	样地代号	年份	样本数	土层深度				
				0～10 cm	10～20 cm	20～30 cm	30～40 cm	0～40 cm
高寒矮嵩草草甸	HBGZH01ABC_01	2010	5	984.90±57.94	1 011.3±190.28			998.13±141.26
		2013	6	1 327.4±40.66	1 143.1±63.51	1 033.9±151.98	985.50±47.08	1 122.45±158.13
		2015	6	1 354.1±99.06	1 314.2±109.08	1 230.2±98.31	1 128.0±70.04	1 256.61±128.79
		分层统计		1 236.08±177.32	1 164.72±176.75	1 132.06±161.28	1 056.72±92.94	1 156.53±172.05
高寒金露梅灌丛草甸	HBGFZ01AB0_01	2010	3	697.70±12.90	668.70±22.90			683.20±21.00
		2013	6	1 043.4±130.80	999.40±94.20	990.00±129.70	848.20±157.40	1 021.4±106.40
		2015	6	792.90±163.50	710.40±99.30	728.60±114.40	788.00±92.60	751.60±130.20
		分层统计		691.90±328.60	645.20±308.00	859.30±171.90	818.10±121.70	730.40±282.50
高寒小嵩草草甸	HBGZQ01AB0_01	2010	6	1 073.0±277.10	983.30±239.10			1 028.2±262.60
		2013	6	1 060.4±56.40	954.00±128.70	874.00±78.00	816.50±68.90	926.20±126.60
		2015	6	1 119.1±77.40	1 022.9±79.00	878.10±114.60	803.80±157.20	956.00±166.10
		分层统计		1 084.2±128.40	986.70±133.90	876.00±98.10	810.10±121.50	948.90±167.30

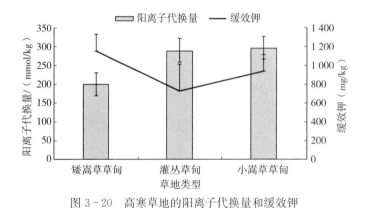

图 3 - 20　高寒草地的阳离子代换量和缓效钾

　　（3）土壤 pH

　　海北站位于黄土高原与青藏高原的过渡带，土壤母质为黄土和红砂岩风化物。高寒草地土壤 0～40 cm 土层 pH 变化区间为 7.5～8.1，属石灰性土壤。3 类草地相比，高寒矮嵩草草甸相对较高，其土壤 0～40 cm 土层 pH 平均值为 8.1，高寒金露梅灌丛草甸和高寒小嵩草草甸基本相当，平均值为 7.3，比高寒矮嵩草草甸低 0.5 左右。随着土壤剖面的加深，其土壤 pH 呈现逐渐升高的趋势，这是由于土壤剖面受到石灰的深层淋溶，导致石灰在深层土层的淀积所致（表 3 - 53）。

表 3-53　高寒草地土壤 pH

草地类型	样地代号	年份	样本数	土层深度				
				0~10 cm	10~20 cm	20~30 cm	30~40 cm	0~40 cm
高寒矮嵩 草草甸	HBGZH01 ABC_01	2000	6	7.4±0.2	8.0±0.2	8.0±0.1	8.1±0.2	7.9±0.3
		2004	5	8.0±0.1	8.2±0.2			8.1±0.2
		2005	5	7.5±0.1	7.6±0.3			7.5±0.2
		2006	6	8.0±0.2	8.1±0.1	8.2±0.1	8.3±0.1	8.1±0.2
		2007	5	7.8±0.1	8.2±0.1	8.4±0.2	8.3±0.1	8.2±0.3
		2010	6	8.0±0.1	8.2±0.1			8.1±0.1
		2013	6	7.9±0.1	8.2±0.1	8.3±0.1	8.4±0.1	8.2±0.2
		2015	6	7.9±0.1	8.1±0.1	8.1±0.1	8.2±0.1	8.1±0.2
		分层统计		7.8±0.3	8.1±0.2	8.2±0.2	8.3±0.2	8.1±0.3
金露梅灌丛 草甸	HBGFZ01 AB0_01	2000	6	7.1±0.3	7.4±0.4	7.7±0.3	7.9±0.3	7.5±0.4
		2001	2	7.2±0.1	7.5±0.2	7.8±0.1	7.9±0.1	7.6±0.3
		2004	5	7.3±0.2	7.4±0.2			7.4±0.2
		2005	6	6.4±0.2	6.3±0.3			6.3±0.2
		2010	6	6.9±0.2	7.1±0.1			7.0±0.2
		2013	6	7.9±0.3	8.1±0.1	0.1±0.1	8.3±0.4	8.0±0.2
		2015	6	7.0±0.2	7.2±0.3	0.1±0.3	7.3±0.2	7.1±0.3
		分层统计		7.1±0.5	7.3±0.6	7.8±0.4	7.8±0.5	7.4±0.6
高寒小嵩 草草甸	HBGZQ01 AB0_01	2001	3	7.3±0.04	8.1±0.1	8.6±0.1	8.6±0.02	7.5±0.4
		2004	5	7.2±0.1	7.3±0.2			7.6±0.3
		2005	5	7.5±0.1	7.6±0.1			7.4±0.2
		2010	6	7.3±0.3	7.8±0.4			6.3±0.2
		2013	6	6.9±0.2	7.0±0.2	7.1±0.2	7.3±0.2	7.0±0.2
		2015	6	7.7±0.2	7.8±0.2	7.8±0.2	7.9±0.2	8.0±0.2
		分层统计		7.3±0.3	7.5±0.4	7.7±0.6	7.8±0.5	7.5±0.5

（4）土壤有机质及无机碳

土壤有机质泛指土壤中以各种形式存在的含碳有机化合物，指土壤中来源于生命的物质，是土壤中除土壤矿物质以外的物质，它是土壤中最活跃的部分，是土壤肥力的基础，是衡量土壤肥力的重要指标之一。

高寒草地具有较高的土壤有机质，2000—2015 年 0~40 cm 土层有机质含量区间为 74.5~92.4 g/kg，是东北黑土土壤有机质含量 29.3 g/kg 的 3~4 倍（武红亮等，2018）。3 类高寒草地土壤有机质含量呈现出高寒小嵩草草甸［（92.4±41.1）g/kg］＞高寒金露梅灌丛草甸［（89.7±32.2）g/kg］＞高寒矮嵩草草甸［（74.5±38.3）g/kg］的相对顺序。随着土层的加深，其有机质含量呈现快速下降的趋势，土层 30~40 cm 处亦远高于黑土有机质平均含量的 1.5~2.0 倍（表 3-54）。

高寒草地土壤无机碳以碳酸盐为主，0~40 cm 土层无机碳含量变化在 0.2~7.9 g/kg，高寒矮嵩草草甸与高寒小嵩草草甸基本相当，变化在 6.8~7.9 g/kg，随着土壤深度的加大，高寒草地无机碳在剖面 30~40 cm 层发生明显的淀积，野外剖面观测也在该层次可见大量的石灰菌丝体与斑块的堆积。而高寒金露梅灌丛草甸由于其发育于山前洪积扇上，土壤湿度，冻融作用使得无机碳的淋溶作用较强，0~40 cm 土层的无机碳仅为（0.22±0.10）g/kg。

表 3-54　高寒草地土壤有机质和无机碳含量

单位：g/kg

草地类型	样地代号	年份	样本数	土层深度 土壤有机质 0~10 cm	10~20 cm	20~30 cm	30~40 cm	0~40 cm	土壤无机碳 0~10 cm	10~20 cm	20~30 cm	30~40 cm	0~40 cm
高寒矮嵩草草甸	HBGZH01 ABC_01	2000	6	132.90±20.40	53.20±8.00	37.70±5.10	29.40±3.80	63.30±42.60					
		2001	6	95.00±10.50	57.10±4.70	46.20±3.70	32.50±5.90	57.70±24.20					
		2003	6	135.20±15.60	82.60±17.10	60.50±9.80	38.10±10.40	79.10±38.50					
		2004	5	142.30±18.40	70.30±4.90	60.70±3.90	39.80±5.10	78.30±39.90					
		2005	3	138.50±11.30	78.90±3.80	61.60±5.30	47.70±8.30	81.70±35.50					
		2006	6	122.30±20.30	70.50±9.00	57.70±6.50	42.50±5.30	73.30±32.30					
		2007	5	126.80±17.50	62.20±7.10	52.30±2.80	45.90±5.60	71.80±33.80					
		2008	5	96.80±13.80	55.00±8.30	42.80±14.00	34.60±16.40	57.30±27.50					
		2009	5	114.90±16.30	69.40±10.90	43.00±9.20	31.50±10.20	64.70±34.20					
		2010	6	107.70±21.00	69.10±6.30	51.90±5.20	35.90±10.00	66.10±29.40					
		2011	5	139.70±31.00	87.70±5.20	68.80±4.10	63.60±3.60	90.00±34.10	3.40±1.20	8.30±1.00	12.10±1.10	14.70±0.40	9.60±4.70
		2012	5	162.20±19.70	84.00±7.30	63.90±6.00	52.30±6.00	90.60±43.30	2.50±0.90	6.40±1.00	8.40±1.00	10.60±1.10	7.00±3.60
		2013	6	158.60±24.20	80.70±8.50	61.60±2.80	45.20±5.80	86.50±45.40	2.50±0.80	6.50±0.80	9.00±0.70	12.50±1.00	7.60±4.10
		2014	6	131.40±24.90	76.60±7.20	55.30±4.90	40.80±9.80	76.00±37.20	3.60±0.60	7.50±1.10	9.70±1.20	12.90±1.60	8.40±4.30
		2015	6	151.50±23.30	82.10±8.60	64.30±9.30	43.00±8.90	85.20±43.00	2.50±1.10	5.90±1.20	8.40±1.10	11.30±1.40	7.00±4.30
		2000—2015		130.10±28.30	71.70±13.80	55.00±11.30	41.10±11.80	74.50±38.30	2.89±2.06	6.88±2.37	9.47±2.60	12.83±2.99	7.90±4.31
金露梅灌丛草甸	HBGFZ01 AB0_01	2000	6	113.00±21.20	87.60±10.10	60.60±9.60	49.90±8.10	88.00±27.40					
		2001	6	98.10±21.20	64.30±23.60	52.90±18.30	44.90±15.60	61.40±27.30					
		2004	5	111.20±27.20	97.60±23.20	72.30±26.80	60.60±22.30	85.40±30.00					
		2005	3	120.90±14.60	104.50±8.20	69.30±12.20	62.70±10.90	83.90±26.00					
		2008	4	84.60±7.10	77.80±6.20	54.50±8.10	44.70±9.50	65.40±17.70					
		2009	5	128.20±18.90	95.40±7.70	72.30±8.20	51.30±7.40	86.60±30.40					

（续）

草地类型	样地代号	年份	样本数	土层深度									
				土壤有机质					土壤无机碳				
				0~10 cm	10~20 cm	20~30 cm	30~40 cm	0~40 cm	0~10 cm	10~20 cm	20~30 cm	30~40 cm	0~40 cm
金露梅灌丛草甸	HBGFZ01 AB0_01	2010	6	110.50±6.90	92.10±6.40	71.70±14.30	63.90±13.80	84.60±20.80					
		2011	5	113.30±12.60	92.90±18.50	83.50±11.20	84.50±19.20	93.60±18.50	0.16±0.04	0.14±0.03	0.12±0.02	0.12±0.03	0.13±0.03
		2012	5	138.00±31.00	121.50±16.80	98.70±13.80	74.10±13.60	108.00±30.00	0.10±0.10	0.15±0.04	0.13±0.03	0.16±0.05	0.14±0.05
		2013	6	135.20±48.00	91.80±11.00	69.40±18.00	63.20±46.60	89.90±42.70	0.27±0.10	0.24±0.02	0.29±0.05	0.32±0.10	0.28±0.06
		2014	6	147.50±19.30	120.20±14.90	100.50±17.70	77.20±14.00	111.40±30.00	0.25±0.10	0.32±0.10	0.29±0.10	0.42±0.10	0.32±0.13
		2015	6	144.60±8.40	125.20±10.80	100.40±10.90	81.10±7.90	112.80±25.60	0.20±0.10	0.25±0.10	0.18±0.03	0.18±0.10	0.22±0.09
		2000—2015		121.4±27.80	97.60±22.10	76.10±21.50	63.50±22.10	89.70±32.20	0.20±0.08	0.24±0.10	0.21±0.09	0.24±0.14	0.22±0.10
高寒小嵩草草甸	HBGZQ01 AB0_01	2001	6	132.40±15.60	86.50±12.00	60.90±7.20	40.70±5.70	80.10±35.70					
		2004	5	143.60±31.10	96.30±14.50	66.40±5.70	44.90±5.50	90.70±39.60					
		2005	3	128.40±8.50	101.40±28.00	71.50±17.90	41.80±16.60	82.20±40.10					
		2008	5	141.80±14.60	76.30±15.70	56.90±11.20	28.80±6.60	76.00±43.10					
		2009	5	138.40±17.10	101.70±17.50	65.90±21.20	49.20±28.10	88.80±39.30					
		2010	6	135.40±21.30	109.10±19.80	77.90±7.70	59.60±3.20	95.50±32.20					
		2011	5	155.60±21.30	111.60±18.00	86.10±5.70	70.00±6.40	105.80±34.90	0.50±0.80	1.30±1.70	5.30±4.80	10.90±7.50	4.50±5.80
		2012	5	145.80±8.70	89.20±14.60	73.60±15.10	48.80±10.80	89.30±37.40	1.10±7.00	5.40±1.70	11.40±1.30	14.50±6.30	8.10±6.00
		2013	6	157.50±24.30	115.60±11.20	96.60±10.00	79.60±12.30	112.30±32.30					
		2014	6	158.80±27.60	96.20±6.10	64.50±14.50	40.20±11.90	89.90±47.10	0.70±0.30	2.80±0.30	11.00±1.80	16.90±2.60	7.90±6.60
		2015	6	148.50±31.20	104.50±14.60	73.50±11.80	45.50±9.50	93.00±41.90	0.20±0.10	1.40±1.00	9.30±3.50	15.50±5.40	6.60±7.00
		2001—2015		148.1±23.60	99.70±17.20	71.80±15.00	49.80±16.90	92.40±41.10	0.60±0.50	2.70±2.00	9.30±3.80	14.60±5.60	6.80±6.60

注：土壤有机质碳含量是以有机质态表示，换算为纯碳时，需要除以 1.724。而土壤无机碳是以纯碳表示的。

（5）全量养分

全量养分包括全氮、全磷、全钾三大养分，是土壤质量评价的主要指标。

2000—2015 年，高寒草地 0～40 cm 土层全氮含量变化区间为 3.9～4.5 g/kg，平均值为 4.3 g/kg，是东北黑土 0～20 cm 土层全氮含量 1.40 g/kg 的 2～3 倍。0～40 cm 土层全磷含量变化区为 0.82～0.93 g/kg，平均值为 0.86 g/kg，约是东北黑土 0～20 cm 土层全氮含量 0.60 g/kg 的 1.5 倍左右。0～40 cm 土层全钾含量变化区间为 17.82～25.23 g/kg，与东北黑土 0～20 cm 土层全氮含量 23.8 g/kg 基本相当（王琼，2018）。且随着土层的加深，全氮、全磷和全钾含量均呈现逐渐降低的趋势（表 3-55～表 3-57）。

表 3-55 高寒草地土壤全氮含量

单位：g/kg

草地类型	样地代号	年份	样本数	0～10 cm	10～20 cm	20～30 cm	30～40 cm	0～40 cm
高寒矮嵩草草甸	HBGZH01ABC_01	2000	6	6.7±0.7	3.5±0.5	2.5±0.3	2±0.2	3.7±1.9
		2001	6	5±0.7	3.2±0.3	2.7±0.2	2±0.4	3.2±1.2
		2003	6	5.9±0.6	3.4±0.2	2.6±0.2	2±0.2	3.5±1.5
		2004	5	7±0.6	3.9±1.0	2.9±0.4	2.1±0.3	4.0±2.0
		2005	3	6.5±0.6	4.2±0.4	3.3±0.1	2.7±0.3	4.2±1.5
		2006	6	6±1.0	3.3±0.3	2.9±0.6	1.9±0.4	3.5±1.6
		2007	5	6.2±0.9	3.6±0.2	2.7±0.1	1.9±0.4	3.6±1.7
		2008	5	5.2±0.8	3.1±0.4	2.3±0.3	1.7±0.3	3.1±1.4
		2009	5	3.8±0.5	3±0.1	2.1±0.4	1.7±0.3	2.6±0.9
		2010	6	6.8±1.2	4.2±0.3	3.2±0.6	1.6±0.6	4.0±2.0
		2011	5	6.4±0.1	4.1±1.2	3.2±1.2	2.8±0.9	4.1±1.9
		2012	5	7.6±0.7	3.9±1.0	2.9±0.3	2.4±0.3	4.2±2.1
		2013	6	8.4±2.0	4.9±2.0	4.1±2.0	2.6±1.5	5.0±2.9
		2014	6	6.3±1.4	3.6±0.6	2.6±0.4	1.7±0.6	3.6±1.9
		2015	6	10.3±0.9	7.0±2.6	5.0±1.8	4.2±2.0	6.6±3.0
		分层		6.6±1.8	3.9±1.4	3.0±1.1	2.2±1.0	3.9±2.1
金露梅灌丛草甸	HBGFZ01AB0_01	2000	6	6.1±1.1	5.1±0.5	3.6±0.4	2.9±0.4	4.4±1.4
		2001	6	4.6±0.4	3.9±0.5	3.2±0.2	2.5±0.5	3.6±0.9
		2004	5	5.9±0.6	4.9±0.6	3.4±0.2	2.8±0.3	4.2±1.3
		2005	3	5.7±0.4	5.2±0.4	3.6±0.2	3.2±0.5	4.4±1.1
		2008	4	4.3±0.3	3.7±0.2	2.9±0.4	2.5±0.4	3.4±0.8
		2009	5	4.0±0.1	3.2±0.2	2.6±0.2	2.0±0.2	3.0±0.8
		2010	6	7.4±1.8	4.5±0.9	3.4±1.0	3.2±0.9	4.6±2.0
		2011	5	4.2±0.8	3.3±0.8	3.2±1.2	3.4±1.7	3.5±1.1
		2012	5	6.6±1.1	4.7±2.5	3.8±2.0	3.5±0.8	4.7±2.0
		2013	6	6.7±1.8	5.3±0.5	4.1±1.2	3.4±2.5	4.9±2.0
		2014	6	6.9±0.7	5.8±0.6	5.0±0.6	3.9±0.7	5.4±1.3
		2015	6	7.8±0.7	7.1±1.0	5.9±0.6	5.2±1.0	6.5±1.3
		分层		6.0±1.6	4.8±1.3	3.8±1.2	3.3±1.3	4.4±1.7
高寒小嵩草草甸	HBGZQ01AB0_01	2001	6	6.1±0.6	4.5±0.7	2.8±0.7	2.0±0.3	3.8±1.7
		2004	5	6.9±1.2	5.3±0.7			6.1±1.2
		2005	3	5.9±0.3	4.9±1.0	3.8±0.9	2.2±0.7	4.2±1.5
		2008	5	5.8±0.2	4.1±0.6	3.1±0.6	2.1±0.4	3.8±1.5
		2009	5	4.6±0.4	3.8±0.2	2.7±0.5	2.3±0.6	3.3±1.0
		2010	6	7.3±1.1	5.7±1.9	3.9±0.4	2.3±0.6	4.8±2.2
		2011	5	5.9±1.4	4.5±1.4	4.1±2.4	3.6±2.6	4.5±2.0
		2012	5	6.9±0.4	5.0±0.6	3.4±0.2	2.0±0.3	4.3±1.9
		2013	6	7.0±0.8	5.0±0.9	4.1±0.9	3.1±0.9	4.8±1.6
		2014	6	7.4±1.0	5.2±0.6	3.4±0.7	1.7±0.6	4.2±2.2
		2015	6	7.8±1.5	6.2±0.8	4.6±0.7	2.9±0.5	5.4±2.0
		分层		6.6±1.2	5.0±1.1	3.6±1.1	2.4±1.0	4.5±1.9

表 3-56 高寒草地土壤全磷含量

单位：g/kg

| 草地类型 | 样地代号 | 年份 | 样本数 | 土层深度 | | | | |
				0～10 cm	10～20 cm	20～30 cm	30～40 cm	0～40 cm
高寒矮嵩草草甸	HBGZH01ABC_01	2000	6	1.06±0.18	1.01±0.24	0.91±0.19	0.97±0.23	0.99±0.22
		2001	6	0.94±0.09	0.91±0.07	0.86±0.07	0.77±0.12	0.87±0.11
		2005	5	0.85±0.02	0.84±0.02	0.77±0.06	0.74±0.08	0.79±0.07
		2006	6	0.88±0.02	0.79±0.09	0.75±0.07	0.69±0.07	0.78±0.10

（续）

草地类型	样地代号	年份	样本数	土层深度				
				0～10 cm	10～20 cm	20～30 cm	30～40 cm	0～40 cm
高寒矮嵩草草甸	HBGZH01ABC_01	2007	5	0.77±0.04	0.72±0.04	0.70±0.05	0.64±0.03	0.72±0.07
		2010	6	0.93±0.13	0.79±0.07	0.76±0.05	0.75±0.03	0.81±0.11
		2015	6	0.87±0.09	0.79±0.06	0.80±0.08	0.80±0.07	0.82±0.08
		分层		0.91±0.13	0.84±0.14	0.80±0.12	0.78±0.15	0.83±0.13
金露梅灌丛草甸	HBGFZ01AB0_01	2000	6	1.08±0.19	1.09±0.21	1.01±0.20	0.99±0.25	1.04±0.20
		2001	6	1.14±0.29	1.04±0.18	1.00±0.11	0.91±0.20	1.02±0.19
		2005	3	0.86±0.01	0.86±0.06	0.81±0.06	0.83±0.06	0.84±0.04
		2010	6	0.90±0.10	0.88±0.05	0.79±0.03	0.81±0.06	0.85±0.07
		2015	3	0.85±0.03	0.82±0.02	0.82±0.02	0.77±0.03	0.84±0.045
		分层		0.99±0.20	0.96±0.17	0.90±0.15	0.88±0.15	0.93±0.17
高寒小嵩草草甸	HBGZQ01AB0_01	2001	6	0.96±0.04	0.96±0.11	0.82±0.04	0.80±0.11	0.90±0.09
		2005	3	0.88±0.07	0.85±0.05	0.78±0.05	0.74±0.02	0.85±0.11
		2010	6	0.87±0.07	0.82±0.10	0.71±0.05	0.76±0.05	0.76±0.07
		2015	3	0.83±0.19	0.73±0.07	0.72±0.10	0.70±0.08	0.76±0.05
		分层		0.90±0.09	0.85±0.11	0.76±0.07	0.76±0.05	0.82±0.17

表 3-57　高寒草地土壤全钾含量

单位：g/kg

草地类型	样地代号	年份	样本数	土层深度				
				0～10 cm	10～20 cm	20～30 cm	30～40 cm	0～40 cm
高寒矮嵩草草甸	HBGZH01ABC_01	2000	6	34.42±6.52	33.45±4.64	33.13±7.30	35.73±6.57	34.18±6.41
		2001	6	19.99±0.39	20.94±0.31	20.83±0.27	19.12±1.27	20.22±1.01
		2005	5	16.69±0.70	17.91±0.79	18.27±0.75	18.17±0.97	17.88±1.01
		2006	6	18.16±1.29	18.68±0.52	19.83±1.75	19.91±1.81	19.01±1.59
		2007	5	22.87±2.00	22.62±1.01	21.03±1.92	19.58±1.69	21.83±2.10
		2010	6	20.33±2.12	21.02±1.72	20.99±1.39	21.33±2.160	21.92±1.91
		2015	6	20.00±1.44	20.80±1.78	20.36±1.65	20.64±0.98	20.45±1.52
		分层		22.15±6.27	22.51±5.37	22.22±5.75	22.32±6.59	22.30±6.27
金露梅灌丛草甸	HBGFZ01AB0_01	2000	6	32.02±7.20	36.73±3.63	36.65±7.19	35.33±5.90	35.97±5.13
		2001	6	20.93±1.08	21.37±1.05	21.95±1.36	21.55±1.48	21.58±1.14
		2005	3	21.03±1.09	21.76±1.21	21.17±1.96	20.64±2.48	21.18±1.52
		2010	6	23.25±0.57	23.30±1.31	22.74±1.87	22.72±1.40	22.93±1.31
		2015	3	19.32±0.16	18.90±0.19	19.80±0.69	20.50±0.70	19.71±0.71
		分层		24.13±5.79	25.42±6.91	25.45±7.40	25.04±6.67	25.23±6.86
高寒小嵩草草甸	HBGZQ01AB0_01	2001	6	17.78±2.17	18.36±2.05	18.69±0.75	16.63±2.75	17.69±2.20
		2005	3	15.36±0.89	15.12±0.33	15.50±0.89	14.79±0.36	15.20±0.73
		2010	6	18.50±1.57	19.62±2.37	15.54±2.49	18.68±8.10	18.06±2.79
		2015	3	20.14±0.97	20.13±0.33	20.51±0.63	20.30±1.40	20.28±7.72
		分层		17.78±2.17	18.54±2.47	17.41±2.53	17.56±2.92	17.82±2.56

2000—2015 年，3 类高寒草地 0～40 cm 土层土壤全量养分相对顺序，依元素不同而略有差异。其中，全氮含量呈现出高寒矮嵩草草甸最低 [（3.9±2.1）g/kg]，高寒金露梅灌丛草甸 [（4.4±1.7）g/kg] 与高寒小嵩草草甸 [（4.5±1.9）g/kg] 基本相当。土壤全磷含量呈现出高寒金露梅灌丛草甸略高 [（0.93±0.17）g/kg]，高寒矮嵩草草甸 [（0.83±0.13）g/kg] 与高寒小嵩草草甸 [（0.82±0.17）g/kg] 基本相当的相对顺序。土层全钾含量呈现出高寒小嵩草草甸最低 [（17.82±2.56）g/kg]，高寒金露梅灌丛草甸 [（25.23±6.86）g/kg] 与高寒矮嵩草草甸 [（22.3±6.27）g/kg] 基本相当的相对顺序（图 3-21）。

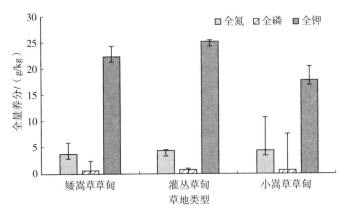

图 3-21　高寒草地的全量养分

3.3.3.3　土壤速效养分

高寒草甸富含土壤有机质，在土壤速效氮的测定中，由于受到碱液对有机质的分解作用，碱解氮的数量很高，但植物明显受到氮素不足的限制。因此在高寒土壤的养分评价中，往往采用铵态氮与硝态氮之和作为其速效氮的指标。

2003—2015 年，高寒草地 0～40 cm 土壤中，铵态氮和硝态氮的平均含量变化基本保持在 8.0～10.0 mg/kg，铵态氮 [（8.8±1.0）mg/kg] 和硝态氮 [（8.3±0.3）mg/kg] 的比例基本相当。土壤速效磷的平均含量变化基本保持在 4.2～5.6 mg/kg，均值为 5.0 mg/kg。土壤速效钾的平均含量变化基本保持在 156.0～277.8 mg/kg，均值为 201.6 mg/kg。表现出"氮磷缺乏而钾素充足"的养分特征（表 3-58、表 3-59）。随着土层的加深，土壤速效养分含量均呈现逐渐下降的趋势。

3 类高寒草地 0～40 cm 土层速效氮含量基本相当，高寒矮嵩草草甸总量为 18.3 mg/kg，略高于高寒金露梅灌丛草甸和高寒小嵩草草甸，后两者基本相当，为 16.0 mg/kg。土壤速效磷的平均含量变化基本保持在 4.2～5.6 mg/kg，平均含量表现出高寒小嵩草草甸＞高寒矮嵩草草甸＞高寒金露梅草甸的相对顺序，其值分别为 5.6 mg/kg、5.1 mg/kg、4.2 mg/kg。土壤速效钾的平均含量相差较大，变化在 156.0～277.8 mg/kg 范围内，平均含量表现出高寒矮嵩草草甸＞高寒小嵩草草甸＞高寒金露梅草甸的相对顺序，其值分别为 277.8 mg/kg、170.9 mg/kg、156.0 mg/kg。随着土层的加深，土壤速效钾的含量逐渐主将下降的趋势（图 3-22）。

表 3-58　高寒草地土壤速效氮含量

单位：mg/kg

草地类型	样地代号	年份	样本数	土层深度									
				0～10 cm		10～20 cm		20～30 cm		30～40 cm		0～40 cm	
				硝态氮	铵态氮	硝态氮	铵态氮	硝态氮	铵态氮	硝态氮	铵态氮	硝态氮	铵态氮
高寒矮嵩草草甸	HBGZH01ABC_01	2003	6	5.0±0.4	18.3±2.3	3.9±0.4	17.7±3.5	3.5±0.4	18.0±3.8	2.9±0.3	12.9±1.4	3.8±0.8	16.7±3.6

（续）

| 草地类型 | 样地代号 | 年份 | 样本数 | \multicolumn{10}{c}{土层深度} |
| | | | | \multicolumn{2}{c}{0~10 cm} | \multicolumn{2}{c}{10~20 cm} | \multicolumn{2}{c}{20~30 cm} | \multicolumn{2}{c}{30~40 cm} | \multicolumn{2}{c}{0~40 cm} |
				硝态氮	铵态氮	硝态氮	铵态氮	硝态氮	铵态氮	硝态氮	铵态氮	硝态氮	铵态氮
高寒矮嵩草草甸	HBGZH01ABC_01	2004	5	12.7±2.5	13.5±2.0	4.3±0.6	7.4±1.2					8.5±4.6	10.4±3.5
		2005	5	11.6±3.7	7.8±2.8	8.6±3.1	7.5±3.4					10.1±3.8	7.6±3.2
		2006	6	11.5±2.2	21.0±9.8	7.0±2.1	15.0±5.2	6.8±1.4	15.7±3.7	3.4±3.2	13.0±4.4	7.2±3.7	16.2±6.9
		2007	5	9.6±1.4	8.1±2.6	7.0±3.0	6.2±2.2	5.3±2.4	4.0±1.1	3.6±2.6	3.6±0.6	6.4±3.3	5.5±2.6
		2008	5	10.4±1.6	10.1±1.2	8.4±0.7	6.3±1.1	6.6±1.1	4.8±1.6	6.1±1.2	3.4±0.9	7.9±2.0	6.1±2.8
		2009	5	8.3±1.2	11.7±2.6	4.4±1.0	5.8±1.8	3.2±1.0	4.0±1.2	2.6±0.9	3.4±1.5	4.6±2.4	6.2±3.8
		2010	5	6.8±2.9	12.7±1.2	3.9±1.5	10.2±0.7					5.4±2.7	11.5±1.6
		2011	5	9.3±3.3	11.0±0.7	7.2±1.6	7.5±0.7	6.6±1.2	6.4±0.7	6.5±0.5	5.7±1.2	7.4±2.3	7.7±2.2
		2012	5	12.8±2.0	13.4±1.5	6.3±2.3	8.3±0.5	4.8±0.8	7.2±0.9	3.1±0.7	5.6±0.5	6.8±4.0	8.6±3.1
		2013	6	10.6±3.3	12.8±2.5	6.1±1.1	8.1±1.1	5.8±1.2	6.4±0.9	4.9±1.0	4.4±1.8	6.8±2.9	7.9±3.6
		2014	6	15.4±2.8	15.9±1.2	12.2±2.2	12.4±1.7	10.4±0.7	10.6±2.5	8.5±0.9	8.1±0.9	11.6±3.1	11.8±3.3
		2015	12	17.3±12.8	13.7±2.37	12.3±4.2	10.5±2.0	20.5±17.3	8.9±1.5	14.2±12.0	7.9±1.0	15.6±12.0	10.9±2.9
		分层		11.4±6.6	13.4±4.9	7.5±3.8	9.7±4.2	7.5±7.6	8.9±5.1	5.7±5.5	7.0±4.0	8.3±6.3	10.0±5.1
金露梅灌丛草甸	HBGFZ01AB0_01	2004	5	18.0±3.7	12.6±3.0	7.2±2.2	7.9±2.1					12.6±6.0	10.3±3.3
		2005	6	8.7±3.1	4.4±3.5	6.4±2.0	3.8±1.7					7.5±2.7	4.1±2.3
		2008	4	12.4±1.7	9.5±0.5	9.0±0.7	7.3±0.8	7.2±1.2	4.7±0.2	5.3±3.1	6.1±0.4	8.5±3.1	6.9±1.8
		2009	5	7.6±3.1	11.3±3.1	5.0±3.7	7.8±2.5	3.3±1.3	6.0±1.5	2.6±1.7	4.8±2.0	4.6±3.0	7.5±3.2
		2010	5	10.1±0.4	12.6±.9	7.8±0.4	10.6±0.5					9.0±1.2	11.6±1.2
		2011	5	11.8±5.4	7.6±3.7	9.8±2.1	7.3±2.1	8.2±1.0	5.7±2.3	7.5±2.6	5.7±3.6	9.3±3.3	6.6±2.9
		2012	5	13.8±2.0	8.3±4.0	10.7±1.9	7.0±1.7	6.7±1.5	5.8±0.7	3.9±1.3	5.4±0.3	8.8±4.1	6.6±2.3
		2013	6	4.7±1.6	7.6±1.6	4.6±0.8	5.0±0.7	4.4±0.9	4.6±0.4	3.3±0.6	4.7±2.4	4.3±1.1	5.5±1.8
		2014	6	9.1±6.2	17.6±2.4	9.1±0.7	11.9±0.8	10.5±1.7	9.6±1.8	8.3±1.4	7.7±1.5	9.3±3.1	11.7±4.0
		2015	12	24.4±24.0	13.7±4.3	18.3±3.1	10.8±3.0	15.4±3.2	10.7±2.0	11.1±3.4	9.5±1.8	14.2±3.2	12.5±3.4
		分层		12.3±12.5	10.9±4.9	8.7±3.9	8.2±3.3	8.2±4.2	6.1±3.6	6.9±2.7	6.4±2.5	8.6±4.5	8.3±4.0
高寒小嵩草草甸	HBGZQ01AB0_01	2004	5	18.1±9.2	18.4±10.8	8.0±1.8	7.1±1.3					13.0±8.3	12.8±9.5
		2005	5	7.0±2.3	6.7±3.1	5.2±1.2	6.9±3.0					6.1±2.0	6.8±3.0
		2008	5	8.8±1.2	10.8±0.9	6.9±1.7	8.3±0.9	5.5±0.9	7.1±1.3	4.2±0.9	6.3±0.4	6.4±2.1	8.1±1.9
		2009	5	8.7±2.2	10.0±1.4	7.3±3.5	5.2±1.3	6.2±2.3	3.7±1.1	5.9±2.8	3.0±0.7	7.0±3.0	5.5±2.9
		2010	5	12.6±1.3	10.2±1.3	9.9±0.9	8.1±1.0					11.2±1.8	9.2±1.6
		2011	5	7.5±1.2	7.9±1.2	5.3±0.4	6.8±1.5	4.5±0.7	6.2±1.7	3.5±0.7	3.3±3.1	5.2±1.7	6.1±2.5
		2012	5	12.8±3.4	7.3±3.8	7.4±1.4	5.0±3.8	6.2±1.2	1.8±0.6	5.7±1.6	0.7±0.4	8.0±3.5	3.7±3.8
		2013	6	7.8±1.2	10.1±2.5	5.8±0.8	9.7±1.9	4.0±0.9	8.4±2.5	3.7±0.7	6.3±1.4	5.9±2.6	9.0±2.8
		2014	6	15.9±4.5	10.0±1.8	8.6±1.9	12.2±1.6	7.2±1.6	11.7±2.0	5.8±0.6	8.6±2.2	9.4±4.8	10.6±2.4
		2015	12	11.3±2.1	8.9±1.8	9.2±2.1	10.1±1.5	9.6±1.8	10.6±1.9	8.4±1.5	10.2±2.5	9.8±2.2	9.8±1.9
		分层		11.2±4.9	10.0±4.7	7.6±2.4	8.4±2.92	6.1±2.4	7.2±3.8	5.3±2.3	5.6±3.6	8.0±4.0	8.1±4.1

表3-59　高寒草地土壤速效磷和速效钾含量

草地类型	样地代号	年份	样本数	速效磷/（mg/kg）					速效钾/（mg/kg）				
				0~10 cm	10~20 cm	20~30 cm	30~40 cm	0~40 cm	0~10 cm	10~20 cm	20~30 cm	30~40 cm	0~40 cm
高寒矮嵩草草甸	HBGZH01 ABC_01	2003	6	7.6±0.5	3.6±0.9	2.1±0.7	1.6±0.2	3.8±2.4	492.3±21.5	323.8±43.5	278.7±21.5	212.4±26.4	326.8±107.6
		2004	5	10.1±1.4	4.7±1.3			7.4±3.0	405.7±29.8	241.4±47.0			323.6±91.1
		2005	5	9.6±0.9	6.4±1.1			8.0±1.2	390.9±34.0	292.7±27.8			341.8±60.5
		2006	6	—	—	—	—	—	436.8±42.9	244.7±28.5	199.7±49.8	147.9±21.9	257.3±115.4
		2007	5	7.0±0.9	4.3±0.4	2.9±0.5	1.8±0.2	4.0±2.0	413.6±31.9	261.2±49.8	182.3±30.2	151.3±24.9	252.1±107.5
		2008	5	11.0±0.9	8.7±1.4	6.5±0.8	6.1±0.9	8.1±2.2	353.1±31.8	212.6±17.4	151.7±34.4	119.1±11.1	209.1±93.2
		2009	5	8.4±1.0	3.6±0.6	1.6±0.6	0.8±0.4	3.6±3.0	466.3±118.7	308.5±96.1	221.0±91.3	185.6±96.5	295.3±148.3
		2010	5	9.9±2.3	6.4±1.1			8.2±2.0	507.3±146.3	318.2±136.1			412.7±100.6
		2011	5	8.3±1.1	3.8±0.4	1.8±0.4	1.0±0.3	3.7±2.9	396.6±31.7	263.3±30.9	202.3±11.4	159.3±9.5	255.4±92.5
		2012	5	9.1±0.4	3.1±0.8	1.1±0.3	0.3±0.1	3.4±3.5	452.7±58.0	337.7±75.3	276.6±63.7	220.2±46.7	321.8±106.1
		2013	6	11.7±1.5	6.7±1.3	5.1±1.3	4.2±1.6	6.9±3.2	499.1±27.4	333.8±15.8	240.1±12.1	182.2±20.2	313.8±121.5
		2014	6	11.2±2.7	5.6±2.0	4.0±1.2	1.7±0.7	5.6±3.9	439.4±27.3	301.4±36.5	218.5±22.9	135.9±36.2	273.8±116.4
		2015	6	6.1±1.1	3.2±1.4	1.3±0.7	1.3±0.9	3.1±2.1	233.6±52.9	223.3±66.5	135.4±27.4	106.0±23.1	190.7±73.4
		分层		9.2±2.1	4.9±2.0	3.0±1.9	2.1±1.9	5.1±3.4	422.0±86.3	277.4±66.3	211.0±62.0	161.5±52.8	277.8±119.6
金露梅灌丛草甸	HBGFZ01 AB0_01	2004	5	5.5±0.8	3.8±1.2			4.7±1.3	178.0±16.9	130.3±18.8			154.2±28.7
		2005	6	6.7±0.3	6.2±0.7			6.5±0.6	239.9±44.4	133.1±15.7			186.5±61.4
		2008	4	8.0±1.6	4.8±1.9	2.6±1.4	1.0±0.8	4.1±2.9	248.8±5.8	79.0±3.9	65.0±14.1	61.9±15.2	113.7±78.9
		2009	5	5.0±1.1	2.4±0.9	1.4±0.4	0.7±0.3	2.3±1.9	237.1±56.7	140.6±33.4	96.2±23.3	77.9±20.2	137.9±70.2
		2010	5	7.5±0.8	7.0±0.5			7.2±0.7	201.9±55.3	136.2±95.9			169.0±80.3
		2011	5	5.9±0.7	3.2±1.2	2.6±1.3	3.4±1.8	3.8±1.7	292.1±62.6	140.3±17.5	119.6±35.7	88.8±5.8	160.2±86.7

（续）

草地类型	样地代号	年份	样本数	速效磷/ (mg/kg)					土层深度 速效钾/ (mg/kg)				
				0~10 cm	10~20 cm	20~30 cm	30~40 cm	0~40 cm	0~10 cm	10~20 cm	20~30 cm	30~40 cm	0~40 cm
		2012	5	4.1±1.8	2.2±0.2	1.2±0.2	0.4±0.3	2.0±1.6	323.6±21.2	160.0±8.4	109.9±5.8	93.1±17.1	171.6±92.1
		2013	6	8.8±2.4	6.2±0.9	5.3±1.5	5.1±2.3	6.4±2.3	272.1±37.7	145.0±26.6	113.0±21.3	83.4±22.7	153.3±76.6
		2014	6	7.1±1.6	3.9±0.6	3.3±1.0	1.7±0.5	4.0±2.2	343.8±76.3	148.1±16.9	99.7±10.8	82.5±4.3	168.5±110.1
		2015	6	6.4±1.8	4.8±0.9	2.7±1.6	2.2±1.5	3.1±2.0	264.2±75.3	129.1±27.8	41.11±44.6	32.5±35.2	120.8±65.0
		分层特征		6.2±2.0	4.2±1.9	2.2±1.9	1.7±2.0	4.2±2.5	252.7±71.9	133.3±41.5	97.1±22.7	93.2±58.0	156.0±85.7
		2004	5	5.7±2.0	3.7±2.4			4.7±2.2	269.1±31.2	184.1±52.2			226.6±57.3
		2005	5	9.2±1.9	6.7±1.3			7.9±1.9	290.3±61.3	185.0±60.1			237.6±75.6
高寒小嵩草草甸	HBGZQ01 AB0_01	2008	5	11.2±1.7	9.1±1.4	6.1±3.0	3.6±2.9	7.6±3.7	246.9±23.5	124.0±32.2	134.7±43.2	86.3±26.9	148.1±70.5
		2009	5	7.3±1.4	4.1±0.6	2.4±1.2	1.1±0.8	3.7±2.5	280.9±48.9	206.7±74.3	169.0±45.5	150.4±31.2	201.7±68.5
		2010	8	9.3±1.1	7.4±0.3			8.4±2.6	261.5±80.0	141.2±45.6			201.4±84.2
		2011	5	7.2±2.7	4.3±0.8	2.1±1.1	0.5±0.6	3.5±2.9	288.0±54.6	164.5±39.0	134.3±35.8	122.8±48.2	177.4.6±77.0
		2012	5	6.8±1.5	4.0±1.2	1.0±0.5	0.1±0.05	3.0±2.8	269.6±30.4	158.8±24.6	117.2±19.4	81.2±16.3	156.7±72.5
		2013	6	11.4±0.9	8.4±1.4	6.3±1.4	5.1±1.4	7.8±3.0	374.8±85.5	237.8±132.4	128.1±43.0	83.2±11.7	206.0±134.3
		2014	6	12.7±2.8	9.7±2.1	8.0±1.6	2.7±1.6	8.3±4.1	235.1±47.8	125.8±10.7	108.9±17.4	73.3±15.6	135.8±65.5
		2015	12	6.0±2.0	3.5±1.7	2.5±1.0	2.3±1.1	4.0±2.1	175.9±23.3	108.7±23.7	76.8±15.1	64.1±13.1	118.4±48.1
		分层		8.5±2.9	6.0±2.7	3.9±2.7	2.1±2.0	5.6±3.6	259.5±72.4	157.0±66.0	121.9±40.9	93.2±37.1	170.9±88.1

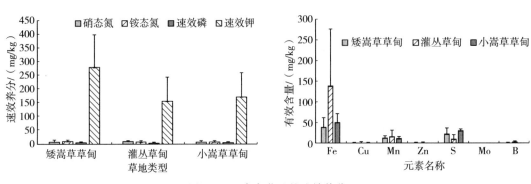

图 3-22　高寒草地的速效养分

3.3.3.4　土壤速效微量元素

植物体除需要钾、磷、氮等元素作为养料外，还需要吸收极少量的铁、硼、砷、锰、铜、钴、钼等微量元素作为养料。铜、锰、铁、锌、钼和硼是影响植物生长的 6 种主要微量元素。

高寒草地 0～80 cm 土壤中，速效铜含量变化在 1.4～1.8 mg/kg，其均值为 1.6 mg/kg。3 类高寒草地的速效铜含量总量表现出高寒矮嵩草草甸＞高寒金露梅草甸＞高寒小嵩草草甸的相对顺序，其值分别为（1.8±0.5）mg/kg、（1.7±0.1）mg/kg、（1.4±0.5）mg/kg。随着土层的加深，土壤速效铜的含量逐渐下降（表 3-60）。

表 3-60　高寒草地土壤有效微量元素含量

单位：mg/kg

草地类型	样地代号	项目	年份	样本数	土层深度						
					0～10 cm	10～20 cm	20～30 cm	30～40 cm	40～60 cm	60～80 cm	0～80 cm
高寒矮嵩草草甸	HBGZH01ABC_01	有效铁	2005	6	48.9±7.9	33.9±2.1					
			2010	6	59.0±19.9	41.0±5.6					
			2015	6	45.8±32.8	34.6±41.2	34.5±38.78	31.1±22.7	39.0±13.8	28.7±11.0	39.6±23.3
			分层统计		51.2±22.0	36.5±22.8	34.5±15.8	31.1±9.1	39.0±5.6	28.7±4.5	
		有效铜	2005	6	2.0±0.2	1.7±0.2					
			2010	6	2.1±0.2	2.0±0.2					
			2015	6	1.8±0.5	1.7±0.3	1.6±0.3	1.8±0.7	1.9±0.9	1.6±0.8	1.8±0.5
			分层统计		2.0±0.3	1.8±0.3	1.6±0.1	1.8±0.3	1.9±0.4	1.6±0.3	
		有效锰	2005	6	19.2±4.5	17.5±4.4					
			2010	6	14.6±1.1	14.3±0.8	1.4				
			2015	6	13.1±1.5	8.2±1.0	8.0±0.6	8.2±3.1	10.9±5.0	7.7±3.3	12.2±4.9
			分层统计		15.6±3.8	13.4±4.7	8.0±0.6	8.2±1.3	10.9±2.0	7.7±1.3	
		有效锌	2005	6	1.1±0.6	0.4±0.1					
			2010	6	1.8±0.8	0.5±0.1					
			2015	6	2.0±1.4	0.7±0.4	0.5±0.1	0.5±0.1	0.8±0.5	0.4±0.3	0.9±0.8
			分层统计		1.7±1.02	0.5±0.3	0.5±0.03	0.5±0.1	0.8±0.2	0.4±0.1	
		有效硫	2005	6	33.8±11.8	30.5±5.2					
			2010	6	39.0±2.3	37.5±1.1					
			2015	6	10.5±4.2	9.8±5.1	9.7±4.6	22.3±24.7	19.8±9.4	13.2±5.7	22.6±14.3
			分层统计	18	27.8±14.5	25.9±12.7	9.7±1.9	22.3±10.1	19.8±3.8	13.2±2.3	

(续)

草地类型	样地代号	项目	年份	样本数	土层深度						
					0~10 cm	10~20 cm	20~30 cm	30~40 cm	40~60 cm	60~80 cm	0~80 cm
高寒矮嵩草草甸	HBGZH01 ABC_01	有效硼	2015	6	1.8±0.9	1.2±0.8	1.4±0.9	1.4±0.4	1.6±0.4	1.3±0.3	1.4±0.6
		有效钼	2005	6	0.1±0.13	0.1±0.003					0.1±0.01
高寒金露梅灌丛草甸	HBGFZ01 AB0_01	有效铁	2010	6	179.3±36.9	155.3±25.9					
			2015	3	227.0±29.4	187.2±22.1	132.2±17.1	121.0±21.2	99.1±7.8	66.2±13.5	138.8±5.3
			分层统计	9	195.2±41.2	165.9±28.9	132.2±12.1	121.0±15.0	99.1±5.5	66.2±9.5	
		有效铜	2010	6	3.4±0.8	3.2±0.4					
			2015	3	2.5±0.3	1.9±0.1	1.6±0.1	1.6±0.1	1.4±0.04	1.3±0.01	1.7±0.1
			分层统计	9	3.1±0.8	2.7±0.7	1.6±0.1	1.6±0.1	1.4±0.03	1.3±0.0	
		有效锰	2010	6	20.5±0.9	21.1±1.1					
			2015	3	33.4±6.3	17.8±3.3	13.1±3.7	11.5±1.9	10.1±2.2	8.4±0.7	15.7±2.7
			分层统计	9	27.0±7.1	19.5±2.6	13.1±2.6	11.5±1.4	10.1±1.6	8.4±0.5	
		有效锌	2010	6	4.3±0.7	2.7±0.6					
			2015	3	6.5±1.1	2.2±0.5	0.4±0.2	0.5±0.3	0.5±0.4	0.2±0.02	1.7±0.2
			分层统计	9	5.0±1.3	2.6±0.6	0.4±0.2	0.5±0.2	0.5±0.3	0.2±0.0	
		有效硫	2010	6	42.1±1.2	41.4±1.9					
			2015	3	17.1±0.8	14.4±3.3	8.7±2.7	9.5±5.3	4.6±0.4	6.5±2.5	10.1±1.4
			分层统计	9	33.8±11.9	32.4±13.0	8.7±1.9	9.5±3.7	4.6±0.3	6.5±1.8	
		有效硼	2015	3	2.4±0.1	2.6±0.2	2.3±0.3	1.7±0.5	1.6±0.1	1.2±0.4	2.0±0.2
高寒小嵩草草甸	HBGZQ01 AB0_01	有效铁	2005	6	69.2±27.9	48.9±18.5					
			2015	3	63.2±11.4	60.5±8.0	53.1±4.4	44.3±4.3	29.1±3.3	19.6±1.5	50.6±21.1
			分层统计	9	67.2±23.0	52.8±16.2					
		有效铜	2005	6	1.5±0.4	1.2±0.2					
			2015	3	1.1±0.2	2.2±0.2	1.9±0.4	1.8±0.3	1.3±0.2	0.6±0.1	1.4±0.5
			分层统计	9	1.4±0.4	1.5±0.5					
		有效钼	2005	6	0.1±0.01	0.1±0.01					0.1±0.01
		有效锰	2005	6	17.6±3.6	14.7±3.6					
			2015	3	12.3±5.3	7.6±0.7	8.0±2.2	7.2±1.2	5.0±0.7	2.6±0.6	10.7±5.1
			分层统计	9	15.8±4.7	12.4±4.6					
		有效锌	2005	6	1.2±0.5	0.4±0.1					
			2015	3	1.0±0.7	0.5±0.1	0.3±0.04	0.2±0.1	0.2±0.1	0.2±0.02	0.6±0.2
			分层统计	9	1.2±0.6	0.4±0.1					
		有效硫	2015	3	29.5±5.9	31.5±7.1					30.5±3.5

速效锰平均含量变化在 10.7~15.7 mg/kg，均值为 12.9 mg/kg，3 类高寒草地的速效锰、铜含量总量表现出高寒金露梅草甸＞高寒矮嵩草草甸＞高寒小嵩草草甸的相对顺序，其值分别为 (15.7±2.7) mg/kg、(12.2±4.9) mg/kg、(10.7±5.1) mg/kg。速效铁平均含量变化在 138.8~39.6 mg/kg，均值为 76.1 mg/kg，3 类高寒草地的速效铁含量总量表现出高寒金露梅草甸＞高寒小嵩草草甸＞高寒矮嵩草草甸的相对顺序，其值分别为 (138.8±5.3) mg/kg、(50.6±21.1) mg/kg、(39.6±23.3) mg/kg。速效锌平均含量变化在 0.6~1.7 mg/kg 范围内，其均值为 1.1 mg/kg，3 类高寒

草地的速效锌含量总量表现出高寒金露梅草甸＞高寒矮嵩草草甸＞高寒小嵩草草甸的相对顺序，其值分别为（1.7±0.2）mg/kg、（0.9±0.8）mg/kg、（0.6±0.2）mg/kg。速效钼平均含量为 0.1 mg/kg，高寒矮嵩草草甸和高寒小嵩草草甸速效钼的含量基本相当，且 0～20 cm 土层含量基本一致。速效硼平均含量变化在 1.4～2.0 mg/kg 范围内，均值为 1.7 mg/kg，高寒金露梅草甸高于高寒矮嵩草草甸，其值分别为（1.4±0.6）mg/kg 和（2.0±0.2）mg/kg。

3.3.3.5 高寒草地土壤养分评价

依据全国土壤养分含量分级标准，将土壤养分含量分为 6 个水平（表 3-61），将高寒草地土壤养分与其比较后，发现高寒草地土壤有机质、全氮、全钾含量丰富，达到 1 级低地力水平。而全磷含量相对较低，达到 4 级标准地力水平。高寒草地速效氮、磷和钾养分中，氮、磷极度缺乏，仅分别达到 6 级和 5 级标准，成为草地生产的重要限制因子。速效钾含量较为丰富，达到 1 级或 2 级地力水平。高寒草地有效微量元素含量丰富，有效铁、有效铜、有效硼和有效钼达 1 级地力水平，有效锰、有效锌达到 2 级地力水平。高寒草地牧草生长不会受到微量元素缺乏的限制。

表 3-61 全国土壤养分含量分级标准

类别	级别（丰缺）					
	1（极高）	2（高）	3（中上）	4（中）	5（低）	6（极低）
有机质/（g/kg）	＞40.00	30.00～40.00	20.00～30.00	10.00～20.00	6.00～10.00	＜6.00
全氮含量/（g/kg）	＞2.00	1.50～2.00	1.00～1.50	0.75～1.00	0.50～0.75	＜0.50
速效氮含量/（mg/kg）	＞150.00	120.00～150.00	90.00～120.00	60.00～90.00	30.00～60.00	＜30.00
全磷含量（P_2O_5）/（g/kg）	＞2.00	1.50～2.00	1.00～1.50	0.75～1.00	0.5～0.75	＜0.50
速效磷/（mg/kg）	＞40.00	20.00～40.00	10.00～20.00	5.00～10.00	3.00～5.00	＜3.00
全钾含量（K_2O）/（g/kg）	＞20.00	15.00～20.00	10.00～15.00	5.00～10.00	3.00～5.00	＜3.00
速效钾/（mg/kg）	＞200.00	150.00～200.00	100.00～150.00	50.00～100.00	30.00～50.00	＜30.00
有效铜/（mg/kg）	＞1.80	1.01～1.80	0.21～1.00	0.11～1.20	—	
有效锌/（mg/kg）	＞3.00	1.01～3.00	0.51～1.00	0.31～0.50	≤0.30	
有效铁/（mg/kg）	＞20.00	10.10～20.00	4.60～10.00	2.60～4.50	—	
有效锰/（mg/kg）	＞30.00	15.10～30.00	5.10～15.00	1.10～5.00	—	
有效钼/（mg/kg）	＞0.30	0.21～0.30	0.16～0.20	0.11～0.15	≤0.10	
有效硼/（mg/kg）	＞2.00	1.01～2.00	0.51～1.00	0.21～0.50	≤0.20	

3.4 土壤水分与冻土

3.4.1 概述

水分是组成植物体细胞的重要成分，植物水分的汲取主要来源于土壤，土壤水分状况对植物生长有重要影响。主要体现在土壤中有机养分的分解、矿化离不开水分，施入土壤中的化学肥料只有在水中才能溶解，土壤养分离子向根系表面迁移和作物根系对养分的吸收都必须通过水分介质来实现。土壤水分不足或过多都会影响植物的正常生长，土壤干旱或水分不足，植株会比较矮小，无法正常生长，很容易因缺水而死亡。土壤水分过多，会导致植株的根部无法正常呼吸而死亡。土壤水分适宜，植株能够健壮地生长。高寒草地是青藏高原发挥生态和服务功能的主体基质，草地土壤水分是影响植被长势、承载力、退化状态和生态系统稳定性的关键因子，观测高寒草地不同深度土壤含水量，有助于评价青藏草地天然贮水状态，探索高寒草甸生态系统退化和草地类型演变对草地贮水量的影响，揭示高寒草甸生态系统水源涵养功能影响机制。

在高寒地区，由于高寒气候的作用，在冬季土壤会发生冻结，形成季节性冻土，土体下层甚至具有永冻层。随着季节的交替，冻土层冻结和消融，土壤水分发生液态-固态的转化，伴随着秋冬季节深层土壤水分以气态向土表的迁移和凝结，对高寒草地的水分造成较大的影响。

2004 年：主要进行了综合观测场土壤水分的长期定位观测，其植被类型为高寒矮嵩草草甸，土壤分 0～10 cm、10～20 cm、20～30 cm、30～40 cm 4 个层次，重复 6 次，观测频率每月 2 次，为烘干法和中子法（CNC503DR 型中子仪）对比观测。

2008 年：海北站土壤含水量观测收集的数据为 2 种高寒草地的 0～10 cm、10～20 cm、20～30 cm 和 30～40 cm 生长季土壤含水量。

2009 年：TRIME-FM3 土壤剖面水分速测仪每 10 d 测定 1 次土壤容积含水量，6 个观测点，每个观测点分 5 层，从 2009 年 5 月 10 日开始到 10 月 30 日结束，共测 20 次。

2012 年：TRIME-FM3 土壤剖面水分速测仪每 10 d 测定 1 次土壤容积含水量，6 个观测点，每个观测点分 5 层，从 2012 年 5 月 10 日至 2014 年 7 月使用。

2014 年以后：采用 CR800 土壤剖面水分速测仪每 30 min 测定 1 次土壤分层的容积含水量，每个观测点分 10 层，数据质量较好。同时应用烘干法测定土壤质量含水量，用于校准土壤剖面水分速测仪测定方法。

3.4.2　数据采集和处理方法

3.4.2.1　植被类型

海北站土壤水分观测点分别设置于高寒矮嵩草草甸、高寒金露梅灌丛草甸和高寒小嵩草草甸 3 种植被类型上（表 3-15）。海北站的冻土观测仅在高寒矮嵩草草甸上进行。

3.4.2.2　观测方法与频度

土壤湿度：海北站的土壤水分监测先后采用了 4 种方法测定土壤含水量。其中，2001—2003 年采用烘干法，测定质量含水量。土壤分 0～10 cm、10～20 cm、20～30 cm、30～40 cm、40～50 cm 和 50～60 cm 4 个层次，重复 6 次，观测频率每月 5 次。

2004—2008 年，采用中子管（CNC503DR 型中子仪）法测定，并以烘干法校正，测定质量含水量。探头深度分为 5 cm、15 cm、25 cm、35 cm 和 45 cm，分别探测 0～10 cm、10～20 cm、20～30 cm、30～40 cm 和 40～50 cm 5 个层次，重复 6 次，观测频率每月 3 次。

2009—2010 年，采用 TRIME-FM3 土壤剖面水分速测仪测定，为容积含水量。每 5 d 测定 1 次，18 次重复。测定 0～10 cm、10～20 cm、20～30 cm、30～40 cm 和 40～50 cm 5 个层次。2011 年，由于 TRIME-FM3 探头出现问题，高寒矮嵩草草甸的数据无法用。

2012—2016 年，采用 CR800 土壤剖面水分速测仪进行测定为容积含水量。每 30 min 测定土壤分层的容积含水量，每个观测点分 0～10 cm、10～20 cm、20～30 cm、30～40 cm 和 40～50 cm 5 个层次。

观测时段为牧草生长季 4—10 月，11 月至翌年 3 月土壤冻结，无法进行测定。

烘干法测定：采集土壤层次包括 0～10 cm、10～20 cm、20～30 cm 和 30～40 cm，监测时间为每年的 5—10 月，每 5 d 监测 1 次。采用烘干法检测土壤含水量，具体为利用土钻采集草地各层土壤，将大约 30 g 土壤快速填充至铝盒，称重得到铝盒＋湿土重 M_2，烘干称重，连续称取 3 次，直到小数点后 3 位不变，得到铝盒＋干土重 M_1，铝盒重量为 M_0，则可计算土壤质量含水量，计算公式为：

土壤质量含水量（％）＝（M_2－M_1）/（M_1－M_0）×100

其中：M_2 为铝盒＋湿土质量，单位为 g；M_1 为铝盒＋干土质量，单位为 g；M_0 为铝盒质量，单位为 g。

冻土观测：冻土指含有水分的土壤因温度下降到 0℃ 或 0℃ 以下时呈冻结的状态。根据埋入土中的冻土器内水结冰的部分和长度，来测定冻结层次及其上限和下限深度。冻土深度以 cm 为单位，取整数，小数四舍五入，冻土深度不足 0.5 cm 时，上、下限均记为"0"。观测采用冻土器，冻土器由外管和内管组成。外管内径 30 mm，外径 40 mm，外管为一标有 0 刻度线的硬橡胶管，外管埋深为 3.2 m。内管为一根有厘米刻度的软橡胶管，底端封闭，顶端与短金属管、木棒及铁盖相连，内径 8 mm，外径 12 mm。内管中灌注当地干净的一般用水至刻度的 0 线处，内管长度为 3.0 m。

当地面温度降到 0℃ 时，开始观测冻土，每天 8：00（北京时间）观测 1 次。观测至次年土壤完全解冻为止。观测时，一手把冻土器的铁盖连同内管提起，从内管管壁刻度线上读出冰上下两端的相应刻度线，即分别为此冻结层的上、下限深度值。若有两个或两个以上冻结层，应分别测定每个冻结层的上、下限深度。

3.4.3 数据及质量控制

本数据集收集整理了 2001—2016 年海北站高寒矮嵩草草甸、高寒金露梅灌丛草甸和高寒小嵩草草甸 3 种植被 0～10 cm、10～20 cm、20～30 cm、30～40 cm、40～50 cm 和 50～60 cm 土层生长季土壤含水量。

2004—2008 年，使用中子管测定土壤水分含量数据过程中，在测定表土 0～10 cm 土层时，由于土层薄，中子探头不能被土层完全覆盖，造成中子外溢，部分年份 4 月就开始了土壤含水量的测定，深层土壤仍处于冻结状态，所测定的土壤含水量不足 10%，接近土壤凋萎含水量，甚至出现负值，与烘干法测定土壤含水量差异较大，剔除了该类值。同时在测定过程中亦发现了少量超过 100V/V 的含水量数据，这是由于早春土壤表层解冻，土层下亦有冻土层对上层融化水的顶托，出现了滞水现象，剔除了这类数据。

数据集除给出了分年度分层土壤含水量的季节动态外，同时进行了年及变化、不同类型草地之间含水量的比较。16 年间，由于使用了不同的土壤湿度观测方法，且未来的发展趋势是以自动观测手段为主。本数据集给出了体积含水量和质量含水量，二者之间的换算公式为：质量含水量＝体积含水量×土壤容重。土壤的容重采用 3 个样地 2001 年和 2005 年测定的平均值（表 3 - 62）。

表 3 - 62 海北站观测场土壤容重

年份	高寒矮嵩草草甸综合观测场 (HBGZH01ABC_01)			高寒金露梅灌丛草甸辅助观测场 (HBGFZ01AB0_01)			高寒小嵩草草甸站区调查点 (HBGZQ01AB0_01)		
	深度/cm	容重/ (g/cm³)	均方差	深度/cm	容重/ (g/cm³)	均方差	深度/cm	容重/ (g/cm³)	均方差
2001	0～8	0.70	0.030	0～12	0.62	0.050	0～7	0.59	0.040
2001	8～18	1.20	0.060	12～55	1.01	0.070	7～17	0.86	0.020
2001	18～40	1.13	0.040	55～105/120	1.36	0.020	17～32/42	0.97	0.050
2001	40～56	1.13	0.020	105/120～130	1.36	0.040	32/42～105	1.21	0.060
2001	56～80	1.13	0.050	130～150	1.36	0.060	105～120	1.22	0.040
2005	0～10	0.75	0.002	0～10	0.92	0.006	0～10	0.75	0.000
2005	10～20	1.11	0.006	10～20	0.94	0.001	10～20	0.92	0.001
2005	20～30	1.12	0.001	20～30	0.97	0.003	20～30	1.02	0.020
2005	30～40	1.15	0.001	30～40	1.05	0.003	30～40	1.14	0.030

同时收集整理了海北站 2015—2018 年的冻土数据，包括了地表冻结初始日期、地表解冻初始日期、冻土下层解冻开始日期、冻土层消融贯通日期、冻土层稳定日期、和冻土层厚度。

3.4.4　主要研究结论

3.4.4.1　土壤水分

植物生长季 5—9 月，高寒草地含水量受到降水的极大影响，特别是采用野外自动设备的观测，由于设定了定时观测频度，无法避免降水对自动观测的影响，单次观测之间变异极大，部分观测数据甚至达到了田间饱和持水量。

高寒矮嵩草草甸 2001—2015 年植物生长季 0～50 cm 土层质量含水量和体积含水量分别为（34.2±9.2)% 和（33.0±13.6）V/100V（表 3 - 63）。其质量含水量与体积含水量均呈现出 4—7 月持续下降，8—10 月缓慢回升的季相变化。除 0～10 cm 表层土壤质量含水量［（40.2±14.0)%］低于体积含水量［（21.2±19.1）V/100V］外，其余土层质量含水量均高于体积含水量，这与表层土壤根系密集，根系对水分的电荷吸附是表层土壤水分固持的主要机制有关。随着土层的加深，其土壤含水量呈现出逐渐下降的趋势（图 3 - 23）。

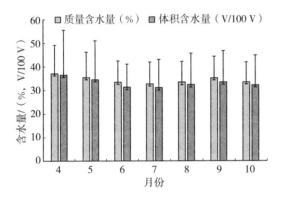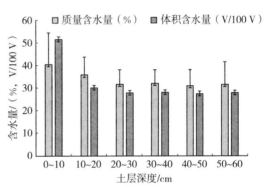

图 3 - 23　高寒矮嵩草草甸土壤水分的季相变化与剖面分异

高寒金露梅灌丛草甸 2005—2015 年植物生长季 0～50 cm 土层质量含水量和体积含水量分别为（32.7±7.2)% 和（33.2±7.5）V/100V（表 3 - 64）。其质量含水量与体积含水量呈现出 4—5 月持续上升，5—10 月缓慢下降的季相变化。同时 0～30 cm 土层质量含水量低于体积含水量，其余土层均为质量含水量高于体积含水量，这与 0～30 cm 土层高寒小嵩草草甸根系发达，根系对水分的电荷吸附较强有关。随着土层的加深，其土壤含水量呈现出逐渐下降的剖面分异特征（图 3 - 24）。

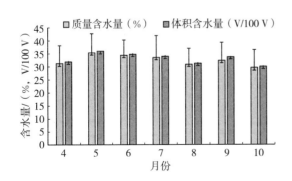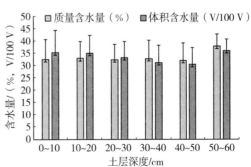

图 3 - 24　高寒金露梅灌丛草甸土壤水分的季相变化与剖面分异

表 3-63　高寒矮嵩草草甸（HBGZH01ABC_01）土壤水分含量

年份	月份	0~10 cm 质量含水量/%	0~10 cm 体积含水量/(V/100V)	10~20 cm 质量含水量/%	10~20 cm 体积含水量/(V/100V)	20~30 cm 质量含水量/%	20~30 cm 体积含水量/(V/100V)	30~40 cm 质量含水量/%	30~40 cm 体积含水量/(V/100V)	40~50 cm 质量含水量/%	40~50 cm 体积含水量/(V/100V)	50~60 cm 质量含水量/%	50~60 cm 体积含水量/(V/100V)
2001	5	49.7±6.8	68.1±9.3	38.2±3.2	31.8±2.7	35.1±5.2	31.8±4.6	34.7±4.5	30.7±4.0	34.0±10.5	30.1±9.3	27.5±9.5	24.3±8.4
	6	42.8±10.6	58.7±14.5	34.1±3.3	28.4±2.8	32.7±2.6	28.9±2.3	32.4±2.7	28.7±2.4	30.6±4.6	27.0±4.1	27.7±4.5	24.5±4.0
	7	48.7±9.9	64.8±17.4	37.1±4.0	30.9±3.3	34.3±3.0	30.3±2.6	33.5±4.0	29.6±3.5	31.2±3.3	27.6±2.9	29.1±4.5	25.7±4.0
	8	44.7±9.5	57.8±19.0	33.6±4.4	28.0±3.7	30.8±3.7	26.5±5.6	31.7±4.0	28.0±3.5	29.5±5.9	26.1±5.3	24.6±5.5	21.7±4.9
	9	54.8±7.7	75.1±10.5	38.1±2.6	31.8±2.1	34.6±2.1	30.6±1.9	33.6±1.9	29.7±1.7	31.2±2.7	27.6±2.4	28.4±4.9	25.1±4.3
	10	48.8±8.8	66.9±12.0	35.8±1.8	29.8±1.5	33.7±1.9	29.9±1.6	33.5±1.3	29.7±1.2	30.6±2.3	27.1±2.1	27.5±2.8	24.4±2.5
	年均	48.2±9.8	65.0±15.6	36.1±3.9	30.1±3.2	33.5±3.5	29.5±3.8	33.1±3.5	29.3±3.1	31.2±5.7	27.6±5.0	27.4±5.85	24.3±5.1
2002	4	62.7±16.3	85.91±22.3	42.1±3.4	35.1±2.8	40.2±2.6	35.5±2.3	41.2±4.2	36.4±3.7	37.1±2.4	32.8±2.1	35.7±2.2	31.6±2.0
	5	69.4±28.1	95.0±38.5	44.9±8.4	37.4±7.0	38.9±9.1	34.4±8.1	40.0±6.3	35.4±5.6	34.3±9.8	30.4±8.7	33.6±8.5	29.8±7.5
	6	50.6±7.1	44.8±6.3	39.9±4.2	35.3±3.8	36.7±3.2	32.5±2.8	35.0±2.4	30.9±2.1	34.8±3.2	30.8±2.8	32.5±5.9	28.8±5.3
	7	42.1±9.4	57.7±12.8	35.2±8.3	29.3±6.9	32.8±3.9	29.0±3.5	32.2±5.3	28.5±4.7	30.6±4.2	27.1±3.7	30.4±11.1	26.9±9.8
	8	43.3±8.1	59.3±11.1	33.9±3.1	28.3±2.6	31.8±2.9	28.2±2.6	31.9±3.8	27.4±5.8	31.8±4.2	26.6±7.5	29.9±4.1	26.4±3.4
	9	45.5±13.3	62.3±18.2	36.2±5.7	30.1±4.8	33.6±6.9	29.7±6.1	30.9±3.3	27.4±3.0	29.9±3.2	26.5±2.9	27.5±6.2	24.4±5.5
	10	36.6±8.3	32.4±7.4	30.4±2.8	26.9±2.5	29.2±2.4	25.8±2.2	29.2±1.5	25.9±1.3	28.6±3.1	25.3±2.8	26.3±4.7	23.3±4.2
	年均	47.6±16.2	57.7±25.0	36.7±7.0	31.2±5.9	33.9±5.8	30.0±5.2	33.3±5.2	29.3±5.0	31.8±5.2	28.0±5.0	30.1±7.3	26.6±6.4
2003	4	49.7±9.3	68.1±12.8	38.5±3.9	32.1±3.2	34.9±2.8	30.9±2.5	33.9±2.9	30.0±2.6	34.8±6.8	30.8±6.0	28.4±6.9	21.0±11.6
	5	50.7±8.4	69.4±11.5	39.3±3.1	32.7±2.6	35.6±3.7	31.5±3.3	34.9±4.6	30.9±4.1	33.9±6.9	29.3±7.6	32.2±8.9	27.8±8.9
	6	42.7±8.4	37.8±7.4	37.5±6.3	33.2±5.6	25.3±4.5	31.2±4.0	33.5±3.8	29.7±3.4	33.8±8.9	29.9±7.9	30.3±7.2	26.9±6.4
	7	46.6±11.4	38.9±13.7	39.0±10.8	34.5±9.5	33.4±5.0	28.8±6.6	32.9±4.0	28.3±5.9	31.0±5.0	27.4±4.4	29.8±7.7	26.4±6.8
	8	51.9±10.9	71.2±15.0	39.6±7.3	33.0±6.0	35.5±6.1	31.4±5.4	33.8±3.6	29.9±3.2	33.0±4.1	29.2±3.6	32.4±5.7	28.7±5.0
	9	55.7±10.5	49.3±9.3	42.3±6.6	37.5±5.9	36.8±3.6	32.6±3.2	34.4±5.1	30.5±4.5	33.0±3.3	29.2±2.9	33.6±8.8	29.7±7.8
	10	52.4±12.5	71.8±17.1	37.5±6.8	31.3±5.7	35.7±3.1	31.6±2.8	33.4±3.6	29.6±3.2	32.6±7.9	28.9±7.0	31.5±7.3	27.9±6.5
	年均	49.9±11.0	56.4±19.2	39.2±7.1	33.7±6.3	35.4±4.4	31.2±4.4	33.9±4.2	29.8±4.2	33.0±6.3	29.2±5.6	31.6±7.7	27.9±6.8
2004	5	35.0±5.9	48.0±8.1	28.6±3.2	23.9±2.6	27.9±1.9	24.7±1.7	27.1±1.9	24.0±1.7	26.5±3.2	23.5±2.8		

（续）

土层深度

年份	月份	0~10 cm 质量含水量/%	0~10 cm 体积含水量/(V/100V)	10~20 cm 质量含水量/%	10~20 cm 体积含水量/(V/100V)	20~30 cm 质量含水量/%	20~30 cm 体积含水量/(V/100V)	30~40 cm 质量含水量/%	30~40 cm 体积含水量/(V/100V)	40~50 cm 质量含水量/%	40~50 cm 体积含水量/(V/100V)	50~60 cm 质量含水量/%	50~60 cm 体积含水量/(V/100V)
2004	6	29.3±5.5	40.2±7.5	25.2±2.3	21.0±1.9	24.1±1.9	20.1±5.3	23.8±2.0	19.9±5.2	23.7±3.5	20.9±3.1		
	7	29.6±6.7	40.6±9.2	24.3±3.4	20.3±2.8	24.2±9.5	21.4±8.4	22.1±2.0	15.6±1.8	21.7±1.8	19.2±1.6		
	8	32.7±6.2	44.7±8.5	27.7±4.0	23.1±3.3	25.8±4.2	22.8±3.8	25.9±2.5	22.9±2.2	24.3±1.8	21.5±1.6		
	9	34.9±3.7	42.5±16.2	29.8±2.6	24.9±2.2	27.3±1.3	21.5±7.9	26.9±1.4	21.1±7.8	20.1±1.5	22.2±1.3		
	年均	32.3±6.1	44.3±8.3	27.1±3.7	22.6±3.1	25.8±5.0	22.9±4.4	25.1±2.7	22.2±2.4	24.2±2.9	21.4±2.6		
2005	5	32.2±5.7	44.1±7.8	36.5±3.6	30.4±3.0	35.4±2.6	31.3±2.3	33.5±2.8	29.7±2.5	32.9±4.1	29.1±3.6		
	6	29.3±4.8	40.2±6.6	32.2±4.1	26.8±3.4	32.1±3.3	28.4±2.9	30.9±2.9	27.3±2.6	31.0±4.0	27.4±3.5		
	7	22.5±3.6	29.9±4.8	31.8±2.8	26.5±2.3	32.4±1.9	28.7±1.7	31.1±1.7	27.5±1.5	31.0±3.1	27.4±2.7		
	8	38.7±4.7	53.0±6.5	30.4±5.8	25.3±4.9	38.2±2.1	33.8±1.9	34.3±1.6	30.3±1.4	33.1±1.6	29.3±1.4		
	9	45.2±1.5	62.0±2.0	29.2±3.2	24.3±2.7	34.1±2.8	30.2±2.5	31.5±2.6	27.9±2.3	32.1±2.4	28.4±2.1		
	年均	32.0±7.9	43.7±11.0	31.9±4.9	26.6±4.1	35.0±3.4	31.0±3.0	32.6±2.7	28.8±2.4	32.2±3.0	28.5±2.7		
2006	5	40.7±7.4	55.8±10.1	34.8±8.5	29.0±7.1	33.8±8.5	29.9±7.5	34.0±7.6	30.1±6.8	31.0±6.0	27.4±5.3		
	6	39.0±5.0	53.4±6.9	30.0±1.3	25.0±1.1	28.3±0.7	25.0±0.6	27.9±0.4	24.7±0.4	25.9±1.9	23.0±1.7		
	7	38.8±4.6	53.2±6.3	27.6±1.6	23.0±1.3	25.7±1.3	22.8±1.2	24.4±0.7	21.6±0.6	24.4±1.2	21.6±1.1		
	8	28.4±1.9	39.0±2.6	22.4±1.0	18.7±0.9	21.8±0.9	19.3±0.8	22.5±0.3	19.9±0.3	22.3±0.7	19.7±0.6		
	9	36.8±1.9	50.4±2.6	29.6±1.0	24.6±0.9	29.7±5.0	26.3±4.4	27.7±0.5	24.5±0.5	26.7±1.4	23.7±1.2		
	年均	36.8±6.0	50.3±8.2	28.9±5.4	24.1±4.5	27.9±5.6	24.7±5.0	27.3±5.0	24.1±4.4	26.1±3.9	23.1±3.5		
2007	4	44.2±12.5	60.6±17.1	33.6±11.5	28.0±9.6	33.4±5.8	29.5±5.1	29.0±12.4	25.7±11.0	35.29±8.8	31.2±7.8		
	5	24.4±6.0	33.4±8.2	27.9±2.2	23.2±1.8	26.8±1.8	23.7±1.6	25.3±4.3	22.3±3.8	25.9±5.4	22.9±4.8		
	6	34.8±3.2	47.7±4.3	28.2±2.5	23.5±2.1	25.9±1.9	23.0±1.7	25.0±1.4	22.1±1.2	24.1±2.0	21.3±1.8		
	7	33.0±2.9	45.2±4.0	27.6±1.9	23.0±1.6	26.5±0.8	23.4±0.7	25.7±0.9	22.7±0.8	24.3±1.3	21.5±1.2		
	8	31.0±6.1	42.5±8.4	26.1±3.3	21.7±2.8	24.7±2.1	21.8±1.8	23.7±1.0	21.0±0.9	22.4±1.5	19.8±1.3		
	9	36.8±3.2	50.4±4.4	30.2±0.6	25.1±0.5	28.3±0.6	25.1±0.5	26.8±0.9	23.7±0.8	25.7±1.2	22.8±1.1		
	年均	34.6±7.3	47.4±10.0	28.4±4.4	23.6±3.7	27.0±3.3	23.9±2.9	25.5±4.5	22.5±4.0	25.6±5.3	22.6±4.6		

（续）

<table>
<tr><th rowspan="3">年份</th><th rowspan="3">月份</th><th colspan="12">土层深度</th></tr>
<tr><th colspan="2">0~10 cm</th><th colspan="2">10~20 cm</th><th colspan="2">20~30 cm</th><th colspan="2">30~40 cm</th><th colspan="2">40~50 cm</th><th colspan="2">50~60 cm</th></tr>
<tr><th>质量含水量/%</th><th>体积含水量/(V/100V)</th><th>质量含水量/%</th><th>体积含水量/(V/100V)</th><th>质量含水量/%</th><th>体积含水量/(V/100V)</th><th>质量含水量/%</th><th>体积含水量/(V/100V)</th><th>质量含水量/%</th><th>体积含水量/(V/100V)</th><th>质量含水量/%</th><th>体积含水量/(V/100V)</th></tr>
<tr><td rowspan="5">2008</td><td>5</td><td>37.0±15.2</td><td>50.6±20.9</td><td>30.1±6.7</td><td>25.1±5.6</td><td>28.2±5.6</td><td>25.0±5.0</td><td>27.9±4.3</td><td>24.7±3.8</td><td>26.9±5.0</td><td>23.8±4.4</td><td></td><td></td></tr>
<tr><td>8</td><td>27.5±2.9</td><td>37.7±3.9</td><td>22.1±2.1</td><td>18.4±1.8</td><td>20.8±2.2</td><td>18.4±2.0</td><td>21.5±1.2</td><td>19.0±1.1</td><td>22.5±2.9</td><td>20.0±2.6</td><td></td><td></td></tr>
<tr><td>9</td><td>32.7±5.5</td><td>44.7±7.5</td><td>24.8±2.8</td><td>20.7±2.3</td><td>23.6±2.8</td><td>20.9±2.5</td><td>23.2±2.3</td><td>18.5±6.8</td><td>21.8±2.2</td><td>19.3±1.9</td><td></td><td></td></tr>
<tr><td>10</td><td>34.5±8.2</td><td>47.2±11.2</td><td>23.9±3.6</td><td>19.9±3.0</td><td>23.1±2.5</td><td>20.4±2.2</td><td>22.1±4.0</td><td>19.5±3.6</td><td>22.5±1.7</td><td>19.9±1.5</td><td></td><td></td></tr>
<tr><td>年均</td><td>33.0±8.0</td><td>45.2±10.9</td><td>24.7±4.1</td><td>20.6±3.4</td><td>23.6±3.6</td><td>20.9±3.2</td><td>23.2±3.6</td><td>19.8±4.9</td><td>22.9±3.0</td><td>20.2±2.6</td><td></td><td></td></tr>
<tr><td rowspan="8">2009</td><td>4</td><td>23.2±8.9</td><td>31.8±12.2</td><td>27.6±14.8</td><td>23.0±12.3</td><td>35.9±6.8</td><td>31.8±6.0</td><td>26.8±10.1</td><td>23.7±8.9</td><td>41.1±12.8</td><td>36.3±11.4</td><td></td><td></td></tr>
<tr><td>5</td><td>17.2±6.0</td><td>23.6±8.2</td><td>35.1±3.3</td><td>29.2±2.8</td><td>33.2±3.2</td><td>29.4±2.9</td><td>33.9±3.5</td><td>30.0±3.1</td><td>33.1±4.5</td><td>29.3±4.0</td><td></td><td></td></tr>
<tr><td>6</td><td>29.1±7.6</td><td>39.9±10.4</td><td>40.6±3.1</td><td>33.8±2.6</td><td>35.8±2.9</td><td>31.7±2.6</td><td>36.7±3.4</td><td>32.4±3.0</td><td>35.3±4.6</td><td>31.3±4.1</td><td></td><td></td></tr>
<tr><td>7</td><td>16.1±6.4</td><td>22.1±8.7</td><td>37.8±13.7</td><td>31.5±11.4</td><td>27.3±4.1</td><td>24.2±3.6</td><td>42.6±7.3</td><td>37.7±6.4</td><td>27.0±12.0</td><td>23.9±10.6</td><td></td><td></td></tr>
<tr><td>8</td><td>32.5±2.6</td><td>44.5±3.5</td><td>44.9±2.0</td><td>37.4±1.7</td><td>37.2±1.3</td><td>32.9±1.1</td><td>36.7±1.2</td><td>32.4±1.0</td><td>33.9±2.4</td><td>30.0±2.1</td><td></td><td></td></tr>
<tr><td>9</td><td>37.0±4.7</td><td>50.7±6.4</td><td>42.1±0.9</td><td>35.1±0.7</td><td>36.6±1.0</td><td>32.4±0.9</td><td>37.9±2.3</td><td>33.5±2.0</td><td>35.6±2.6</td><td>31.5±2.3</td><td></td><td></td></tr>
<tr><td>10</td><td>38.7±4.1</td><td>53.0±5.6</td><td>45.4±5.5</td><td>37.8±4.6</td><td>38.6±3.0</td><td>34.1±2.6</td><td>38.9±3.8</td><td>34.4±3.4</td><td>36.7±4.0</td><td>32.5±3.5</td><td></td><td></td></tr>
<tr><td>年均</td><td>29.1±10.2</td><td>39.8±13.9</td><td>39.9±9.1</td><td>33.2±7.6</td><td>35.4±4.7</td><td>31.3±4.1</td><td>36.8±6.1</td><td>32.5±5.4</td><td>34.9±7.3</td><td>30.9±6.5</td><td></td><td></td></tr>
<tr><td rowspan="8">2010</td><td>4</td><td>23.0±4.0</td><td>31.6±5.4</td><td>33.5±6.2</td><td>27.9±5.1</td><td>22.9±6.0</td><td>20.3±5.3</td><td>22.3±2.5</td><td>19.8±2.2</td><td>27.5±3.7</td><td>24.3±3.2</td><td></td><td></td></tr>
<tr><td>5</td><td>26.9±5.4</td><td>36.8±7.5</td><td>36.6±7.2</td><td>30.5±6.0</td><td>27.2±5.8</td><td>24.1±5.2</td><td>30.5±8.7</td><td>27.0±7.7</td><td>37.5±11.9</td><td>33.2±10.5</td><td></td><td></td></tr>
<tr><td>6</td><td>21.5±6.3</td><td>29.4±8.6</td><td>32.1±6.2</td><td>26.7±5.2</td><td>23.7±4.7</td><td>21.0±4.1</td><td>27.8±4.0</td><td>24.6±3.5</td><td>38.1±6.5</td><td>33.7±5.7</td><td></td><td></td></tr>
<tr><td>7</td><td>24.9±6.6</td><td>34.1±9.0</td><td>34.1±6.6</td><td>28.4±5.5</td><td>26.2±6.4</td><td>23.2±5.6</td><td>28.5±6.4</td><td>25.2±5.7</td><td>34.2±5.9</td><td>30.3±5.2</td><td>29.0±5.6</td><td>25.7±5.0</td></tr>
<tr><td>8</td><td>36.9±8.4</td><td>50.5±11.5</td><td>49.8±8.9</td><td>41.5±7.4</td><td>43.8±5.9</td><td>38.7±5.2</td><td>41.2±5.0</td><td>36.4±4.5</td><td>41.5±9.9</td><td>36.7±8.8</td><td>36.5±9.6</td><td>32.3±8.5</td></tr>
<tr><td>9</td><td>32.0±7.6</td><td>43.9±10.4</td><td>46.5±8.2</td><td>38.7±6.9</td><td>42.5±8.0</td><td>37.6±7.1</td><td>41.7±10.4</td><td>36.9±9.2</td><td>38.5±6.7</td><td>34.1±5.9</td><td>54.0±21.8</td><td>47.8±19.3</td></tr>
<tr><td>10</td><td>34.90±7.05</td><td>47.8±9.7</td><td>43.1±8.4</td><td>35.9±7.0</td><td>37.6±6.2</td><td>33.3±5.5</td><td>37.5±3.6</td><td>33.1±3.2</td><td>37.4±5.7</td><td>33.1±5.0</td><td>46.9±17.2</td><td>41.5±15.3</td></tr>
<tr><td>年均</td><td>28.5±9.9</td><td>40.1±12.8</td><td>40.2±10.0</td><td>33.5±12.9</td><td>33.3±10.3</td><td>29.5±13.0</td><td>34.3±9.1</td><td>30.3±13.0</td><td>37.7±8.4</td><td>33.3±13.0</td><td>44.7±18.1</td><td>39.5±13.2</td></tr>
<tr><td rowspan="3">2012</td><td>4</td><td>29.7</td><td>40.7</td><td>37.9</td><td>31.6</td><td>33.3</td><td>29.5</td><td>34.2</td><td>30.3</td><td>31.1</td><td>27.5</td><td></td><td></td></tr>
<tr><td>5</td><td>47.9</td><td>65.6</td><td>35.5</td><td>29.6</td><td>32.4</td><td>28.7</td><td>31.8</td><td>28.2</td><td>31.4</td><td>27.7</td><td></td><td></td></tr>
<tr><td>6</td><td>24.7</td><td>33.8</td><td>31.1</td><td>25.9</td><td>27.2</td><td>24.0</td><td>27.0</td><td>23.9</td><td>25.9</td><td>22.9</td><td></td><td></td></tr>
</table>

（续）

年份	月份	土层深度											
		0~10 cm		10~20 cm		20~30 cm		30~40 cm		40~50 cm		50~60 cm	
		质量含水量/%	体积含水量/(V/100V)	质量含水量/%	体积含水量/(V/100V)	质量含水量/%	体积含水量/(V/100V)	质量含水量/%	体积含水量/(V/100V)	质量含水量/%	体积含水量/(V/100V)	质量含水量/%	体积含水量/(V/100V)
2012	7	32.0	43.8	34.4	28.7	27.5	24.3	26.7	23.6	24.7	21.9		
	8	32.4±10.2	44.4±14.0	34.8±2.9	30.8±2.6	29.5±0.9	26.1±0.8	27.3±1.1	24.2±1.0	24.1±4.1	21.4±3.6		
	9	31.1±3.9	42.6±5.4	35.9±2.7	29.9±2.2	29.5±2.6	26.1±2.3	28.1±1.2	24.8±1.1	26.7±1.7	23.6±1.5		
	年均	32.1±6.4	44.0±11.0	35.3±2.5	29.8±11.0	29.7±2.4	26.3±11.0	28.6±2.3	25.3±11.0	26.8±2.7	23.7±11.0		
2013	5	28.5±4.0	39.0±5.4	36.8±2.7	30.6±2.3	31.6±1.2	27.9±1.1	30.5±0.9	27.0±0.8	32.6±3.2	28.8±2.8		
	6	27.1±5.3	37.1±7.3	33.5±3.9	27.9±3.3	31.1±2.2	27.5±1.9	29.5±2.4	26.1±2.1	29.8±5.5	26.4±4.9		
	7	25.4±4.4	34.8±6.0	30.2±3.8	25.2±3.2	27.6±1.0	24.4±0.9	27.2±1.0	24.1±0.9	25.6±0.5	22.6±0.4		
	8	25.9±6.1	35.5±8.4	30.6±4.2	25.5±3.5	27.5±2.6	24.3±2.3	25.9±2.6	23.0±2.3	26.0±4.0	23.0±3.6		
	9	25.6±4.0	39.1±5.4	33.6±2.0	28.0±1.7	31.0±5.8	27.4±5.2	27.5±1.9	24.3±1.7	26.1±1.0	23.1±0.9		
	10	22.7±3.5	31.1±4.8	31.0±2.0	25.8±1.7	27.3±1.0	24.2±0.9	26.6±0.6	23.6±0.6	24.4±0.7	21.6±0.6		
	年均	26.5±4.7	36.2±11.0	32.7±3.8	27.2±10.9	29.4±3.2	26.0±10.9	27.9±2.3	24.7±10.9	27.5±4.0	24.3±11.0		
2014	5	30.2±5.0	41.4±6.8	35.1±2.1	29.2±1.8	30.9±1.5	27.4±1.3	30.0±3.1	26.5±2.7	29.5±2.5	26.1±2.2		
	6	31.7±3.5	43.4±4.9	37.5±2.4	31.2±2.0	32.0±0.9	28.3±0.8	30.5±2.8	27.0±2.5	30.5±1.6	27.0±1.4		
	7	26.2±5.6	35.9±7.7	32.2±4.0	26.8±3.3	29.3±2.6	26.0±2.3	29.7±1.7	26.3±1.5	28.6±2.0	25.3±1.8		
	8	30.7±2.5	42.0±3.4	33.4±2.6	27.8±2.2	29.3±1.5	25.9±1.4	28.8±1.6	25.5±1.5	26.7±3.1	23.6±2.7		
	9	33.2±3.0	45.5±4.1	38.1±1.6	31.7±1.3	32.4±1.3	28.7±1.2	31.3±1.9	27.7±1.6	30.1±1.9	26.7±1.7		
	10	30.0±1.6	41.1±2.1	35.9±1.5	29.9±1.3	31.5±0.8	27.9±0.7	30.0±0.4	26.6±0.4	28.8±0.8	25.5±0.7		
	年均	30.2±4.1	41.4±11.0	35.3±3.1	29.4±11.0	30.9±1.9	27.4±11.0	30.1±2.1	26.6±11.0	29.1±2.2	25.7±11.0		
2015	5	33.8±3.2	46.3±4.4	39.0±1.2	32.5±1.0	34.4±3.0	30.4±2.7	34.8±4.7	30.8±4.1	34.7±6.4	30.7±5.7		
	6	27.1±4.5	37.1±6.2	36.6±4.5	30.5±3.7	31.5±3.3	27.9±2.9	29.6±1.7	26.2±1.5	28.8±1.2	25.5±1.1		
	7	26.0±9.0	35.6±12.3	34.1±6.7	28.4±5.6	30.6±4.1	27.1±3.7	30.5±3.0	27.0±2.7	28.9±2.5	25.6±2.2		
	8	25.4±3.5	34.8±4.8	29.8±1.9	24.8±1.6	26.2±1.7	23.2±1.5	27.3±2.0	24.1±1.8	26.7±0.6	23.6±0.6		
	9	29.0±3.6	39.8±5.0	36.8±5.0	30.7±4.2	32.1±3.6	28.4±3.1	30.1±2.3	26.6±2.0	28.4±2.0	25.1±1.8		
	10	28.8±2.6	39.5±3.6	35.6±1.8	29.7±1.5	30.9±0.7	27.3±0.6	29.3±0.4	25.9±0.3	28.1±0.3	24.8±0.3		
	年均	28.4±5.3	38.9±11.0	35.3±4.7	29.4±11.0	30.9±3.7	27.4±11.0	30.3±3.4	26.8±11.0	29.3±3.8	25.9±11.0		

表 3-64 高寒金露梅灌丛草甸（HBGFZ01AB0_01）土壤水分含量

年份	月份	0~10 cm 质量含水量/%	0~10 cm 体积含水量/(V/100V)	10~20 cm 质量含水量/%	10~20 cm 体积含水量/(V/100V)	20~30 cm 质量含水量/%	20~30 cm 体积含水量/(V/100V)	30~40 cm 质量含水量/%	30~40 cm 体积含水量/(V/100V)	40~50 cm 质量含水量/%	40~50 cm 体积含水量/(V/100V)	50~60 cm 质量含水量/%	50~60 cm 体积含水量/(V/100V)
2008	8	25.6±10.3	27.9±11.2	26.2±4.5	27.8±4.8	24.7±4.3	25.5±4.5	22.4±1.4	21.4±1.3	21.8±2.5	20.7±2.4		
	9	25.9±6.0	28.2±6.5	26.3±8.8	28.0±9.4	24.0±3.4	24.8±3.5	24.3±4.2	23.1±4.0	23.2±4.5	22.1±4.3		
	10	25.4±3.5	27.7±3.8	24.1±1.5	25.7±1.6	24.2±1.9	24.9±2.0	21.7±5.0	20.7±4.8	22.5±1.2	21.5±1.2		
	年均	25.7±6.0	27.9±6.5	25.4±5.8	27.0±6.2	24.2±3.0	25.0±3.1	22.9±4.1	21.8±4.0	22.6±3.05	21.6±2.9		
2009	4	26.3±3.3	28.6±3.6	32.8±3.9	34.9±4.1	31.9±3.9	32.9±4.0	32.4±2.4	30.9±2.3	34.8±6.4	33.2±6.1		
	5	17.4±3.6	19.0±3.9	28.8±4.6	30.7±4.9	29.0±2.3	29.9±2.4	29.2±2.1	27.8±2.0	31.2±8.7	29.7±8.3		
	6	25.7±2.4	27.9±2.6	34.6±2.9	36.8±3.1	33.4±3.8	34.5±3.9	32.8±2.9	31.2±2.7	31.3±2.2	29.8±2.1		
	7	28.8±12.2	31.4±13.3	35.8±4.4	38.1±4.7	32.0±11.0	33.0±11.4	35.3±2.7	33.6±2.6	36.3±11.2	34.6±10.7		
	8	23.2±2.5	25.2±2.7	31.1±3.4	33.0±3.6	30.4±1.5	31.3±1.5	29.4±1.0	28.0±1.0	30.0±1.9	28.6±1.8		
	9	19.1±3.9	20.7±4.2	28.1±7.5	29.9±8.0	34.1±3.4	35.2±3.5	29.7±9.7	28.3±9.3	38.8±3.2	37.0±3.1		
	10	26.1±3.2	28.4±3.5	37.8±2.8	40.2±2.9	35.8±1.3	36.9±1.3	35.0±1.3	33.3±1.3	32.5±4.0	30.9±3.9		
	年均	23.8±6.3	25.9±6.9	32.7±5.3	34.8±5.6	32.4±5.0	33.4±5.1	32.0±4.5	30.5±4.3	33.6±6.5	32.0±6.2		
2010	4	27.6±5.8	30.0±6.3	34.5±16.5	36.7±17.5	32.3±5.0	33.3±5.2	31.5±10.5	30.0±10.0	38.5±5.4	36.7±5.2		
	5	47.5±9.0	51.7±9.8	37.6±0	40.0±0	38.8±0	40.0±0	40.3±4.3	38.3±4.1	33.3±4.3	31.7±4.1		
	6	44.5±3.8	48.3±4.1	39.2±3.8	41.7±4.1	38.8±0	40.0±0	36.8±5.8	35.0±5.5	29.8±7.9	28.3±7.5		
	7	18.4±0	20.0±0	28.2±0	30.0±0	27.5±4.0	28.3±4.1	29.8±4.3	28.3±4.1	29.8±7.9	28.3±7.5		
	8	36.8±0	40±0	37.6±0	40.0±0	32.3±5.0	33.3±5.0	31.5±30.0	30.0±0	31.5±0	30.0±0		
	9	35.3±3.8	38.3±4.1	34.5±4.9	36.7±5.2	30.7±4.0	31.7±4.0	33.3±4.3	31.7±4.1	26.3±5.8	25.0±5.5		
	10	36.8±10.1	40±11.0	28.2±10.3	30.0±11.0	34.0±17.1	35.0±17.6	28.0±8.6	26.7±8.2	26.3±5.8	25.0±5.5		
	年均	35.3±10.6	38.3±11.5	34.2±8.2	36.4±8.7	33.5±7.7	34.5±7.9	33.1±6.5	31.5±6.2	31.8±5.8	30.3±5.5		

（续）

年份	月份	0~10 cm 质量含水量/%	0~10 cm 体积含水量/(V/100V)	10~20 cm 质量含水量/%	10~20 cm 体积含水量/(V/100V)	20~30 cm 质量含水量/%	20~30 cm 体积含水量/(V/100V)	30~40 cm 质量含水量/%	30~40 cm 体积含水量/(V/100V)	40~50 cm 质量含水量/%	40~50 cm 体积含水量/(V/100V)	50~60 cm 质量含水量/%	50~60 cm 体积含水量/(V/100V)
2011	5	35.3±6.9	38.3±7.5	34.5±4.9	36.7±5.2	30.7±4.0	31.7±4.1	31.5±0	30.0±0	35.0±12.7	33.3±12.1		
	6	36.8±5.8	40.0±6.3	34.5±4.9	36.7±5.2	34.0±5.3	35.0±5.5	28.0±14.3	26.7±13.7	33.3±4.3	31.7±4.1		
	7	27.6±5.8	30.0±6.3	45.4±18.2	48.3±19.4	40.4±7.3	41.7±7.5	47.3±19.6	45.0±18.7	36.8±8.8	35.0±8.4		
	8	26.1±3.8	28.3±4.1	26.6±3.8	28.3±4.1	24.3±5.3	25.0±5.5	28.0±5.4	26.7±5.2	28.0±5.4	26.7±5.2		
	9	36.8±0	40.0±6.3	37.6±0	40.0±0	35.6±5.0	36.7±5.2	33.3±4.3	31.7±4.1	31.5±0	30.0±0		
	年均	32.5±7.0	35.3±7.6	35.7±10.1	38.0±10.8	33.0±7.3	34.0±7.6	34.8±11.1	33.1±10.5	32.9±7.5	31.3±7.2	31.7	30.2
2012	4	27.6	30.0	27.1	28.9	28.1	28.9	27.5	26.2	28.0	26.7		
	5	31.8±2.9	34.6±3.2	28.5±3.2	30.4±3.4	28.3±4.4	29.2±4.6	31.7±1.7	30.1±1.6	32.7±3.7	31.1±3.5	32.4±8.9	30.8±8.5
	6	33.2±1.3	36.1±1.5	34.1±3.0	36.2±3.2	36.6±3.0	37.7±3.1	40.0±3.3	38.1±3.2	39.5±2.8	37.6±2.7	38.5±1.5	30.7±1.5
	7	36.1±5.9	39.2±6.4	35.7±1.8	38.0±1.9	39.4±3.4	40.6±3.5	42.8±1.3	40.8±4.1	41.3±2.8	39.3±2.7	38.6±4.8	36.8±4.5
	8	33.7±3.8	36.7±4.1	34.0±2.5	36.2±2.7	37.1±2.5	38.3±2.5	41.3±2.2	39.3±2.1	39.8±3.4	37.9±3.2	37.8±3.9	36.0±3.7
	9	33.6±1.3	36.5±1.4	35.1±1.6	37.3±1.7	38.2±2.7	39.4±2.8	43.6±2.0	41.5±1.9	43.7±4.1	41.7±3.9	39.3±2.8	37.4±2.7
	年均	33.5±3.6	36.4±3.9	33.3±3.6	35.4±3.8	35.7±5.1	36.8±5.2	39.5±5.2	37.6±4.9	39.0±5.1	37.2±4.9	37.1±5.3	35.4±5.0
2013	5	36.5±1.9	39.7±2.0	37.8±2.7	40.2±2.9	39.9±3.6	41.2±3.7	44.0±2.1	41.9±2.0	42.1±1.1	40.1±1.1	43.0±1.0	41.0±1.0
	6	35.4±5.5	38.4±6.0	34.6±4.8	36.8±5.1	40.2±6.5	41.4±6.7	42.6±5.9	40.6±5.6	43.7±7.2	41.6±6.9	41.7±6.2	39.7±5.9
	7	33.2±1.6	36.0±1.7	33.3±2.8	35.5±3.0	35.0±2.3	36.1±2.4	38.7±3.4	36.9±3.2	38.1±2.5	36.2±2.3	37.9±2.6	36.1±2.5
	8	32.4±2.5	35.2±2.7	32.9±3.0	35.0±3.2	36.1±3.3	37.2±3.4	38.5±3.7	36.7±3.6	37.0±2.8	35.2±2.6	36.7±3.1	34.9±2.9
	9	33.6±1.3	36.5±1.4	35.5±2.3	37.8±2.4	36.4±1.2	37.6±1.3	38.3±0.4	36.4±0.4	38.5±2.0	36.7±1.9	37.3±2.3	35.5±2.2
	10	29.2±1.1	31.7±1.2	30.3±0.9	32.2±0.9	31.4±1.9	32.3±0.9	33.3±1.0	31.7±0.9	34.9±1.2	33.2±1.1	33.4±0.9	31.8±0.8
	年均	33.5±3.4	36.4±3.7	34.2±3.6	36.4±4.1	36.6±4.4	37.8±4.5	39.4±4.5	37.5±4.3	39.2±4.4	37.3±4.2	38.5±4.3	36.6±4.1

（续）

年份	月份	0~10 cm 质量含水量/%	0~10 cm 体积含水量/(V/100V)	10~20 cm 质量含水量/%	10~20 cm 体积含水量/(V/100V)	20~30 cm 质量含水量/%	20~30 cm 体积含水量/(V/100V)	30~40 cm 质量含水量/%	30~40 cm 体积含水量/(V/100V)	40~50 cm 质量含水量/%	40~50 cm 体积含水量/(V/100V)	50~60 cm 质量含水量/%	50~60 cm 体积含水量/(V/100V)
2014	5	39.8±2.1	43.2±2.3	36.2±1.0	38.5±1.1	34.4±1.0	35.5±1.0	32.8±1.2	31.3±1.2	30.3±1.0	28.9±1.0		
	6	35.7±4.2	38.8±4.6	32.6±2.9	34.7±3.0	31.4±2.4	32.4±2.5	30.5±2.3	29.1±2.2	28.9±1.1	27.5±1.1		
	7	33.4±5.4	36.3±5.9	30.5±2.4	32.5±2.6	28.6±2.2	29.4±2.3	27.8±2.7	26.5±2.6	26.7±1.5	25.5±1.4		
	8	38.8±3.8	42.2±4.2	33.4±3.0	35.6±3.2	29.1±1.5	30.0±1.5	27.8±1.7	26.4±1.6	26.2±1.7	25.0±1.6		
	9	42.7±7.7	46.4±8.9	37.7±5.7	40.1±6.5	33.6±4.7	34.6±4.3	31.3±4.4	29.8±3.9	29.1±1.9	27.7±1.9		
	10	40.3±6.2	44.6±6.8	36.2±6.5	37.5±6.9	31.7±4.7	32.4±4.8	32.0±3.5	30.4±3.4	28.5±2.6	26.7±2.4		
	年均	38.3±5.6	41.6±6.1	34.0±4.3	36.2±4.6	31.2±3.4	32.2±3.5	30.3±3.1	28.9±3.0	28.2±2.1	26.8±2.0		
2015	5	48.1±4.5	52.3±4.9	44.7±5.5	47.5±5.8	40.2±2.2	41.4±2.3	40.1±2.1	38.2±2.0	39.9±4.1	38.0±3.9		
	6	32.3±4.7	36.8±5.1	31.8±4.7	33.5±5.0	30.3±3.1	30.4±3.2	30.8±3.3	29.7±3.1	30.0±2.6	27.9±2.5		
	7	34.3±9.4	35.9±10.2	31.4±6.5	33.7±7.0	31.4±5.7	32.4±5.9	31.9±4.9	30.6±4.7	30.5±3.1	29.0±3.0		
	8	29.8±3.3	33.9±3.6	28.9±2.3	30.2±2.4	27.9±2.5	28.7±2.6	27.5±2.6	25.9±2.5	26.6±2.6	25.5±2.5		
	9	36.2±4.9	39.1±5.4	32.3±3.6	34.2±3.9	30.8±3.7	31.3±3.8	29.4±4.2	28.1±4.0	28.1±4.4	25.9±4.2		
	10	35.3±3.6	38.4±4.0	33.4±8.5	35.5±9.1	27.2±1.9	28.0±2.0	28.1±2.5	26.8±2.4	25.7±1.8	24.5±1.7		
	年均	35.9±7.3	39.0±7.9	33.3±7.0	35.4±7.4	30.9±5.2	31.9±5.3	31.2±5.2	29.7±4.9	29.7±5.45	28.3±5.1		

高寒小嵩草草甸 2005—2015 年植物生长季 0～50 cm 土层质量含水量和体积含水量分别为（30.0±6.9）%和（30.4±8.2）V/100V（表 3-65）。其质量含水量与体积含水量呈现出 5—9 月持续上升，9—10 月缓慢下降的季相变化。除 0～20 cm 土层质量含水量低于体积含水量［（21.2±19.1）V/100V］外，其余土层均呈现出质量含水量均高于体积含水量。随着土层的加深，其土壤含水量呈现出逐渐下降的剖面分异特征（图 3-25）。

表 3-65　高寒小嵩草草甸（HBGZQ01AB0_01）土壤水分含量

年份	月份	0～10 cm 质量含水量/%	0～10 cm 体积含水量/(V/100V)	10～20 cm 质量含水量/%	10～20 cm 体积含水量/(V/100V)	20～30 cm 质量含水量/%	20～30 cm 体积含水量/(V/100V)	30～40 cm 质量含水量/%	30～40 cm 体积含水量/(V/100V)	40～50 cm 质量含水量/%	40～50 cm 体积含水量/(V/100V)	50～60 cm 质量含水量/%	50～60 cm 体积含水量/(V/100V)
2012	5	12.7±1.5	17.0±2.1	18.7±2.5	20.4±2.7	18.6±0.7	18.3±0.7	22.1±0.6	19.4±0.5	20.6±0.6	18.1±0.6	20.4±0.8	17.9±0.7
	6	20.8±3.2	27.7±4.3	25.8±2.3	28.0±2.4	26.4±1.7	25.9±1.7	29.4±1.1	25.8±1.0	29.9±2.9	26.2±2.5	29.0±7.0	25.4±6.2
	7	23.4±2.5	31.2±3.3	26.7±0.7	29.0±0.8	31.8±1.3	31.1±1.3	35.2±1.7	30.8±1.5	38.1±3.9	33.5±3.4	38.6±1.5	33.9±1.3
	8	20.9±4.1	27.9±5.5	24.5±7.5	26.6±8.1	28.1±5.0	27.6±4.9	33.7±9.1	29.6±8.0	32.3±7.6	28.3±6.7	31.4±7.5	27.5±6.5
	9	28.1±2.5	37.4±3.3	35.0±2.7	38.0±3.0	37.5±0.7	36.7±0.6	44.5±2.1	39.1±1.8	42.6±3.9	37.4±3.4	42.8±3.1	37.6±2.7
	年均	21.2±5.4	28.2±7.2	26.1±5.9	28.4±6.4	28.5±6.5	27.9±6.3	33.0±8.0	28.9±7.0	32.7±8.1	28.7±7.1	32.5±7.5	28.5±7.5
2013	5	20.9±0.7	27.9±0.9	26.3±0.4	28.6±0.4	30.1±0.8	29.5±0.8	35.6±4.3	31.2±3.8	34.9±3.9	30.6±3.4	37.1±1.4	32.5±1.2
	6	23.6±3.3	31.5±4.5	28.6±7.6	31.1±8.2	32.8±3.4	32.1±3.3	36.8±4.9	32.3±4.3	37.7±5.3	33.1±4.6	37.0±7.5	32.5±6.6
	7	23.0±1.4	30.6±1.9	28.8±3.5	31.3±3.8	31.1±6.9	30.5±6.7	37.8±6.8	33.2±6.0	40.5±1.5	35.5±1.3	36.0±1.5	31.6±1.3
	8	25.4±3.4	33.8±4.5	31.9±2.5	34.7±2.8	33.9±2.0	33.3±2.0	39.2±7.7	34.3±6.8	40.2±2.4	35.3±2.4	33.3±7.0	29.2±6.1
	9	28.8±1.9	38.4±2.6	35.1±0.6	38.1±0.6	40.0±2.6	39.2±2.6	46.1±1.8	40.4±1.6	43.1±1.1	37.8±0.9	43.4±1.2	38.1±1.0
	10	22.4±5.6	29.9±7.4	28.8±5.5	31.4±6.0	30.7±6.4	30.1±6.3	38.0±2.0	33.3±1.8	35.6±7.3	31.2±6.4	37.3±8.9	32.7±7.9
	年均	24.0±3.4	32.0±4.5	29.9±4.1	32.5±4.5	33.1±4.5	32.5±4.4	38.9±4.9	34.1±4.3	38.7±4.15	33.9±3.6	37.4±5.0	32.8±4.4
2014	5	27.7±3.9	36.9±5.2	27.1±1.2	29.4±1.3	26.3±1.0	25.8±1.0	28.2±0.1	24.8±0.1	27.7±0.3	24.3±0.3		
	6	36.2±2.5	48.3±3.4	35.3±0.5	38.4±0.5	31.7±0.5	31.1±0.4	32.9±1.1	28.8±1.0	29.1±1.6	25.5±1.4		
	7	30.3±1.4	40.4±1.9	31.5±0.4	34.3±0.4	27.8±0.4	27.3±0.4	30.8±0.7	28.1±0.0	28.1±2.0	24.6±1.8		
	8	43.5±9.9	58.0±13.2	35.0±6.6	38.0±7.1	29.8±2.5	29.2±2.5	29.7±3.5	26.0±3.1	25.6±7.7	22.4±6.7		
	9	39.8±0.7	53.1±1.0	31.6±0	34.3±0	31.0±0.4	30.4±0.0	31.4±4.0	27.5±3.7	27.9±3.7	24.5±3.2		
	10	32.5	43.4	31.3	34.0	29.6	29.0	30.8	27.0	28.9	25.3		
	年均	35.2±6.5	47.0±8.7	32.0±3.5	34.8±3.8	29.4±2.1	28.8±2.1	30.4±2.3	26.7±2.9	27.8±2.9	24.4±2.6		
2015	5	33.3±5.8	44.4±7.7	27.1±4.6	29.5±4.9	26.3±4.1	25.8±4.0	25.9±5.0	22.7±4.4	22.9±8.3	20.1±7.3		
	6	27.2±5.2	36.2±6.9	24.1±1.4	26.2±1.5	27.3±4.1	26.8±4.0	29.9±1.9	26.1±1.6	27.6±2.0	24.3±1.9		
	7	24.1±20.3	32.1±27.0	21.5±14.8	23.4±16.1	21.8±10.7	21.4±10.5	26.7±8.5	23.4±7.5	22.6±0.9	19.9±0.8		
	8	30.1±1.5	40.1±2.0	24.9±2.7	27.1±2.9	23.9±3.0	23.5±3.0	23.7±3.0	20.8±2.6	21.7±2.4	19.0±2.1		
	9	37.3±3.6	49.7±4.8	32.5±2.6	35.3±2.8	28.7±4.1	28.2±4.0	27.6±2.0	24.3±1.8	23.3±0.4	20.5±0.4		
	10	35.8	47.7	32.0	34.8	29.1	28.5	28.8	25.3	21.8	19.1		
	年均	30.9±8.1	41.1±10.8	26.6±6.2	28.9±6.8	25.9±4.6	25.4±4.5	26.9±3.8	23.6±3.4	23.5±3.4	20.6±3.0		

以 0～50 cm 土层的质量含水量基准，比较 3 种类型高寒草地含水量的相对大小及年际变化，3 类草地含水量基本相当，高寒矮嵩草草甸［（34.2±9.2）%］＞高寒金露梅灌丛草甸［（32.7±7.2）%］＞高寒小嵩草草甸［（30.0±6.9）%］相对次序，平均土壤含水量差异在 2%左右。由于 3 类草地测定

数据的年份不对称，以高寒矮嵩草草甸为例，其土壤水分含量的呈现出 2004—2008 年波动下降，2009—2010 年回升，2012—2015 年相对稳定的年际动态（图 3 - 26）。

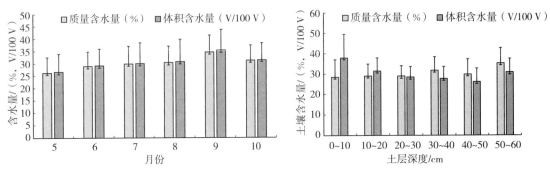

图 3 - 25　高寒小嵩草草甸土壤水分的季相变化与剖面分异

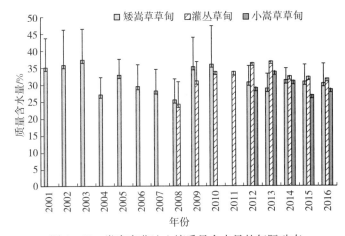

图 3 - 26　类高寒草地土壤质量含水量的年际动态

3.4.4.2　冻土

海北站地区冻土属于季节性冻土，呈现出"由表及底"的单向冻结过程。受地下暖流的影响，冻土的解冻呈现出"地表和地下同时解冻"的双向解冻过程（图 3 - 27）。

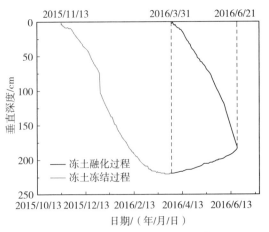

图 3 - 27　季节性冻土的冻结—融化过程

2005—2018 年，年际间相差可达 26 d，冻土持续期长达 214.5 d，冻土深度平均为 197.5 cm（图 3 - 28）。

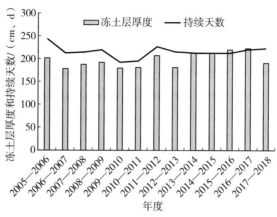

图 3 - 28　季节性冻土的厚度与持续天数

地表始冻期多发生于每年的 11 月 13 日前后，其解冻的日期地表及地下基本同步，约在 4 月上旬，冻土层的贯通约发生在 5 月底至 6 月初，土体中冻土层消融贯通期多发生于 6 月中下旬，年际间可相差 24 d（表 3 - 66）。

生长季土壤水分在 32% 左右，春节融化期高达 43%，即季节冻土形成中随深层水汽迁移至植物根系层的水量使土壤含水量提高了 11% 左右，冻土的发生提高了水分的利用率，保障了牧草返青春旱对水分的需求。

表 3 - 66　高寒草地季节性冻土的发生过程

年份	地表冻结始期（月-日）	冻土层稳定日期（月-日）	地表解冻始期（月-日）	冻土下层解冻始期（月-日）	冻土层消融贯通日期（月-日）	冻土层厚度/cm
2015—2006	11 - 04	3 - 30	4 - 01	4 - 02	6 - 05	202
2006—2007	10 - 31	3 - 21	4 - 05	4 - 5	6 - 1	178
2007—2008	11 - 01	3 - 11	4 - 03	4 - 10	6 - 6	188
2008—2009	11 - 18	3 - 26	4 - 10	4 - 02	5 - 31	192
2009—2010	11 - 17	3 - 18	4 - 06	3 - 24	5 - 29	180
2010—2011	11 - 01	3 - 27	4 - 15	4 - 10	6 - 13	181
2011—2012	11 - 25	4 - 12	4 - 16	4 - 26	6 - 27	207
2012—2013	11 - 16	3 - 28	4 - 17	4 - 13	6 - 16	181
2013—2014	11 - 14	3 - 15	3 - 10	4 - 06	6 - 15	211
2014—2015	11 - 09	3 - 17	3 - 31	4 - 07	6 - 10	213
2015—2016	11 - 13	3 - 23	4 - 01	4 - 02	6 - 21	220
2016—2017	11 - 11	4 - 06	4 - 02	4 - 09	6 - 21	223
2017—2018	11 - 16	3 - 26	4 - 06	4 - 02	5 - 31	191

3.5　地表水环境

3.5.1　概述

青藏高原是亚洲多条主要江河的源头区，也是中国水资源管理和水环境保护最严格的区域之一。水质安全是青藏高原水安全重要组成部分。海北站长期对高寒草甸地表、地下水化学观测，有助于评价青藏高原水质状况，探索高寒草甸生态系统退化对水质的影响，揭示高寒草甸生态系统水源涵养功能影响机制。

3.5.2 数据采集和处理方法

3.5.2.1 观测场设置

基于对海北站地表水类型、不同深度地下水的调查，设置了海北站的地表水和地下水两种水环境调查点。其中，地表水包括河水、湖水、沼泽水、泉水，地下水包括浅位地下水、中位地下水和深层地下水（表3-67），分别布设于站区的菜子湾河、乱海子、鱼儿山南山脚沼泽地出口和地下泉水出露处（图3-29）。

表3-67　海北站地表水质采样点

水源类型	采样点名称	样点编号	地理坐标	备注
地表水	地表水采样点10号	HBGFZ10CJB_01	北纬37°35′59″；东经101°20′38″	站区低洼湖泊乱海子
	地表水采样点11号	HBGFZ11CJB_01	北纬37°36′33″；东经101°19′5″	地下泉水露头
	地表水采样点12号	HBGFZ12CJB_01	北纬37°36′31″；东经101°19′5″	站区沼泽湿地
	地表水采样点13号	HBGFZ13CLB_01	北纬37°36′23″；东经101°18′39″	流经站区的河流
浅位地下水	浅位地下水采样点14号	HBGFZ14CDX_01	北纬37°36′47″；东经101°18′45″	站冬季生活用浅水井（3 m）
中位地下水	中位地下水采样点15号	HBGFZ15CDX_01	北纬37°37′17″；东经101°18′37″	牧户水井（15 m）
深位地下水	深位地下水样点16号	HBGFZ16CDX_01	北纬37°36′46″；东经101°18′44″	站夏季生活用水机井（40 m）

图3-29　海北站水体化学观测点

3.5.2.2 观测因子

观测指标包括地表水化学与生物学性状（水温、pH、总磷、总氮、生化需氧量、溶解氧、电导率）、酸性阴离子（碳酸根、碳酸氢根、硝酸根、磷酸根、氯根离子、硫酸根）、阳离子（矿化度、钾离子、钠离子、钙离子、镁离子）三大类18个指标。

3.5.2.3　样品采集与分析方法

观测频率为 2 次/年，观测时间为每年 3 月下旬和 8 月下旬，分别代表枯水期和丰水期地表水质状况，深位地下水样点 16 号（HBGFZ16CDX_01），由于冬季关站，无法取样，仅在丰水期取样。每次样品采集于上午 7：00，此时由于人、畜还处于夜间休息时段，水体没有受到人类生活用水汲取和家畜饮水的扰动与污染，基本可以代表自然地表水的天然状况。样品用塑料水桶盛装，桶体积 5 kg，采样前用待采水洗涤采样塑料杯和塑料桶 5 次，然后将水桶装满，密封，尽快运回实验室分析测试，样品采集重复 2 次。塑料桶灌满是为了避免运输途中，由于车体晃动造成水样成分的改变。

样品的分析参照"中国生态系统研究网络（CERN）长期观测质量管理规范"丛书的《陆地生态系统水环境观测质量保证与质量控制》中的相关方法，进行水体化学特征测试（表 3-68）。

表 3-68　高寒草地水体化学特征测定方法

指标名称	单位	有效数字	分析方法
温度	℃	1	多参数水质分析仪
pH	无量纲	2	玻璃电极法与多参数水质分析仪
钙离子（Ca^{2+}）	mg/L	2	离子色谱法
镁离子（Mg^{2+}）	mg/L	2	离子色谱法
钾离子（K^+）	mg/L	2	离子色谱法
钠离子（Na^+）	mg/L	2	离子色谱法
碳酸根离子（CO_3^{2-}）	mg/L	2	酸碱滴定法
重碳酸根离子（HCO_3^{-}）	mg/L	2	酸碱滴定法
氯化物（Cl^-）	mg/L	2	离子色谱法
硫酸根离子（SO_4^{2-}）	mg/L	2	离子色谱法
磷酸根离子（PO_4^{3-}）	mg/L	2	离子色谱法
硝酸根（NO_3^{-}）	mg/L	2	离子色谱法
化学需氧量（高锰酸盐指数）	mg/L	2	酸性高锰酸钾滴定法
水中溶解氧（DO）	mg/L	2	碘量法与多参数水质分析仪法
矿化度	mg/L	2	重量法与多参数水质分析仪法
总氮（N）	mg/L	2	凯氏定氮仪法
总磷（P）	mg/L	2	钼酸铵分光光度法
电导率	mS/cm	2	多参数水质分析仪法

3.5.2.4　质量控制方法

按照"中国生态系统研究网络（CERN）长期观测质量管理规范"丛书的《陆地生态系统水环境观测质量保证与质量控制》的相关规定执行，样品采集和运输过程中，增加采样空白和运输空白，实验室分析测定时，用国家标准样品质控。

采用八大离子加和法、阴阳离子平衡法、电导率校核、pH 校核等方法分析数据正确性。

3.5.3　水环境监测数据集

本数据集是整理了海北站 2001—2016 年的 7 个水体水化学特征及监测数据。数据集为年尺度数据，分别给出了 2001—2016 年的年均值，同时将年尺度进一步分为丰水期（植物生长季 8 月下旬）

和枯水期（3 月下旬）两个时段，数据表述为平均值±标准差。

3.5.3.1 水温

海北站地表水为处于自然环境状况下的天然水体，基本没有受到人类活动的干扰。2001—2016 年，海北站 7 种不同类型水体年平均水温变异区间为 5.3～9.1℃，平均值为 7.0℃。且表现出地表水体（河流、胡泊和泉水）[（7.7±6.4）℃] 高于地下水体 [（5.7±4.8）℃]，静态水体（湖泊）[（9.3±7.0）℃] 高于流动水体（河流）[（7.8±6.4）℃] 的相对顺序。从季相看，丰水季高于枯水季（表 3-69、图 3-30）。

表 3-69　海北站地表水化学与生物学性状

水源类型	样点编号	统计时段	水温/℃	pH	化学需氧量/(mg/L)	水中溶解氧/(mg/L)	总氮/(mg/L)	总磷/(mg/L)
地表水采样点 10 号	HBGFZ10CJB_01	年均值	9.3±7.0	8.6±1.2	14.3±13.0	6.5±4.0	2.6±2.8	1.0±2.6
		丰水期	14.8±3.8	9.3±1.0	12.5±5.6	6.5±4.0	2.5±2.3	1.4±3.3
		枯水期	3.4±4.1	7.8±0.6	16.3±17.6	3.3±2.5	2.7±3.2	0.7±1.5
地表水采样点 11 号	HBGFZ11CJB_01	年均值	6.1±4.2	6.3±0.5	1.7±1.6	2.9±2.3	2.4±3.6	1.3±3.0
		丰水期	8.8±3	6.3±0.5	1.6±1.5	2.2±1.4	1.8±2.1	1.8±4.0
		枯水期	3.2±2.5	6.2±0.5	1.8±1.8	3.9±2.9	2.9±4.5	0.7±1.4
地表水采样点 12 号	HBGFZ12CJB_01	年均值	7.6±7.2	7.2±0.6	5.5±4.9	5.3±5.6	1.7±2.4	1.2±3.0
		丰水期	13.4±4.9	7.7±0.4	6.3±2.6	5.9±6.7	1.0±0.9	1.2±3.2
		枯水期	1.5±2.9	6.6±0.3	4.7±6.4	4.7±3.5	2.4±3.1	1.3±2.8
地表水采样点 13 号	HBGFZ13CLB_01	年均值	7.8±12.7	7.7±0.9	3.6±9.2	4.8±6.9	2.4±10.3	0.9±4.3
		丰水期	13.2±3.4	7.9±0.4	2.9±2.1	4.3±2.9	1.4±1.6	1.2±2.6
		枯水期	1.9±2.3	7.5±0.4	4.4±6.1	5.5±3.9	3.3±6.8	0.6±1.5
浅位地下水采样点 14 号	HBGFZ14CDX_01	年均值	5.1±5.6	7.3±0.4	2.7±2.9	4.9±3.5	1.3±1.5	1.2±2.5
		丰水期	9.0±4.4	7.4±0.4	2.8±2.9	4.6±3.2	1.4±1.8	1.7±3.2
		枯水期	0.8±2.9	7.2±0.4	2.6±2.8	5.2±3.8	1.1±1.1	0.7±1.4
中位地下水采样点 15 号	HBGFZ15CDX_01	年均值	5.1±3.9	7.0±0.5	2.3±2.6	4.6±3.3	2.4±4.0	0.5±1.3
		丰水期	7.7±2.9	7.1±0.7	2.3±2.6	4.3±3.0	1.8±2.3	0.1±0.2
		枯水期	2.2±2.6	7.0±0.4	2.2±2.6	4.9±3.6	3.0±5.0	0.9±1.8
深位地下水样点 16 号	HBGFZ16CDX_01	丰水期	9.8±1.5	7.0±0.3	2.9±2.3	5.2±2.3	2.5±3.1	0.6±0.9

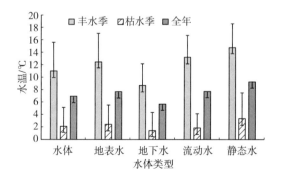
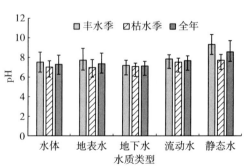

图 3-30　海北站不同类型水体的水温和 pH

3.5.3.2　pH

2001—2016 年，海北站 7 种不同类型水体年平均 pH 变异区间为 5.3～10.8.1℃，平均值为 7.3。其中，11 号采样点泉水 pH 平均值为 6.3，为弱酸性水，10 号采样点湖泊水体 pH 平均值为 8.6，为碱性水，其他 5 种水体 pH 在 7.5 左右，为中性水。我国《生活饮用水卫生标准》GB 5749—2006 中对水 pH 的要求为 6.5～8.5，除乱海子湖泊外，其余 6 种水体均符合饮用水的 pH。同时表现出地表水体（7.4±1.1）与地下水（7.2±0.5）基本相当，静态水体（湖泊）（8.6±1.2）高于流动水体（河流）（7.7±0.5）的相对顺序。从季相看，丰水季略高于与枯水季的相对顺序（表 3-69、图 3-31）。

3.5.3.3　化学需氧量

化学需氧量（COD）是以化学方法测量水样中需要被氧化的还原性物质的量。它反映了水体受还原性物质污染的程度，也是有机物相对含量的综合指标之一。2001—2016 年，海北站 7 种不同类型水体 COD 变异区间为 0.13～54.14 mg/L，平均值为 4.6 mg/L，变异极大，变异系数 1.51。其中值得一提的是 10 号采样点湖泊水体和 12 号采样点沼泽湿地水体，其 COD 分别为（14.3±13.0）mg/L 和（5.5±4.9）mg/L，为基本处于封闭状态的低洼湖泊，或由于四周山体土体及家畜排泄物随径流汇入，造成其化学需氧量 COD 的相对较高（表 3-69）。表现出地表水体 [（5.9±8.3）mg/L] 高于地下水 [（2.5±2.7）mg/L]，静态水体（湖泊）[（14.3±13.0）mg/L] 高于流动水体（河流）[（3.6±4.6）mg/L] 的相对顺序。从季相看，枯水季高于丰水季（表 3-69，图 3-31）。

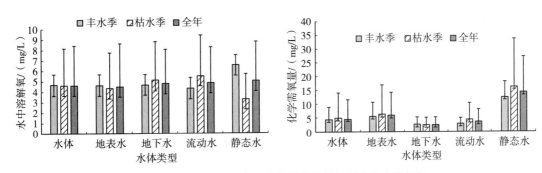

图 3-31　海北站不同类型水体的化学需氧量和水中溶解氧

3.5.3.4　水中溶解氧

溶解氧是指溶解于水中分子状态的氧，即水中的氧气（O_2），水中溶解氧含量是水质监测的一项重要指标，用 DO 表示，是水体自净能力的表示。氧气在水中的溶解度可达 40 mg/L，一般河水中的饱和溶解氧仅为 8.3 mg/L。

2001—2016 年，海北站 7 种不同类型水体 DO 变异区间为 0.06～27.85 mg/L，平均值为 4.63 mg/L，变异极大，变异系数 0.82（表 3-69），远低于一般河水中的饱和溶解氧含量 8.3 mg/L 水平，这是否与高寒地区大气环境氧含量水平较低有关？同时表现出地表水体 [（4.51±4.08）mg/L] 与地下水体 [（4.81±3.26）mg/L] 基本相当，静态水体（湖泊）[（5.06±3.75）mg/L] 高于流动水体（河流）[（4.84±3.43）mg/L] 的相对顺序。从季相看，地下水体、流动水体枯水季高于丰水季，静态水体丰水季高于枯水季，地表水两季基本相当（图 3-31）。

3.5.3.5　总氮和总磷

总氮是指水体中氮元素的含量，包括了氨氮、硝酸盐氮、亚硝酸盐氮和有机氮。总磷是指水体中磷元素的含量，主要为磷酸盐的形式。总磷和总氮反映了水中还原性物质的含量，也是水体富营养化的指标。

2001—2016 年，海北站 7 种不同类型水体总氮变异区间为 0.01～26.27 mg/L，平均值为

2.19 mg/L（表 3-69）。同时表现出地表水体［（2.31±3.67）mg/L］高于地下水体［（1.98±3.10）mg/L］，静态水体（湖泊）［（2.75±2.82）mg/L］高于流动水体（河流）［（2.38±5.10）mg/L］的相对顺序。从季相看，枯水季高于丰水季（图 3-32）。

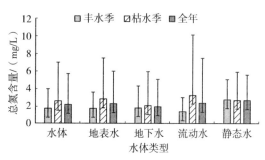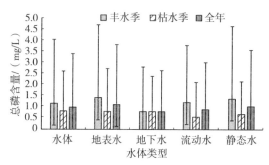

图 3-32   海北站不同类型水体的总氮和总磷

2001—2016 年，海北站 7 种不同类型水体总磷变异区间为 0.01～13.20 mg/L，平均值为 0.98 mg/L（表 3-69）。同时表现出地表水体［（322.90±111.36）mg/L］高于地下水体［（304.70±87.50）mg/L］，静态水体（湖泊）［（309.90 mg/L±139.80）mg/L］高于流动水体（河流）［（259.0±80.9）mg/L］的相对顺序。从季相看，丰水季高于枯水季（图 3-33）。说明植物生长季随降水径流的冲刷作用能有效降低水体总磷含量。

3.5.3.6   水体矿化度及盐分

矿化度和硬度是水质评价中常用的两个重要指标。水的矿化度又叫做水的含盐量，是表示水中所含盐类的数量，常见的有 Ca^{2+}、Mg^{2+}、Na^+、K^+、HCO_3^-、Cl^-，其大小与地层成藏环境和岩石碎屑颗粒沉积物来源有关。

海北站 7 种水体的矿化度变化范围为 309～389 mg/L，平均值为 316.0 mg/L，变异系数为 0.32。其中，11 号采样点泉水的矿化度最高，年平均值为 389.8 mg/L，饮水时具有较强的苦涩感。13 号采样点河流和 16 号采样点 40 m 机井水相当，且最低，年平均值为 259.0 mg/L。10 号采样点湖泊和 14 号、15 号两个水井水基本相当，约为 310 mg/L（表 3-70）。

表 3-70   海北站地表水离子含量

单位：mg/L

水源类型	样点编号	统计时段	矿化度	钙离子	镁离子	钾离子	钠离子
地表水采样点 10 号	HBGFZ10CJB_01	年均值	309.9±139.8	31.2±13.1	33.2±17.0	4.1±4.0	26.0±18.4
		丰水期	312.0±79.3	26.8±7.7	32.4±16.0	1.8±1.2	27.1±17.8
		枯水期	307.4±187.6	35.9±15.9	34.0±17.9	6.6±4.5	24.8±18.9
地表水采样点 11 号	HBGFZ11CJB_01	年均值	389.8±95.5	68.6±26.2	40.4±14.7	1.7±0.8	22.5±5.0
		丰水期	415.7±58.4	66.7±30.3	40.9±19.3	1.6±0.4	21.9±6.4
		枯水期	360.3±118.3	70.7±20.7	39.9±7.1	2.0±1.1	23.1±2.7
地表水采样点 12 号	HBGFZ12CJB_01	年均值	330.7±82.4	64.5±25.5	32.1±12.1	1.6±0.5	16.6±4.2
		丰水期	320.3±45.7	55.8±25.9	31.6±13.6	1.7±0.5	18.8±2.9
		枯水期	343.5±110.9	74.4±21.1	32.7±10.3	1.6±0.5	14.2±4.2
地表水采样点 13 号	HBGFZ13CLB_01	年均值	259.0±161.7	47.5±38.2	29.3±17.9	1.6±5.8	7.9±6.8
		丰水期	273.6±61.0	47.8±18.4	28.4±11.9	0.8±0.3	7.1±3.0

（续）

水源类型	样点编号	统计时段	矿化度	钙离子	镁离子	钾离子	钠离子
地表水采样点 13 号	HBGFZ13CLB_01	枯水期	242.3±96.2	47.2±21.0	30.3±3.4	2.5±3.9	8.9±3.8
浅位地下水采样点 14 号	HBGFZ14CDX_01	年均值	314.6±88.5	60.7±24.7	28.3±13.8	2.0±0.7	11.1±3.1
		丰水期	335.9±83.4	56.9±26.1	29.8±17.0	2.3±0.8	11.1±4.0
		枯水期	290.3±88.0	64.7±22.5	26.8±9.0	1.7±0.4	11.2±1.7
中位地下水采样点 15 号	HBGFZ15CDX_01	年均值	312.1±74.2	57.1±23.6	29.4±11.3	1.6±0.6	13.0±3.5
		丰水期	323.3±46.3	56.1±27.2	29.3±13.6	1.4±0.4	12.3±4.2
		枯水期	299.2±95.0	58.1±19.0	29.5±8.2	1.9±0.8	13.8±2.2
深位地下水样点 16 号	HBGFZ16CDX_01	丰水期	252.8±102.3	56.3±23.6	34.2±14.8	1.4±0.4	11.4±4.0

水源类型	样点编号	统计时段	碳酸根离子	重碳酸根离子	氯根离子	硫酸根离子	磷酸根离子	硝酸根
地表水采样点 10 号	HBGFZ10CJB_01	年均值	69.4±71.6	222.7±153.2	18.3±13.0	24.9±34.7	0.1±0.1	2.3±2.4
		丰水期	69.4±71.6	149.8±100.3	17.6±9.6	28.7±45.4	0.1±0.1	2.5±2.6
		枯水期	未检出	301.7±161.3	19.1±15.7	20.8±15.6	0.1±0.1	2.1±2.2
地表水采样点 11 号	HBGFZ11CJB_01	年均值	未检出	502.9±168.0	5.8±2.5	26.3±7.0	0.2±0.2	3.0±2.5
		丰水期	未检出	504.4±212.1	5.7±3.4	26.9±6.5	0.1±0.1	2.5±1.8
		枯水期	未检出	501.3±101.7	5.8±1.5	25.7±7.4	0.1±0.1	3.5±2.9
地表水采样点 12 号	HBGFZ12CJB_01	年均值	未检出	435.2±113.5	7.3±3.8	16.8±8.7	0.1±0.2	2.3±2.3
		丰水期	未检出	391.5±107.7	8.9±4.6	17.9±11.2	0.1±0.1	1.9±1.7
		枯水期	未检出	481.8±100.2	5.6±1.4	15.7±5.1	0.1±0.1	2.7±2.6
地表水采样点 13 号	HBGFZ13CLB_01	年均值	未检出	283.9±104.6	4.8±7.5	28.1±17.4	0.1±0.2	3.0±4.6
		丰水期	未检出	275.7±31.6	4.4±4.1	26.7±4.8	0.1±0.1	2.7±2.5
		枯水期	未检出	292.1±65.9	5.3±3.1	29.5±11.4	0.1±0.2	3.4±2.0
浅位地下水采样点 14 号	HBGFZ14CDX_01	年均值	未检出	371.2±121.1	11.9±12.6	24.6±8.7		5.9±5.5
		丰水期	未检出	375.9±142.6	14.5±16.6	26.9±8.3	0.1±0.6	6.3±6.8
		枯水期	未检出	366.2±92.5	9.2±4.4	22.1±8.4	0.1±0.1	5.4±3.6
中位地下水采样点 15 号	HBGFZ15CDX_01	年均值	未检出	370.8±109.6	6.9±4.1	20.7±6.5	0.1±0.2	5.1±3.4
		丰水期	未检出	363.6±132.4	7.0±5.3	21.6±5.0	0.1±0.1	5.0±2.6
		枯水期	未检出	378.6±77.6	6.9±2.2	19.8±7.7	0.1±0.1	5.2±4.0
深位地下水样点 16 号	HBGFZ16CDX_01	丰水期	未检出	351.9±170.7	6.1±4.3	20.8±6.2	0.2±0.3	3.3±1.6

2001—2016 年，海北站 7 种不同类型水体之间矿化度表现出地表水体 [（322.9±111.3）mg/L] 高于地下水 [（304.7±87.5）mg/L]，静态水体（湖泊）[（309.9±139.8）mg/L] 高于流动水体（河流）[（259.0±80.9）mg/L] 的相对顺序。从季相看，丰水季高于枯水季（图 3-34）。

水的硬度是指除碱金属以外的全部金属离子浓度的总和，硬度主要由钙、镁构成，所以水的硬度常指钙、镁离子浓度的总和。海北站水体的硬度（以 $CaCO_3$ 为基准）范围在 356～612 mg/L，其中，11 号采样点泉水硬度最大，10 号采样点湖泊水体最低，3 个井水硬度基本一致。

海北站 7 种水体中，矿物质阳离子以钙、镁、钠、钾离子为主，其中 Ca^{2+} 变化范围为 3.27～139.16 mg/L，平均值为 55.7 mg/L，变异系数为 0.46。Mg^{2+} 变化范围为 0.47～76.52 mg/L，平均值为 32.2 mg/L，变异系数为 0.43。Na^+ 变化范围为 0.23～67.24 mg/L，平均值为 15.9 mg/L，变

异系数为 0.62。K^+ 变化范围为 0.13～16.36 mg/L，平均值为 2.0 mg/L，变异系数为 1.05。呈现出
$Ca^{2+}>Mg^{2+}>Na^+>K^+$ 的相对次序（图 3-33）。

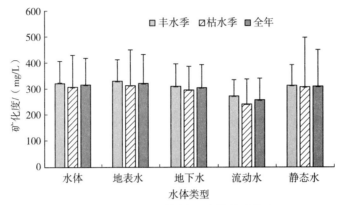

图 3-33　海北站不同类型水体的矿化度

　　2001—2016 年，海北站不同类型水体的 Ca^{2+} 含量比较特殊，呈现出地下水体 [（58.5±24.2）mg/L]
高于地表水体 [（54.0±26.4）mg/L]，流动水体（河流）[（47.5±19.7）mg/L] 高于静态水体（湖泊）
[（31.2±13.1）mg/L] 的相对顺序。而 Mg^{2+}、Na^+ 和 K^+ 的均表现出地表水体高于地下水体，静态
水体（湖泊）高于流动水体（河流）的相对顺序。从季相看，Ca^{2+}、K^+ 含量枯水季高于丰水季，
Mg^{2+}、Na^+ 含量丰枯两季基本相当（图 3-34）。

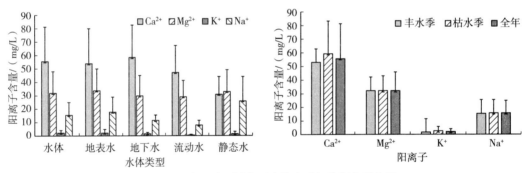

图 3-34　海北站不同类型水体和季相的阳离子含量

　　海北站 7 种水体中，矿物质阴离子以 CO_3^{2-}、HCO_3^-、SO_4^{2-}、Cl^-、PO_4^{3-} 和 NO_3^- 为主。其中，
CO_3^{2-} 仅在 10 号采样点湖泊水体的丰水季被检测到，其余水体与 10 号采样点的枯水季均未检测出，
其平均含量为 69.38 mg/L。HCO_3^- 含量变化范围为 11.65～1 302.65 mg/L，平均值为 368.6 mg/L，
变异系数为 0.42。Cl^- 变化范围为 0.17～69.51 mg/L，平均值为 8.8±8.8 mg/L，变异系数为 1.0。
SO_4^{2-} 变化范围为 1.68～180.45 mg/L，平均值为 23.4 mg/L，变异系数为 0.64。PO_4^{3-} 在 7 种阴离
子含量最低，且其未检出率在 2012—2015 年期间较高，其含量变化范围为 0.01～0.86 mg/L，平均
值为 0.01 mg/L，变异系数为 0.96。NO_3^- 变化范围为 0.02～29.0 mg/L，平均值为 3.70 mg/L，变
异系数为 0.96。

　　其中阴离子的含量呈现出 $HCO_3^->SO_4^{2-}>Cl^->NO_3^->PO_4^{3-}$ 的相对次序。说明海北站的水体以重
碳酸钙和重碳酸镁为主要盐分。不同水体之间 HCO_3^- 呈现出地表水体与地下水体基本相当，其年均值
约为 368 mg/L，流动水体 [（283.91±52.29）mg/L] 高于静态水体 [（222.71±153.22）mg/L]；Cl^-
呈现出地表水体与地下水体基本相当，其年均值约为 8.8 mg/L，静态水体 [（18.34±13.03）mg/L]
高于流动水体 [（4.81±3.70）mg/L]；SO_4^{2-} 呈现出地表水体 [（24.04±18.16）mg/L] 高于地
下水体 [（22.38±7.71）mg/L]，流动水体 [（28.07±8.76）mg/L] 高于静态水体 [（24.89±

34.70）mg/L］；PO_4^{3-} 不同水体之间含量基本相当，基本稳定于 0.10 mg/L 水平；NO_3^- 呈现出地下水体［（5.17±4.37）mg/L］高于地表水体［（2.72±2.40）mg/L］，流动水体［（3.03±2.31）mg/L］高于静态水体［（2.30±2.43）mg/L］（图 3-35）。

从季相看，HCO_3^- 和 NO_3^- 枯水季高于丰水季，CO_3^{2-}、SO_4^{2-}、Cl^- 和 PO_4^{3-} 丰水季高于枯水季（图 3-35）。

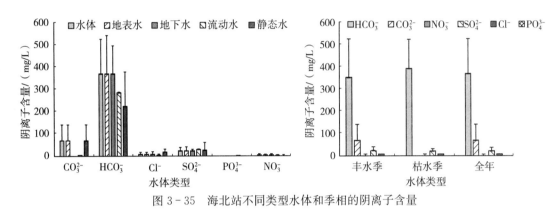

图 3-35　海北站不同类型水体和季相的阴离子含量

3.5.3.7　海北站水体的环境质量

依据中华人民共和国有关地表水环境质量标准（GB 3838—2002）、地表水矿化度及硬度分级标准，对海北站地表水体进行了环境质量评述。

海北站 7 种水体的矿化度变化范围为 309～389 mg/L，低于 1 g/L，属于淡水，盐分以碳酸该和碳酸镁为主；虽然钙镁离子与人体健康的关系，是人体每天必需的营养素，但海北站水的硬度范围为356～512 mg/L，属于硬水和高硬水（表 3-71）。

表 3-71　水的矿化度和硬度分级

矿化度分级	淡水	微咸水（弱矿化水）	咸水（中等矿化水）	盐水（强矿化水）	卤水		
含盐量/（g/L）	<1	1～3	3～10	10～50	>50		
硬度分级	极软水	软水	中硬水	硬水	高硬水	超高硬水	特硬水
$CaCO_3$/（mg/L）	0～75	75～150	150～300	300～450	450～700	700～1 000	>1 000

从水的化学与生物学形状来看，海北站地表水 pH 7.1～8.6，在 6～9 范围之内，属弱碱性水；COD 1.7～14.3 mg/L，低于 1 级水标准 15 mg/L 水平；DO 2.9～6.5 mg/L，低于 1 级水标准 7.5 mg/L水平；总氮（TN）1.3～2.6 mg/L 和总磷（TP）0.5～1.3 mg/L，均高于高于 4～5 级水标准的 TN（1.5～2.0）mg/L 和 TP（0.3～0.4）mg/L 水平。从 pH、COD、DO 水平评述，海北站地表水属于1 级地表水。从 TN 和 TP 来说，属于 4～5 级地表水环境。但这不属于工业污染造成的水体富营养化，周边没有工矿企业。区域草地生态系统地表植物枯枝落叶分解，高含量的土壤有机质在降水的浸泡下发生的壤中流及家畜饲养是区域水体具有较高 TN 含量的原因。

同时，对照标准中关于集中式生活饮用水地表水源地增加的硫酸盐、氯化物和硝酸盐 3 项水体阴离子补充项目标准限值来看（表 3-72），海北站 7 种水体的 SO_4^{2-} 年平均含量区间为 16.8～26.3 mg/L，Cl^- 年平均含量区间为 4.8～18.3 mg/L，均远低于标准限制（250 mg/L）；NO_3^- 年平均含量区间为2.3～5.9 mg/L，亦远低于标准限制（10 mg/L）。

海北站位于黄河上游大通河的集水区，流经青海的门源、互助、民和、乐都和甘肃的天祝等县，主要作为灌溉用水和生活用水。我国的《生活用水卫生标准》规定，饮用水的总硬度不超过 450 mg/L，世界卫生组织推荐最佳饮用水硬度是 170 mg/L，可见海北站的地表水硬度是人类最佳饮用标准的 2～

3 倍。如果被不经常饮用硬度水的人误饮，则会造成肠胃功能紊乱，即所谓的"水土不服"。在工业用水及给水、锅炉和饮用水煮沸过程中，管道与容器中极易形成"水垢"，应软化处理。按照国家灌溉水矿化度非盐碱土地区≤1 000 mg/L，盐碱土地区≤2 000 mg/L 标准，海北站流域内集水完全符合灌溉水要求，且无工业有机污染。

表 3 - 72　地表水环境质量标准基本项目标准限值

单位：mg/L

序号	项目	分类				
		1	2	3	4	5
1	水温℃	人为造成的环境水温变化应限制在：周平均最大温升≤1；周平均最大温降≤2				
2	pH（无量纲）	6～9				
3	溶解氧	饱和率90%（或7.5）	6	5	3	2
4	化学需氧量（COD）≤	15	15	20	30	40
5	氨氮（NH_3-N）≤	0.15	0.5	1.0	1.5	2.0
6	总磷（以磷计）≤	0.02（湖、库0.01）	0.1（湖、库0.025）	0.2（湖、库0.05）	0.3（湖、库0.1）	0.4（湖、库0.2）
7	总氮（湖、库以氮计）≤	0.2	0.5	1.0	1.5	2.0
8	硫酸盐（以SO_4^{2-}）≤	250				
9	氯化物（以Cl^-计）≤	250				
10	硝酸盐（以氮计）≤	10				

第4章

□□□□□□□□□□□□□□□□□□□□□□

台站特色研究数据

　　中国科学院西北高原生物研究所位于青藏高原，海北站始终围绕针对青藏高原区域经济社会发展所面临的重大科学问题，保障青藏高原生态安全的国家需求，为区域可持续发展提供科学依据和技术支撑开展工作。自建站以来，先后开展了高寒草甸生态系统结构功能及各组分之间的相互关系与草地畜牧业可持续发展模式，高寒草甸生态系统对全球变化的响应与反馈，典型退化生态系统恢复与重建及牧草的高效利用，高寒草地对自然与人类干扰响应与适应的生物学过程，基于生态过程的高寒草地适应性管理及功能提升等内容的研究。开展的台站专项研究的数据，包括青海高原高寒草地土壤碳储特征和高寒金露梅灌丛草甸水汽通量特征两个部分。

4.1　青海省高寒草地土壤碳储量特征

　　青藏高原独特的气候条件和地理单元，造就了世界上海拔最高、类型最为独特的草地生态系统（秦彧等，2012），其对气候变化十分敏感（Wang et al.，2014）。高寒草地是青海高原的主体植被之一，其分布区域广阔，发育环境多样，在维系区域经济发展、保障高原水源涵养、保持生物多样性、固持碳素等生态功能的发挥中具有十分重要的作用（孙鸿烈等，2012）。高寒草地植被类型以高寒草原和高寒草甸为主（Li et al.，2013），其土壤有机碳含量高达8％（曹广民等，2010a），远远大于我国土壤平均有机质含量（2.01％），在地球碳循环中的重要储蓄库。高寒草地面积占中国草地总面积的35％（Fan et al.，2008），但却储存了中国草地生物量总储量的56％（Ma et al.，2010），低温环境是造成其有机物质积累的主要原因（Budge et al.，2011）。目前关于高寒草地碳储的大小仍存在较大分异（Chang et al.，2014a），准确估测高寒草地生态系统碳储量及其空间分异，不仅可以为探索草地碳储与气候变化之间反馈关系的区域碳预算提供可靠信息（Chen et al.，2014），还可以为我国温室气体减排的国际谈判提供数据支撑。

4.1.1　研究区域自然条件

　　研究区域主要位于青藏高原北部的青海高原（东经 $92°10'12''—101°45'$，北纬 $30°17'24''—38°36'$），区域面积363 700 km²，平均海拔3 000 m，年均温−1.37℃，年降水平均250 mm，并且80％降水的分布于植物生长季的5—9月（范青慈，2000）。该区域属于典型的高原性气候，夏季受东南季风气候影响，冬季受西伯利亚寒流的影响，一年中无明显的四季之分，暖季短暂且凉爽，冷季寒冷而漫长（Liu and Yin，2002）。研究区域包括青海高原的海北藏族自治州、海南藏族自治州、黄南藏族自治州、果洛藏族自治州、玉树藏族自治州以及海西蒙古族藏族自治州。

4.1.2　植被概况

　　根据中国植被分类系统（Hou，2001），将青海高原草地分为6种类型：温性草原（Temperate steppe）、高寒草原（Alpine steppe）、高寒草甸草原（Alpine meadow steppe）、高寒草甸（Alpine meadow）、沼泽化草甸（Swamp meadow）、温性荒漠（Temperate desert），高寒草原和高寒草甸是此地区的主要植被类型（表 4 - 1）。

表 4 - 1　青海高原不同草地类型草地植被概况及分布

草地类型	植被概况	分布区域	面积/m²	采样点/个
温性草原（TS）	芨芨草温性草原，优势种为芨芨草（Achnatherum splendens）、冰草（Agropyron cristatum），杂类草有棘豆（Oxytropis）、紫菀（Aster tataricus）、二裂委陵菜（Potentilla bifurca）等，植被盖度在 65%～80%，原生植被生长良好，原生芨芨草呈丛状分布	青海湖附近	2.12×10¹⁰	15
高寒草原（AS）	高寒禾草草原，以禾本科为优势种，盖度 20%，主要为紫花针茅（Stipa purpurea），杂类草以矮火绒草（Leontopodium nanum）、美丽风毛菊（Saussurea pulchra）、细叶亚菊（Ajania tenuifolia）为主，盖度 30%～50%，极度退化草地占区域的 40%～45%，鼠类活动不明显	黄河、长江上游，曲麻莱、玛多、治多等县	5.82×10¹⁰	18
高寒草甸草原（AMS）	以嵩草属植物为绝对优势，早熟禾（Poa annua）、钉柱委陵菜（Potentilla saundersiana）、矮火绒草为主要植被，盖度 50%左右。区域以剥蚀型退化草地为主，草毡表层厚 12 cm，地表有死亡黑斑，鼠类活动强烈	草甸和草原过渡带	0.04×10¹⁰	11
高寒草甸（AM）	高山嵩草草甸，以高山嵩草（Carex parvula）为绝对优势，盖度 50%～70%。禾本科以垂穗披碱草（Elymus nutans）、早熟禾、针茅（Stipa capillata）为主，杂类草有蕨麻（Argentina anserina）、麻花艽（Gentiana straminea）、美丽风毛菊。草毡表层加厚，出现老化死亡黑斑，鼠类活动强烈，可见明显鼠洞	青海省东北部和东南部	23.20×10¹⁰	86
沼泽化草甸（SM）	藏嵩草草甸，以西藏嵩草（Carex tibetikobresia）为优势种，禾本科有早熟禾、异针茅（Stipa aliena），夹杂金露梅（Potentilla fruticosa）灌丛，盖度 70%～90%，杂类草以西伯利亚蓼（Knorringia sibirica）、垫状点地梅（Androsace tapete）、蕨麻等。30%湿地旱化为草甸，旱化后鼠类活动加剧，造成原生草地草皮剥蚀	山地低洼处	0.32×10¹⁰	6
温性荒漠（TD）	灌丛以驼绒藜（Krascheninnikovia ceratoides）、盐爪爪（Kalidium foliatum）、合头草（Sympegma regelii）和猪毛菜（Salsola collina）、柽柳（Tamarix chinensis）、碱蓬（Suaeda glauca）、白刺（Nitraria tangutorum）、草麻黄（Ephedra sinica）为主，下层有沙蒿（Artemisia desertorum）、细叶亚菊零星分布，地表有盐结皮，植物生长情况较差，地表以流沙为主；马海滩以及格尔木市西北 150 km 以芦苇为绝对优势种；冷湖地区以及花土沟无植被	柴达木盆地	2.57×10¹⁰	17

4.1.3　样品采集与分析

野外调查于 2011—2012 年的 7—9 月进行。共设置了 153 个调查点，野外记录了调查点的植被类型、行政归属、地理位置、地形地貌、土壤类型、利用方式、演替状态以及土壤剖面特征（表 4 - 2）。

表 4 - 2　青海高原高寒草地碳库调查点的基本情况

样地编号	地理位置	草地类型	经度	纬度	海拔/m	植被盖度与优势物种
QZ - P1	青海省贵南县过马营东 3 km	温性草原	东经 101°12′	北纬 35°48′	3 366	植被总盖度 50%，芨芨草、冰草、棘豆

（续）

样地编号	地理位置	草地类型	经度	纬度	海拔/m	植被盖度与优势物种
QZ-P2	青海省贵南县贵南牧场三队	温性草原	东经100°48′	北纬35°42′	3 370	植被总盖度45%，芨芨草、冰草、香薷
QZ-P3	青海省贵德县贵德军牧场三分厂	温性草原	东经100°54′	北纬35°42′	3 395	盖度低于15%，冰草、二裂委陵菜、散花繁缕、乳白香青
QZ-P4	青海省贵南县黄沙头北10 km	温性草原	东经101°6′	北纬35°36′	3 426	植被总覆盖度80%，以禾草为主，嵩草类仅见薹草，早熟禾、棘豆、赖草、二裂委陵菜
QZ-P5	青海省贵南县贵南牧场三队	温性草原	东经100°42′	北纬34°36′	3 245	植被总覆盖度98%，垂穗披碱草、马先蒿、花苜蓿
QZ-P6	青海省同德牧场大滩	草甸草原	东经100°6′	北纬35°12′	3 327	植被总盖度50%，早熟禾、针茅、羊茅、矮嵩草
QZ-P7	青海省泽库县和日乡同德林南30 km	草甸草原	东经101°18′	北纬35°18′	3 580	总盖度75%，小嵩草、矮嵩草、早熟禾
QZ-P8	青海省泽库县和日乡同德林南30 km	草甸草原	东经101°18′	北纬35°18′	3 580	总盖度45%，小嵩草、细叶亚菊、大戟、火绒草
QZ-P9	青海省泽库县和日乡唐德村东1 km	草甸草原	东经101°18′	北纬35°18′	3 635	植被总盖度30%，大戟、细叶亚菊、独一味、西伯利亚蓼
QZ-P10	青海省泽库县泽思镇巴什则村	草甸草原	东经101°30′	北纬35°6′	3 725	总盖度60%，小嵩草、风毛菊、火绒草、棘豆、黄帚橐吾
QZ-P11	青海省河南县南30 km（查玛乡查玛大队）	高寒草甸	东经101°42′	北纬34°42′	3 593	植被总盖度65%，小嵩草、蕨麻、细叶亚菊、马先蒿
QZ-P12	青海省河南县查玛乡查玛大队	高寒草甸	东经101°42′	北纬34°42′	3 596	植被总盖度90%，小嵩草、矮嵩草、垂穗披碱草、早熟禾
QZ-P13	青海省同德县宁秀乡宏觉村	高寒草甸	东经100°54′	北纬35°	3 800	植被总盖度30%，细叶亚菊、黄帚橐吾、二裂委陵菜、海乳草
QZ-P14	青海省同德县宁秀乡宏觉村夏场	高寒草甸	东经100°54′	北纬35°	3 802	植被总盖度95%，恰草、垂穗披碱草、紫羊茅、矮嵩草
QZ-P15	青海省同德县宁秀乡宏觉村	高寒草甸	东经100°54′	北纬35°	3 786	总盖度30%，小嵩草、垂穗披碱草、早熟禾、棘豆
QZ-P16	青海省玛沁县军牧场	高寒草甸	东经100°36′	北纬34°18′	4 084	总盖度80%，小嵩草、藏忍冬、火绒草、黄帚橐吾、独一味
QZ-P17	青海省玛沁县军牧场	高寒草甸	东经100°36′	北纬34°18′	4 081	总盖度80%，棱子芹、独一味、黄帚橐吾
QZ-P18	青海省果洛藏族自治州军牧场	高寒草甸	东经100°30′	北纬34°24′	3 957	植被总盖度40%，细叶亚菊、白苞筋骨草、铁线莲、长颈嵩草
QZ-P19	青海省果洛藏族自治州军牧场	高寒草甸	东经100°30′	北纬34°24′	3 955	植被总盖度75%，垂穗披碱草、早熟禾、恰草、中华羊茅、小嵩草、矮嵩草

（续）

样地编号	地理位置	草地类型	经度	纬度	海拔/m	植被盖度与优势物种
QZ-P14	青海省同德县宁秀乡宏觉村夏场	高寒草甸	东经100°54′	北纬35°	3 802	植被总盖度95%，恰草、垂穗披碱草、紫羊茅、矮嵩草
QZ-P15	青海省同德县宁秀乡宏觉村	高寒草甸	东经100°54′	北纬35°	3 786	总盖度30%，小嵩草、垂穗披碱草、早熟禾、棘豆
QZ-P16	青海省玛沁县军牧场	高寒草甸	东经100°36′	北纬34°18′	4 084	总盖度80%，小嵩草、藏忍冬、火绒草、黄帚橐吾、独一味
QZ-P17	青海省玛沁县军牧场	高寒草甸	东经100°36′	北纬34°18′	4 081	总盖度80%，棱子芹、独一味、黄帚橐吾
QZ-P18	青海省果洛藏族自治州军牧场	高寒草甸	东经100°30′	北纬34°24′	3 957	植被总盖度40%，细叶亚菊、白苞筋骨草、铁线莲、长颈嵩草
QZ-P19	青海省果洛藏族自治州军牧场	高寒草甸	东经100°30′	北纬34°24′	3 955	植被总盖度75%，垂穗披碱草、早熟禾、恰草、中华羊茅、小嵩草、矮嵩草
QZ-P20	青海省果洛藏族自治州军牧场	高寒草甸	东经100°30′	北纬34°24′	3 948	总盖度96%，早熟禾、紫花针茅、矮嵩草、小嵩草、薹草、双柱头蔺藨草
QZ-P21	青海省果洛藏族自治州草籽场	高寒草甸	东经100°18′	北纬34°24′	3 768	总盖度90%，垂穗披碱草、恰草、早熟禾、矮嵩草、黄芪
QZ-P22	青海省果洛藏族自治州草籽场	高寒草甸	东经100°18′	北纬34°24′	3 772	总盖度25%，铁线莲、黄帚橐吾、火绒草、兰石草、大戟
QZ-P23	青海省果洛藏族自治州玛沁县黑土山顶	高寒草甸	东经100°24′	北纬34°30′	4 328	总盖度65%，线叶嵩草、多穗薹草、矮嵩草、小嵩草、垂穗披碱草、早熟禾
QZ-P24	青海省玛沁县西2 km	高寒草甸	东经100°18′	北纬34°24′	3 820	总盖度90%，矮嵩草、双柱头蔺藨草、小嵩草、早熟禾、火绒草
QZ-P25	青海省果洛藏族自治州玛沁县青珍乡西4 km	高寒草甸	东经100°6′	北纬34°12′	4 089	植被总盖度20%，黄帚橐吾、冷嵩、兰石草、兔耳草
QZ-P26	青海省果洛藏族自治州玛沁县青珍乡西4 km	高寒草甸	东经100°6′	北纬34°12′	4 091	总盖度75%，小嵩草、早熟禾、垂穗披碱草、钉柱委陵菜、藏忍冬
QZ-P27	青海省果洛藏族自治州大武镇	高寒草甸	东经100°36′	北纬34°18′	4 151	总盖度45%，早熟禾、紫花针茅、羊茅、矮嵩草、双柱头蔺藨草、小嵩草
QZ-P28	青海省果洛藏族自治州大武镇	高寒草甸	东经100°36′	北纬34°18′	4 145	总盖度20%，黄帚橐吾、藏忍冬、大戟、独一味
QZ-P29	青海省甘德县清镇乡阿尔沟寺村	高寒草甸	东经100°6′	北纬34°6′	4 212	植被总盖度25%，藏忍冬、细叶亚菊、黄帚橐吾、婆婆纳、绿绒蒿
QZ-P30	青海省果洛藏族自治州甘德县清镇乡阿尔沟寺村	高寒草甸	东经100°6′	北纬34°6′	4 292	总盖度90%，小嵩草、中华羊茅、早熟禾

（续）

样地编号	地理位置	草地类型	经度	纬度	海拔/m	植被盖度与优势物种
QZ-P31	青海省曲麻河乡二大队	高寒草甸	东经100°54′	北纬35°42′	3 370	总盖度90%，小嵩草、矮嵩草、早熟禾、垂穗披碱草、紫羊茅
QZ-P32	青海省甘德县上贡府乡	高寒草甸	东经100°12′	北纬33°30′	4 299	植被总盖度25%，黄帚橐吾、细叶亚菊、藏忍冬、兔耳草、马先蒿
QZ-P33	青海省甘德县上贡府乡	高寒草甸	东经100°12′	北纬33°24′	4 288	植被总盖度70%，小嵩草、细叶亚菊、美丽风毛菊、虎耳草、兰石草
QZ-P34	青海省达日县北10 km三岔路口	高寒草甸	东经99°24′	北纬33°36′	4 077	总盖度40%，黄帚橐吾、铁线莲、大戟、摩铃草、棱子芹、藏忍冬
QZ-P35	青海省达日县城北10 km三岔口	高寒草甸	东经99°54′	北纬33°36′	4 067	总盖度70%，小嵩草、早熟禾、紫羊茅、恰草、雅毛茛、秦艽
QZ-P36	青海省果洛藏族自治州茨坝东山顶北3 km	高寒草甸	东经99°54′	北纬33°36′	4 078	总盖度55%，小嵩草、早熟禾、紫菀、火绒草、紫花地丁
QZ-P37	青海省果洛藏族自治州达日县茨坝东山顶北3 km	高寒草甸	东经99°24′	北纬33°42′	4 031	总盖度约5%，点地梅、石莲、蓬子菜、大戟、冷蒿、风毛菊、虎耳草
QZ-P38	青海省果洛藏族自治州达日县查西龙喳垭口	高寒草甸	东经99°24′	北纬33°42′	4 033	植被盖度60%，藏忍冬、黄帚橐吾、西伯利亚蓼、蓬子菜、细叶亚菊
QZ-P39	青海省果洛藏族自治州达日县窝赛乡	高寒草甸	东经99°24′	北纬33°42′	4 040	总盖度25%，黄帚橐吾、藏忍冬、白苞筋骨草、独一味、兔耳草、直立梗高唐
QZ-P40	青海省果洛藏族自治州达日县窝赛乡	高寒草甸	东经99°24′	北纬33°30′	4 039	总盖度92%，小嵩草、针茅、羊茅、恰草、钉柱委陵菜、兰石草
QZ-P41	青海省贵南县贵南牧场三队	高寒草甸	东经99°24′	北纬33°48′	4 009	总盖度60%，小嵩草、麻花艽、蕨麻、棱子芹、多裂委陵菜、乳白香青
QZ-P42	青海省果洛藏族自治州达日县建设乡南3 km	高寒草甸	东经99°24′	北纬33°48′	4 012	盖度95%，小嵩草、薹草、棘豆、大戟、蕨麻、独一味、火绒草
QZ-P43	青海省果洛藏族自治州达日县建设乡南3 km	沼泽化草甸	东经99°12′	北纬34°18′	4 202	总盖度95%，藏嵩草、早熟禾、紫羊茅、异叶青茅
QZ-P44	青海省果洛藏族自治州达日县建设乡	高寒草甸	东经99°12′	北纬34°18′	4 219	植被总盖度95%，小嵩草、薹草、双柱头藨麂草
QZ-P45	青海省果洛藏族自治州达日县建设乡	高寒草甸	东经100°36′	北纬32°48′	4 232	总盖度40%，大戟、蕨麻、香薷、露珠草、西伯利亚蓼、兔耳草、微孔草
QZ-P46	青海省果洛藏族自治州达日县建设乡政府北2 km	高寒草甸	东经100°36′	北纬32°48′	4 207	总盖度45%，摩玲草、铁线莲、细叶亚菊、蕨麻
QZ-P47	青海省果洛藏族自治州达日县建设乡	高寒草甸	东经100°36′	北纬32°48′	4 257	总盖度85%，小嵩草、矮嵩草、薹草、紫菀、忍冬、火绒草、铁线莲、露蕊乌头

（续）

样地编号	地理位置	草地类型	经度	纬度	海拔/m	植被盖度与优势物种
QZ-P48	青海省果洛藏族自治州玛沁县优云乡北 37 km	高寒草甸	东经 100°30′	北纬 33°24′	3 912	总盖度70%，小嵩草、西伯利亚蓼、火绒草、棘豆、细叶亚菊、兰石草
QZ-P49	青海省果洛藏族自治州玛沁县优云乡北 3 km	草甸草原	东经 100°54′	北纬 30°18′	4 401	总盖度85%，小嵩草、西北针茅、棘豆、大戟、兔耳草、藏忍冬
QZ-P50	青海省果洛藏族自治州玛沁县知钦乡二大队	温性草原	东经 100°30′	北纬 33°24′	3 900	总盖度15%，大戟、蕨麻、兔耳草、雅毛茛、独一味
QZ-P51	青海省果洛藏族自治州班玛县知钦乡二大队	高寒草甸	东经 100°54′	北纬 33°18′	4 401	总盖度90%，矮嵩草、小嵩草、线叶薹草、蕨麻、钉珠委陵菜
QZ-P52	青海省果洛藏族自治州班玛县知钦乡二大队	高寒草甸	东经 100°54′	北纬 33°18′	4 420	总盖度3%，大戟、灰藜、石莲点地梅
QZ-P53	青海省班玛县哇尔依乡满堂村四大队	高寒草甸	东经 100°6′	北纬 33°24′	4 235	盖度约2%，摩玲草、绒委陵菜、香薷、细叶亚菊、兰石草、秦艽、微孔草、独一味
QZ-P54	青海省果洛藏族自治州久治县玛尔依乡三大队	高寒草甸	东经 100°54′	北纬 33°18′	4 111	植被总盖度为90%，矮嵩草、薹草、小嵩草、羊茅、洽草、早熟禾、垂穗披碱草
QZ-P55	青海省果洛藏族自治州久治县玛尔依乡三大队	高寒草甸	东经 100°24′	北纬 33°18′	4 111	总盖度75%，小嵩草、火绒草、麻花艽、钉珠委陵菜、蕨麻、虎耳草
QZ-P56	青海省果洛藏族自治州久治县索呼日麻乡隆格山	高寒草甸	东经 98°54′	北纬 34°54′	4 439	总盖度5%，圆叶大黄、蓬子菜、点地梅、高山绣线菊
QZ-P57	青海省果洛藏族自治州久治县索呼日麻乡隆格山	高寒草甸	东经 98°54′	北纬 34°54′	4 435	总盖度60%，垂穗披碱草、紫羊茅、紫花针茅、早熟禾
QZ-P58	青海省果洛藏族自治州久治县扎拉山顶	高寒草甸	东经 98°	北纬 34°36′	4 239	植被总盖度70%，早熟禾、垂穗披碱草、紫羊茅、矮嵩草
QZ-P59	青海省果洛藏族自治州久治县索呼日麻乡隆格山下	高寒草甸	东经 98°	北纬 34°36′	4 131	总盖度约45%，蕨麻、青藏微孔草、露珠菜、石莲、报春、三脉草
QZ-P60	青海省果洛藏族自治州达日县满掌山顶	高寒草甸	东经 98°6′	北纬 34°48′	4 328	总盖度55%，小嵩草、薹草、矮嵩草、羊茅、早熟禾、高山唐松草、火绒草、蒲公英
QZ-P61	青海省果洛藏族自治州花石峡南 25 km	沼泽化草甸	东经 98°	北纬 35°54′	4 265	植被总盖度85%，藏嵩草、点地梅、珠芽蓼、黄帚囊吾、火绒草
QZ-P62	青海省果洛藏族自治州花石峡南 25 km	沼泽化草甸	东经 98°	北纬 35°6′	4 262	总盖度25%，细叶亚菊、蕨麻、火绒草、锯齿风毛菊
QZ-P63	青海省果洛藏族自治州玛多县野马滩	高寒草甸	东经 98°6′	北纬 35°	4 237	总盖度65%，小嵩草、麻黄、火绒草、菊蒿、风毛菊、棘豆
QZ-P64	青海省果洛藏族自治州玛多县野马滩	高寒草甸	东经 98°18′	北纬 34°54′	4 228	总盖度10%，蕨麻、锯齿风毛菊、细叶亚菊、二裂委陵菜

（续）

样地编号	地理位置	草地类型	经度	纬度	海拔/m	植被盖度与优势物种
QZ-P65	青海省果洛藏族自治州玛多县星宿海	高寒草甸	东经 98°18′	北纬 34°54′	4 221	总盖度 85%，小嵩草、针茅、早熟禾、垂穗披碱草、线叶风毛菊
QZ-P66	青海省果洛藏族自治州玛多县鄂陵湖乡	温性草原	东经 100°6′	北纬 34°	4 252	总盖度 50%，双叉细柄茅、线叶嵩草、火绒草、锯齿风毛菊
QZ-P67	青海省果洛藏族自治州玛多县鄂陵湖乡	温性草原	东经 99°48′	北纬 33°54′	4 189	总盖度 25%，甘肃棘豆，火绒草、麻黄、锯齿风毛菊、细叶亚菊
QZ-P68	青海省果洛藏族自治州玛多县鄂陵湖乡	温性草原	东经 99°48′	北纬 33°54′	4 203	总盖度 15%，细叶亚菊、兔耳草、阿尔泰狗娃花、西北利亚蓼
QZ-P69	青海省果洛藏族自治州玛多县东 5 km	温性草原	东经 99°42′	北纬 33°48′	3 956	总盖度 10%，双叉细柄茅、冰草、紫羊茅、山梅草、火绒草
QZ-P70	青海省果洛藏族自治州玛多县东 5 km	温性草原	东经 99°42′	北纬 33°48′	3 974	总盖度 25%，锯齿风毛菊，火绒草、细叶亚菊、蕨麻
QZ-P71	青海省果洛藏族自治州玛多县花石峡北石头山	温性草原	东经 98°36′	北纬 35°	4 382	总盖度 15%，西北利亚蓼、大戟、锯齿风毛菊、甘青风毛菊、铁线莲
QZ-P72	青海省海西蒙古族藏族自治州天峻县野马岭	温性草原	东经 98°42′	北纬 37°30′	3 642	总盖度 30%，双叉细柄茅，冰草、紫羊茅、三梅草、火绒草
QZ-P73	青海省海西蒙古族藏族自治州天峻县德隆乡	高寒草甸	东经 98°42′	北纬 37°30′	3 642	总盖度 75%，小嵩草、双叉细柄茅、二裂委陵菜、风毛菊
QZ-P74	青海省海西蒙古族藏族自治州天峻县关角山	温性草原	东经 98°54′	北纬 37°	3 380	总盖度 82%，芨芨草、冷蒿、紫菀、猪毛菜
QZ-P75	青海省海西蒙古族藏族自治州都兰县北 57 km	温性荒漠	东经 98°24′	北纬 37°	3 012	总盖度 50%，芨芨草、冰草、锦鸡儿、沙参
QZ-P76	青海省海西蒙古族藏族自治州乌兰县西 28 km	温性草原	东经 98°12′	北纬 37°	2 992	总盖度 35%，驼绒藜、盐爪爪、合头草
QZ-P77	青海省海西蒙古族藏族自治州天尕海（德令哈西 21 km）	温性荒漠	东经 97°36′	北纬 37°12′		总盖度 70%，灌木亚菊、多花柽柳、白刺、猪毛菜
QZ-P78	青海省海西蒙古族藏族自治州怀头塔拉乡	温性荒漠	东经 97°48′	北纬 37°24′	2 871	总盖度 10%，驼绒藜、合头草、五柱红砂
QZ-P79	青海省海西蒙古族藏族自治州大柴旦北依克柴达木湖边	温性荒漠	东经 95°12′	北纬 37°54′	3 194	总盖度 23%，驼绒藜、阿尔泰狗娃花、沙蒿
QZ-P80	青海省海西蒙古族藏族自治州大柴旦	温性荒漠	东经 94°24′	北纬 38°42′	2 938	总盖度 14%，以碱蓬为优势种，偶见黄堇、鸭跖草
QZ-P81	青海省海西蒙古族藏族自治州小柴旦	温性荒漠	东经 95°24′	北纬 37°36′	3 182	总盖度 13%，沙蒿、驼绒藜
QZ-P82	青海省海西蒙古族藏族自治州马海滩	温性荒漠	东经 94°24′	北纬 38°12′	2 788	总盖度 20%，芦苇

（续）

样地编号	地理位置	草地类型	经度	纬度	海拔/m	植被盖度与优势物种
QZ-P83	青海省海西蒙古族藏族自治州黄瓜梁	温性荒漠	东经91°54′	北纬38°	2 808	无植被
QZ-P84	青海省海西蒙古族藏族自治州冷湖一里沟	温性荒漠	东经94°24′	北纬38°42′	2 938	无植被
QZ-P85	青海省海西蒙古族藏族自治州冷湖地区苏干湖	温性荒漠	东经93°54′	北纬38°54′	2 908	无植被
QZ-P86	青海省海西蒙古族藏族自治州冷湖地区俄博梁	温性荒漠	东经92°48′	北纬38°24′	2 270	无植被
QZ-P87	青海省海南藏族自治州共和县40 km	高寒草原	东经100°6′	北纬36°6′	2 980	总盖度68%，冰草、紫花针茅、芨芨草
QZ-P88	青海省海南藏族自治州兴海县城北20 km	草甸草原	东经99°54′	北纬35°48′	3 528	总盖度50%，芨芨草、醉马草
QZ-P89	青海省海南藏族自治州大河坝南5 km	高寒草甸	东经99°30′	北纬35°54′	3 836	总盖度85%，狗娃花、羊茅、线叶薹草
QZ-P90	青海省玛多县苦海滩	高寒草原	东经99°12′	北纬35°24′	4 170	总盖度95%，紫花针茅、细叶亚菊、矮火绒、蚓果芥
QZ-P91	青海省玛多县野牛沟乡北3 km	高寒草甸	东经98°	北纬34°30′	4 330	总盖度72%，风毛菊、铁棒锤、虎耳草、棱子芹、紫花针茅
QZ-P92	青海省玛多县巴颜喀拉山南坡查拉苹	沼泽化草甸	东经97°48′	北纬34°12′	4 668	总盖度80%，藏嵩草、薹草、虎耳草、细叶蓼、小大黄
QZ-P93	青海省玛多县巴颜喀拉山南坡查拉苹	沼泽化草甸	东经97°48′	北纬34°12′	4 674	总盖度25%，紫花针茅、早熟禾、恰草、西伯利亚蓼
QZ-P94	青海省称多县清水河镇北3 km	高寒草甸	东经97°12′	北纬33°48′	4 425	总盖度80%，小嵩草、棘豆、早熟禾、黄芪
QZ-P95	青海省玉树藏族自治州称多县清水河镇北8 km	高寒草甸	东经97°12′	北纬33°54′	4 482	总盖度70%，藏嵩草、小嵩草、早熟禾、线叶嵩草、恰草
QZ-P96	青海省称多县巴干乡	高寒草甸	东经97°6′	北纬33°42′	4 488	总盖度50%，小嵩草、藏嵩草、早熟禾、恰草、紫羊茅
QZ-P97	青海省称多县路口8 km	高寒草甸	东经97°12′	北纬33°24′	4 411	总盖度25%，风毛菊、紫菀、蒲公英、蕨麻
QZ-P98	青海省囊谦县下拉秀乡	高寒草甸	东经96°36′	北纬32°42′	3 947	总盖度65%，小嵩草、矮嵩草、垂穗披碱草、棘豆、钉柱委陵菜
QZ-P99	青海省玉树藏族自治州囊谦县峡谷	高寒草甸	东经96°42′	北纬32°48′	4 282	总盖度40%，藏嵩草、小嵩草、雅毛茛、独一味
QZ-P100	青海省杂多县214国道	高寒草甸	东经96°36′	北纬32°54′	4 347	总盖度23%，细叶蓼、细叶亚菊、鸢尾、大蓟

（续）

样地编号	地理位置	草地类型	经度	纬度	海拔/m	植被盖度与优势物种
QZ-P101	青海省杂多县三岔路口	沼泽化草甸	东经 96°24′	北纬 32°30′	4 330	总盖度 88%，藏嵩草、恰草、蕨麻
QZ-P102	青海省杂多县 214 国道三岔路口	高寒草甸	东经 96°30′	北纬 32°30′	4 001	总盖度 92%，矮嵩草、小嵩草、垂穗披碱草、早熟禾
QZ-P103	青海省治多县虎隆保县西 6 km	高寒草甸	东经 96°12′	北纬 33°12′	4 391	总盖度 32%，白苞筋骨草、细叶亚菊、黄帚橐吾、茄生
QZ-P104	青海省玉树藏族自治州治多县隆塞滩西 6 km	高寒草甸	东经 96°12′	北纬 33°12′	4 417	总盖度 78%，小嵩草、矮火绒草、黄帚橐吾
QZ-P105	青海省玉树藏族自治州治多县与立新乡交界处	高寒草甸	东经 96°	北纬 33°18′	4 303	总盖度 92%，小嵩草、紫花针茅、钉柱委陵菜、棘豆
QZ-P106	青海省玉树藏族自治州治多县城东南 10 km	高寒草甸	东经 95°24′	北纬 33°30′	4 232	总盖度 73%，小嵩草、垂穗披碱草、蒲公英
QZ-P107	青海省玉树藏族自治州曲麻莱县东 3 km	高寒草甸	东经 95°30′	北纬 34°6′	4 219	总盖度 65%，小嵩草、山梅草、矮火绒草、棘豆
QZ-P108	青海省玉树藏族自治州曲麻莱县城东北 4 km	高寒草甸	东经 95°30′	北纬 34°6′	4 219	总盖度 88%，矮嵩草、小嵩草、黄芪、雪白委陵菜
QZ-P109	青海省玉树藏族自治州曲麻莱县城东北 4 km 北山坡	高寒草甸	东经 95°30′	北纬 34°6′	4 432	总盖度 83%，小嵩草、矮嵩草、针茅、火绒草
QZ-P110	青海省玉树藏族自治州曲麻莱县城东北 4 km	高寒草甸	东经 95°30′	北纬 34°6′	4 428	总盖度 67%，蕨麻、大头菊、二裂委陵菜、风毛菊
QZ-P111	青海省玉树藏族自治州曲麻莱县城北 8 km	高寒草原	东经 95°30′	北纬 34°6′	4 306	总盖度 94%，紫花针茅、阿尔泰狗娃花、二裂委陵菜、披针叶黄华
QZ-P112	青海省玉树藏族自治州曲麻莱县城北 8 km	高寒草原	东经 95°30′	北纬 34°6′	4 306	总盖度 58%，小嵩草、针茅、早熟禾、矮火绒
QZ-P113	青海省玉树藏族自治州曲麻莱县曲玛河乡西北 3 km	高寒草原	东经 94°36′	北纬 34°30′	4 316	总盖度 45%，紫花针茅、早熟禾、矮火绒草
QZ-P114	青海省玉树藏族自治州曲麻莱县曲玛河乡西北 3 km	高寒草原	东经 94°30′	北纬 34°30′	4 315	总盖度 49%，二裂委陵菜、矮火绒、狗娃花、乳白香青
QZ-P115	青海省玉树藏族自治州曲麻莱县五道梁东南 6 km	高寒草原	东经 93°6′	北纬 35°12′	4 622	总盖度 90%，旱燕麦、紫针茅、镰形棘豆、黄芪
QZ-P116	青海省玉树藏族自治州曲麻莱县五道梁东南 6 km	高寒草原	东经 93°42′	北纬 35°12′	4 617	总盖度 24%，旱燕麦、棘豆、火绒草、雪灵芝
QZ-P117	青海省海西蒙古族藏族自治州沱沱河乡南 1 km	高寒草原	东经 92°18′	北纬 34°6′	4 546	总盖度 94%，紫羊茅、紫花针茅、早熟禾、羊茅
QZ-P118	青海省海西蒙古族藏族自治州沱沱河乡南 1 km	高寒草原	东经 92°18′	北纬 34°6′	4 540	总盖度 29%，兔耳草、薹草、青藏微孔草
QZ-P119	青海省海西蒙古族藏族自治州格尔木市雁石坪北 28 km	草甸草原	东经 92°12′	北纬 33°30′	4 603	总盖度 85%，羊茅、紫花针茅、早熟禾、矮嵩草

（续）

样地编号	地理位置	草地类型	经度	纬度	海拔/m	植被盖度与优势物种
QZ-P120	青海省海西蒙古族藏族自治州格尔木市雁石坪北 28 km	高寒草原	东经 92°12′	北纬 33°30′	4 604	总盖度 17%，针茅、羊茅、早熟禾、紫堇
QZ-P121	青海省海西蒙古族藏族自治州格尔木市东 30 km	温性荒漠	东经 95°6′	北纬 36°12′	2 954	总盖度 8%，盐爪爪、红砂、白刺
QZ-P122	青海省海西蒙古族藏族自治州格尔木市东 56 km	温性荒漠	东经 95°12′	北纬 36°12′	2 966	总盖度 18%，麻黄、盐爪爪
QZ-P123	青海省海西蒙古族藏族自治州茫崖镇花土沟东 50 km	温性荒漠	东经 91°6′	北纬 37°36′	2 935	总盖度 25%，白刺、猪毛菜
QZ-P124	青海省海西蒙古族藏族自治州茫崖镇花土沟东 4 km	温性荒漠	东经 91°6′	北纬 38°	2 944	无植被
QZ-P125	青海省海西蒙古族藏族自治州格尔木市西北 150 km	温性荒漠	东经 93°18′	北纬 36°30′	2 832	总盖度 25%，芦苇
QZ-P126	青海省海西蒙古族藏族自治州格尔木市西北 135 km	温性荒漠	东经 93°30′	北纬 36°54′	2 804	无植被
QZ-P127	青海省海北藏族自治州刚察县东北 15 km	高寒草原	东经 100°18′	北纬 37°18′	3 266	总盖度 80%，芨芨草、甘青韭、甘肃马先蒿
QZ-P128	青海省海北藏族自治州刚察县东 61 km	高寒草原	东经 99°42′	北纬 37°12′	3 230	总盖度 95%，芨芨草、垂穗披碱草、披针叶黄华、花苜蓿
QZ-P129	青海省海北藏族自治州刚察县吉泉乡青海湖西	高寒草原	东经 99°48′	北纬 37°6′	3 203	总盖度 19%，扁穗冰草、沙蒿、甘青韭、披针叶黄华
QZ-P130	青海省海北藏族自治州刚察县石乃亥草改站	高寒草原	东经 99°30′	北纬 37°6′	3 233	总盖度 87%，马先蒿、垂穗披碱草、紫花针茅、恰草
QZ-P131	青海省海北藏族自治州刚察县石乃亥草改站	高寒草原	东经 99°30′	北纬 37°6′	3 246	总盖度 90%，紫花针茅、垂穗披碱草、恰草、菊蒿、兔耳草
QZ-P132	青海省海北藏族自治州刚察县黑马河乡西 5 km	草甸草原	东经 99°42′	北纬 36°48′	3 275	总盖度 50%，垂穗披碱草、紫花针茅、早熟禾、蒲公英
QZ-P133	青海省共和县江西沟西 15 km	高寒草甸	东经 100°	北纬 36°36′	3 225	总盖度 80%，矮嵩草、小嵩草、线叶嵩草、紫花针茅、垂穗披碱草
QZ-P134	青海省海南藏族自治州共和县倒淌河乡南 8 km	高寒草原	东经 100°54′	北纬 36°24′	3 294	总盖度 35%，赖草、早熟禾、芨芨草、紫花针茅、醉马草、狗娃花
QZ-P135	青海省海南藏族自治州共和县倒淌河乡南 7 km	高寒草原	东经 100°54′	北纬 36°24′	3 298	总盖度 60%，芨芨草、紫花针茅、狗娃花
QZ-P136	青海省海北藏族自治州西海镇东南 10 km	草甸草原	东经 101°6′	北纬 37°6′	3 248	总盖度 90%，垂穗披碱草、紫花针茅、矮嵩草、小嵩草、黄帚橐吾
QZ-P137	青海省海北藏族自治州西海镇西 10 km	高寒草甸	东经 100°48′	北纬 37°	3 350	总盖度 30%，羊茅、紫花针茅、垂穗披碱草、小嵩草、矮火绒

（续）

样地编号	地理位置	草地类型	经度	纬度	海拔/m	植被盖度与优势物种
QZ-P138	青海省海北藏族自治州西海镇西 10 km	高寒草甸	东经 100°48′	北纬 37°	3 336	总盖度 55%，紫花针茅、羊茅、矮嵩草、矮火绒
QZ-P139	青海省海北藏族自治州默勒镇西 15 km	高寒草甸	东经 100°24′	北纬 37°54′	3 686	总盖度 45%，小嵩草、风毛菊、矮嵩草、薹草
QZ-P140	青海省海北藏族自治州默勒镇西 16 km	高寒草甸	东经 100°24′	北纬 37°54′	3 691	总盖度 20%，矮火绒、风毛菊、棘豆、矮嵩草
QZ-P141	青海省海北藏族自治州默勒镇西 30 km	高寒草甸	东经 100°18′	北纬 38°	3 985	总盖度 55%，早熟禾、矮火绒、小大黄
QZ-P142	青海省海北藏族自治州祁连县野牛沟西 30 km	高寒草甸	东经 99°24′	北纬 38°36′	3 436	总盖度 40%，小嵩草、矮火绒、紫花针茅
QZ-P143	青海省海北藏族自治州祁连县野牛沟西 40 km	高寒草甸	东经 99°24′	北纬 38°36′	3 428	总盖度 26%，小嵩草、矮火绒、兰石草、薹草、二裂委陵菜
QZ-P144	青海省海北藏族自治州祁连县野牛沟西 15 km	高寒草甸	东经 99°30′	北纬 38°30′	3 305	总盖度 97%，小嵩草、垂穗披碱草、紫花针茅、棘豆、麻花艽
QZ-P145	青海省海北藏族自治州祁连县鹿场对面 3 km	草甸草原	东经 99°54′	北纬 38°18′	3 023	总盖度 45%，芨芨草、醉马草、矮火绒
QZ-P146	青海省海北藏族自治州祁连县俄堡西 10 km	高寒草甸	东经 101°12′	北纬 37°42′	3 241	总盖度 80%，小嵩草、麻花艽、矮火绒、紫花针茅、垂穗披碱草
QZ-P147	青海省海北藏族自治州祁连县俄堡东 30 km	高寒草甸	东经 101°18′	北纬 37°36′	3 204	总盖度 65%，矮嵩草、矮火绒、棘豆、紫花针茅
QZ-P148	青海省海北藏族自治州门源县海北站综合观测场	高寒草甸	东经 100°54′	北纬 38°	3 335	总盖度 92%，矮嵩草、棘豆、米口袋、垂穗披碱草、藏异燕麦
QZ-P149	青海省海北藏族自治州门源县海北站西 5 km	高寒草甸	东经 101°	北纬 37°54′	3 527	总盖度 18%，蕨麻、细叶亚菊、黄帚橐吾、香薷、獐芽菜
QZ-P150	青海省海北藏族自治州门源县口门子海北站西北	高寒草甸	东经 101°18′	北纬 37°36′	3 200	总盖度 64%，小嵩草、火绒草、乳白香青、美丽风毛菊、棘豆
QZ-P151	青海省海北藏族自治州门源县皇城乡	高寒草甸	东经 101°18′	北纬 37°36′	3 278	总盖度 40%，小嵩草、魔玲草、披针叶黄华
QZ-P152	青海省海北藏族自治州门源县皇城乡	高寒草甸	东经 101°18′	北纬 37°42′	3 278	总盖度 20%，小嵩草、麻花艽、披针叶黄华、美丽风毛菊
QZ-P153	青海省海北藏族自治州门源县海北站北滩	高寒草甸	东经 101°12′	北纬 37°42′	3 239	总盖度 70%，小嵩草、垂穗披碱草、矮嵩草、魔玲草、羊茅

4.1.4　样品采集

4.1.4.1　植物样品

采集了植物地上、地下生物量样品，其中：

地上生物量采用标准收获法，样方面积为 0.5 m×0.5 m，在群落调查样方内进行。主样地 5 个不分种样方，5 个分种样方；辅样地 5 个不分种样地，3 个分种样地。称取鲜重后带回实验室，在75℃下烘干至恒重称重。本数据集中，植物地上生物量采用各样地的分种和不分种样方生物量进行统计，将凋落物生物量计入地上生物量中。

地下根系样品采集，在地上生物量采集后的不分种样方内，采用土钻（Φ=6 cm）法取地下生物量，取样深度为 0～5 cm、5～10 cm、10～20 cm、20～30 cm、30～50 cm、50～70 cm、70～100 cm。每 5 钻混合为 1 个样品，每层 5 个重复。然后在河水里将土洗掉，并捡去石块和其他杂物。没有区分死根和活根，因此，在后面的计算中，地下生物量既包括死根也包括活根（Derner et al.，2006）。带回实验室在 75℃下烘干至恒重然后称重。

4.1.4.2　土壤样品

采集采用土钻法（Φ=6 cm）进行取样，在分种样方内取完地上生物量后，将土壤表面的植物残留物和杂质清理干净，然后取土壤样品，取样深度依次为 0～5 cm、5～10 cm、10～20 cm、20～30 cm、30～50 cm、50～70 cm、70～100 cm，每 5 钻混合为 1 个土壤样品，每层 5 个重复。取样后置于布袋内，在实验室内进行自然风干并将草根移除，过 0.25 mm 筛，作为分析样品。

4.1.4.3　容重的取样

采用环刀法，挖出一个 1.5 m×0.5 m×1 m（长×宽×深）的剖面，用高度 5 cm，体积为 100 cm³ 规格的环刀，按 0、5 cm、10 cm、20 cm、30 cm、50 cm、70 cm、100 cm 的深度从上至下依次取样，每层 5 个重复。

4.1.5　样品分析

土壤全碳含量（Soil Total Carbon，STC）的分析使用元素分析仪（2400 IICHNS/O，Perkin-Elmer，USA）进行测试。土壤无机碳含量（Soil Inorganic Carbon，SIC）的测定使用气量法进行，所用仪器为 Eijkel Kamp calcimemer（德国），每个样品重复 2 次。土壤有机碳含量（Soil organic carbon SOC）采用全碳含量减去无机碳含量的方法计算。土壤 pH 的测定使用 pH 计（PHS-3C meter，Shanghai Dapu Instrument Company，Shanghai，China），土壤：水比例为 1：2.5。容重样品在 105℃下烘干称重并减去砾石的重量，然后除以环刀体积（100 cm³），即为土壤容重。

植物生物量（地上和地下）碳含量亦采用元素分析仪（CHNS/O 2400，Perkin Elmer，Connecticut，USA）进行测定。

土壤密度（Soil Bulk Density，又称为土壤容重）计算公式：

土壤密度（g/cm³）＝W/V

其中，W 为烘干土壤质量（g），V 为环刀容积（cm³）。

无机碳储量（SICS）计算公式：

$$SICS = SICD \times AREA \tag{1}$$

式（1）中，SICS 为土壤无机碳储量；SICD 为土壤无机碳密度；AREA 为不同草地类型面积。土壤无机碳密度（SICD）采用分层累计求和计算的方法（张法伟等，2011）。

$$SICD_i = \sum_{i=1}^{n} SICC_i \times D_i \times H_i \tag{2}$$

式（2）中，SICD 为土壤无机碳密度，单位为 kg/m²；i 为第 i 层土壤；n 为土层数目；SICC 为土壤无机碳含量，单位为 g/kg；D_i 为第 i 层土壤容重，单位为 g/cm³；H_i 为第 i 层土层厚度，单位为 cm。

无机碳含量（SICC）：

$$SICC_i = 1\,000 \times \frac{M_2(V_1 - V_3)}{M_1(V_2 - V_3)} \times \frac{12}{100} \tag{3}$$

式（3）中，$SICC$ 为土壤无机碳含量，单位为 g/kg；M_1 为样品质量，单位为 g；M_2 为标准品质量，单位为 g；V_1 为样品产生的 CO_2 体积，单位为 mL；V_2 为标准品产生的 CO_2 体积，单位为 mL；V_3 为空白产生的 CO_2 体积，单位为 mL。

土壤有机碳含量（$SOCC$）的计算：

$$SOCC = STCC - SICC \qquad (4)$$

土壤有机碳密度（$SOCD$）采用分层累计求和计算方法：

$$SOCD_i = \sum_{i=1}^{n} SOCC_i \times P_i \times D_i \times (1 - C_i)/100 \qquad (5)$$

式（5）中，$SOCD$ 为土壤有机碳密度，单位为 kg/m²；i 为第 i 层土壤；n 为土层数目；$SOCC$ 为土壤有机碳含量，单位为 g/kg；P_i 为第 i 层土壤容重，单位为 g/cm³；D_i 为第 i 层土层厚度，单位为 cm；C_i 为第 i 层土壤砾石含量，单位为％。

土壤有机碳储量（$SOCS$）计算公式：

$$SOCS = SOCD \times AREA \qquad (6)$$

式（6）中，$SOCS$ 为土壤无机碳储量；$SOCD$ 为土壤无机碳密度；$AREA$ 为不同草地类型面积。

植被生物量碳密度的计算采用生物量乘以生物量碳含量获得，储量计算方法与土壤碳储量相同。

4.1.6　高寒草地碳储数据集

生态系统的碳储是陆地生态系统与全球变化的研究热点之一，本数据集主要整理出了 2011—2015 年实施的中国科学院战略性先导科技专项"应对气候变化的碳收支认证及相关问题"（XDA05000000）项目中"草地生态系统固碳现状、速率、机制与潜力"（XDA05050400）有关青海高原草地部分的数据，为了提高本数据集的应用性，给出了 153 个采样点的地理位置、植被盖度与优势植物种群、土壤有机碳及无机碳含量，以期为从事该区域类似研究的学者提供本底资料。同时比较与分析了青海高原 6 类草地的植物、土壤、生态系统碳密度及碳储。

野外样品运输中，丢失了部分样品，同时部分荒漠调查点无植被生长，数据空缺。在分草地类型生物量量统计中，忽略该样点，只统计现有样点数据。

4.1.7　主要研究结果

4.1.7.1　不同类型高寒草地碳密度

（1）植物生物量

采用分种与不分种样方调查的 153 个样点，地上生物量分别为（43.06±43.69）g/m² 和（44.63±42.83）g/m²，二者结果极为一致（表 4-3）。为了增加估测的可靠性，计算 153 个采样点的分种与不分种样方生物量的平均值，得出每个样点的地上生物量，然后归为 6 个草地类型，统计分类型草地生物量，发现高寒草地地上生物量平均为 43.84 g/m²。6 类草地呈现出高寒草原（78.60 g/m²）＞温性草原（77.04 g/m²）＞沼泽化草甸（42.27 g/m²）＞温性荒漠（40.71 g/m²）＞高寒草甸（32.98 g/m²）＞草甸草原（31.30 g/m²）的相对次序（图 4-1）。

153 个采样点的高寒草地 1 m 土层地下根系现存量平均值为 2 314.26 g/m²（表 4-3）。6 类草地呈现出沼泽化草甸（3 706.03 g/m²）＞温性荒漠（3 670.88 g/m²）＞高寒草甸（2 545.89 g/m²）＞草甸草原（2 240.30 g/m²）＞温性草原（1 573.15 g/m²）＞高寒草原（949.26 g/m²）的相对次序（图 4-2）。

表4-3 青海高原高寒草地153个调查点的地上生物量和地下根系现存量

单位：g/m²

样点编号	地上生物量		分土层地下根系现存量							
	不分种样方	分种样方	0～5 cm	5～10 cm	10～20 cm	20～30 cm	30～50 cm	50～70 cm	70～100 cm	0～100 cm
QZ-P201	134.73±43.62	108.70±8.17	615.91±42.82	272.47±64.28	363.29±	233.55±95.90	114.71±29.78	33.22±10.68	38.92±13.25	1 672.07
QZ-P202	97.91±22.37	83.12±6.17	335.57±196.39	284.27	145.97	54.70±7.64	85.07±35.21	54.65±27.44	38.92±24.22	999.15
QZ-P203	34.94±22.29	20.77±9.35	48.66±2.06	58.68±39.81	51.75	159.38±118.85	251.36±285.06	95.34±69.82	60.55±63.62	725.72
QZ-P204	50.20±7.79	35.24±3.88								
QZ-P205	298.50±37.59	243.63±59.88								
QZ-P206	25.98±3.03	15.72±1.21								
QZ-P207	32.48±9.61	28.37±10.25								
QZ-P208	25.62±7.12	2.86								
QZ-P209	20.50±5.61	17.00±2.83		72.54	122.08					194.62
QZ-P210	20.17±9.25	11.83±4.85								
QZ-P211	33.32±10.05	20.34±1.05								
QZ-P212	60.92±14.20	21.65±24.20								
QZ-P213	27.30±15.65	38.36±7.96								
QZ-P214	35.17±8.20	38.62±9.05								
QZ-P215	18.80±5.25	23.15±12.03								
QZ-P216	34.47±20.16	30.59±17.76								
QZ-P217	18.64±7.24	22.89±3.76	1 378.86							1 378.86
QZ-P218	31.01±4.84	21.10±2.55								
QZ-P219	32.40±3.07	27.44±1.39								
QZ-P220	59.79±10.26	60.31±12.84								
QZ-P221	19.30±3.27	38.11±5.43								
QZ-P222	36.85±5.81	35.41±13.19								
QZ-P223	54.02±3.89	38.64±5.96								
QZ-P224	22.11±4.66	19.19±3.22								
QZ-P225	35.54±8.87	28.19±12.55								

（续）

样点编号	地上生物量		分土层地下根系现存量							
	不分种样方	分种样方	0~5 cm	5~10 cm	10~20 cm	20~30 cm	30~50 cm	50~70 cm	70~100 cm	0~100 cm
QZ-P226	33.13±17.59	25.62±17.51								
QZ-P227	22.13±7.38	18.39±5.15								
QZ-P228	10.47	35.11±30.77								
QZ-P229	31.46	24.38±5.11								
QZ-P230	9.93±1.01	17.11±5.35								
QZ-P231	38.79±12.25	34.59±6.64	1 376.06±673.03	334.39±104.55	185.42	100.97±64.41	160.42			2 157.26
QZ-P232	24.63±3.15	27.73±3.95	360.93±180.09	147.79±58.55	87.28	39.37±10.64				635.38
QZ-P233	17.20±5.21	18.53±4.76	2 516.99±821.12	1 004.36±273.40	393.02	105.80±30.54	30.37±0.29			4 050.54
QZ-P234	30.72±11.44	26.47±4.73	340.06±192.96	188.25±149.77	102.03	48.24±33.79	24.77±13.45			703.35
QZ-P235	43.78±7.85	34.95±5.58	2 040.10±262.92	558.39±351.94	410.95	142.84±67.49	85.63±64.89			3 237.91
QZ-P236	24.58±7.35	30.80±14.53	3 676.87±512.99	1 185.27±210.08	1 459.96	133.68				6 682.44
QZ-P237	46.46±7.62	13.55±6.96	40.69±5.07	15.14±2.65	15.78	9.24±6.28	6.49±6.17			87.33
QZ-P238	58.32±12.77	44.39±4.18	285.25±72.15	167.26±105.51	84.45	46.00±29.37	37.89±37.13	4.13	1.77	626.75
QZ-P239	43.75±7.40	29.68±6.72	194.86±101.08	180.47±95.45	268.93	156.05±169.83	72.15±16.61	6.49		878.94
QZ-P240	38.25±6.69	47.27±8.88	3 566.64±1 224.14	1 190.96±522.06	439.37	167.34±35.80	66.64±21.49	8.39		5 464.35
QZ-P241	17.18±5.91	28.04±10.17	2 691.67±697.38	556.85±118.67	283.09	83.98±26.37	37.60±25.17			3 653.19
QZ-P242	50.13±4.32	49.12±42.86	3 104.80±373.75	1 824.92±599.94	1 436.22	340.41±175.83	102.91±35.51			6 809.26
QZ-P243	86.49±36.63	76.36±15.76	1 969.21±103.59	934.33±511.26	547.77	279.94±47.34	1 045.29±696.70	572.95±360.07		5 349.50
QZ-P244	56.49±9.83	53.65±3.00	2 478.41±453.80	1 638.48±681.49	1 232.72	305.85±244.63	100.73±44.42	34.09±11.87		5 790.28
QZ-P245	35.17±5.37	49.42±10.68	239.68±85.09	184.83±119.67	109.58	92.47±66.15	41.99±18.11			668.55
QZ-P246	46.49±16.14	69.64±19.11	616.77±249.68	447.28±205.31	297.48	240.39±122.12	165.13±69.49	452.94		2 219.98
QZ-P247	16.10±5.37	32.86±11.68	1 918.64±367.81	1 297.18±357.30	573.48	325.55±123.69	127.86±12.31	34.35±18.77		4 277.07
QZ-P248	13.55±4.52	41.12±16.61	1 257.08±519.79	873.20±677.61	384.29	280.73±66.99				2 795.29
QZ-P249	15.78±6.53	29.47±7.73	2 020.76±641.85	1 282.14±639.76	979.36	332.63±50.35	249.23±158.08			4 864.12
QZ-P250	24.62±10.01	37.47±6.21	392.49±75.38	86.69±40.80	54.26	30.67±16.48	18.28±8.86			582.39
QZ-P251	14.26±2.68	25.14±6.83	1 274.48±384.83	450.11±144.03	227.25					1 951.84

（续）

样点编号	地上生物量		分土层地下根系现存量							
	不分种样方	分种样方	0~5 cm	5~10 cm	10~20 cm	20~30 cm	30~50 cm	50~70 cm	70~100 cm	0~100 cm
QZ-P252	10.88±5.41	7.17±2.63	113.59±45.46	29.13±32.03	24.30	17.40±8.39				184.42
QZ-P253	30.50±8.92	9.21±5.74	387.33±307.19	215.26±144.61	146.73	93.42±57.00	84.34			927.08
QZ-P254	54.00±14.33	36.84±4.21	1 565.58±259.45	620.90±188.47	453.64	92.89±19.17				2 733.01
QZ-P255	40.62±9.48	41.01±7.19	2 555.20±426.00	941.26±545.32	619.40	339.58±95.23	130.34			4 585.78
QZ-P256	9.16±3.42	10.73±3.54	442.09±171.45	565.58±260.11	341.12	103.80±40.24	45.41±12.38			1 497.99
QZ-P257	41.15±11.47	44.8±58.18	2 206.77±641.74	677.87±429.28	442.68	177.64±51.78	53.11			3 643.55
QZ-P258	38.05±5.94	28.93±6.21	1 742.39±242.20	314.79±36.65	276.01	101.59±24.27	137.50			2 558.27
QZ-P259	26.69±9.23		278.96	746.28	96.37	44.23±	31.02			1 196.86
QZ-P260	23.52±2.45	23.90±6.88	1 384.76±128.96	266.10±191.63	142.60	52.37±24.99	27.72±2.36			1 873.56
QZ-P261	41.15±5.57	44.19±7.64	3 214.50±433.49	1 632.58±334.81	1 160.36	1 662.83±601.53	1 082.51±273.46	204.21±103.92	123.85	9 080.83
QZ-P262	24.40±2.08	14.97±6.25	240.86±203.00	93.62±59.16	60.16	50.72				445.36
QZ-P263	23.99±3.94	40.62±9.00	2 471.93±405.18	1 814.58±354.59	1 181.88	664.66±342.79	130.34			6 263.39
QZ-P264	26.48±8.39	15.83±4.34	79.85±34.12	86.11±30.43	70.48	29.78				308.09
QZ-P265	40.98±10.19	60.53±17.22	2 099.43±179.61	647.56±94.55	757.02	1 074.31±402.31	315.49			5 473.46
QZ-P266	57.76±20.05	64.17±18.38	771.29±145.07	324.60±75.22	113.23	68.22±36.15				1 277.35
QZ-P267	63.75±5.84	67.80±28.05	205.24±164.27	86.93±50.71	67.23	17.18				394.79
QZ-P268	17.15±3.72	44.26±16.12	30.43±15.32	27.48±16.44	17.69	227.45±227.77				303.06
QZ-P269	77.16±5.81	120.42±15.29	620.55±234.66	369.66±65.92	334.87	150.86±43.27	78.08±28.56	20.05±7.32		1 574.07
QZ-P270	89.07±26.34	85.11±42.59	134.23±62.64	85.99±35.20	49.07	70.89±48.17	76.52±42.26			416.70
QZ-P271	35.96±12.04	52.54±14.40	33.85±21.48	24.89±16.60	28.66	26.89±15.99				114.30
QZ-P272	47.88±9.25	46.83±7.68	1 188.13±320.21	424.86±170.83	294.64	144.93±70.99	189.31±164.54			2 241.89
QZ-P273	14.55±3.48	15.87±0.12	2 767.40±345.82	1 058.39±368.27	980.18					4 805.97
QZ-P274	141.81±40.99	122.34±38.58	220.10±69.04	254.42±101.75	544.11	591.06±176.20	677.64±256.40	169.97±74.54	58.86±12.81	2 516.16
QZ-P275	53.70±17.67	81.38±32.27	347.84±281.83	110.99±43.18	135.17	98.61±31.28	49.07±19.17			741.68
QZ-P276	7.37±4.55	14.59	1 498.33	1 068.06±58.39	2 276.68	1 308.68±243.34	383.35			7 633.29
QZ-P277	11.05±6.78		2 392.86±459.54		615.32±112.57	391.99±206.90				3 400.17

（续）

样点编号	地上生物量		分土层地下根系现存量							
	不分种样方	分种样方	0~5 cm	5~10 cm	10~20 cm	20~30 cm	30~50 cm	50~70 cm	70~100 cm	0~100 cm
QZ-P278	8.73±4.61	11.52	271.49±220.34	58.39	211.72±1.18	543.17				1 084.77
QZ-P279	12.46±7.48	16.45	165.72±104.74		145.08±584.68	162.48±43.35				473.28
QZ-P280	18.97±7.24	21.52±15.12	11.32±6.16							11.32
QZ-P281	10.52±7.98	13.88	30.67±127.21		50.13	52.19				132.99
QZ-P282	30.13±21.20	39.77	13 099.20±5 241.49	4 342.61±6 141.38	13 520.09±2 884.87	2 222.22±1 775.44	1 486.20±221.75			34 670.32
QZ-P283	无植被	无植被								
QZ-P284	无植被	无植被								
QZ-P285	无植被	无植被								
QZ-P286	无植被	无植被								
QZ-P287	77.57±5.86	65.52±27.54	119.84±61.94	23.02	82.57±31.93	67.23±18.27	51.47	35.74±16.09		447.98
QZ-P288	27.67	0.11±0.20	269.64±54.37	90.12±19.20	82.68±37.88	16.43	33.50±7.63	16.28±4.03		523.00
QZ-P289	16.95±5.52	15.81±6.87	219.75±39.07	128.80±63.80	116.63±56.55	36.27±10.32				501.44
QZ-P290	87.64±19.16	99.61±33.07	343.83±130.76	286.51±147.99	105.45±56.01					735.79
QZ-P291	59.95±31.70	46.17±9.98	1 507.78±101.00	727.06±269.80	112.30	112.53±45.61	65.94±36.57			2 670.09
QZ-P292	38.75±9.44	40.70±3.60	1 816.23±649.99	363.52	582.57±109.20	310.92±240.42				3 915.19
QZ-P293	6.95±0.83	12.57±6.04	80.56±12.28	49.07±27.18	24.77±9.91	12.38±5.47				166.78
QZ-P294	27.35±11.48	26.72±7.96	1 853.62±177.84	529.25±194.53	251.71±173.92	103.33±48.31	61.34±38.11			2 799.25
QZ-P295	28.14±10.48	36.59±1.33	1 365.77±499.71	671.74±205.50	457.42±194.22	337.58±200.13	142.49±199.47			2 974.99
QZ-P296	76.57±2.26	70.22±38.29	1 591.65±434.17	566.17±147.84	271.29±86.61	168.91±88.67	113.00±36.03			2 711.02
QZ-P297	67.05±16.92	35.63±18.74	665.10±269.73	288.87±113.26	73.96±43.22	53.79±23.11	7.43±14.86			1 089.14
QZ-P298		53.01±23.46	1 220.92±324.82	377.21±127.99	140.48±21.49	29.49±20.51				1 768.11
QZ-P299	19.69±6.00	66.92±47.60	800.42±231.32	208.66±103.89	150.04±72.39	30.67±16.65	12.97±1.94			1 202.76
QZ-P300	5.95±2.46	11.85±6.10	1 659.47±2 976.76	147.91±75.80	67.59±53.39	7.67±15.33				1 882.64
QZ-P301	76.37±4.52	44.34±8.87	1 744.52±636.09	571.24±189.15	395.85±212.11	215.03±54.69	351.85±234.36			3 278.49
QZ-P302	30.90±6.68	45.16±15.41	1 399.27±337.80	417.67±75.28	221.75±103.78	100.26±135.34				2 138.95
QZ-P303	33.70±7.32	17.91±6.15	101.56±7.56	45.41±30.05	24.06±5.51	19.93±14.73	0.12±0.24			191.08

（续）

样点编号	地上生物量		分土层地下根系现存量							
	不分种样方	分种样方	0~5 cm	5~10 cm	10~20 cm	20~30 cm	30~50 cm	50~70 cm	70~100 cm	0~100 cm
QZ-P304	10.04±3.38	15.76±2.25	2 499.65±767.02	923.10±466.90	226.00±165.33	96.72±26.08				3 745.46
QZ-P305	17.30±9.80	27.64±3.66	2 265.98±758.17	821.77±381.46	310.10±259.63	171.15±82.19	52.84±22.11			3 621.84
QZ-P306	35.62±9.46	33.45±9.76	2 693.44±289.62	687.66±206.35	320.12±72.42	190.61±22.45				3 891.84
QZ-P307	14.96±3.61	19.78±0.71	2 196.39±311.50	595.78±172.24	227.77±78.70	182.83±65.29	77.26±61.48			3 280.02
QZ-P308	15.76±1.39	31.18±8.11	2 093.54±701.77	484.19±263.50	273.53±75.67	272.00±115.70	152.87±138.76			3 295.82
QZ-P309	13.92±3.41	16.79±4.33	1 387.59±739.49	529.37±148.67	298.42±116.59	196.51±214.65	73.72±60.34	19.70±24.16		2 485.61
QZ-P310	37.63±16.01	26.48±19.77	302.19±111.58	136.47±109.30	84.45±54.35					523.12
QZ-P311	95.99±22.10	85.29±24.65	2 029.72±295.72	853.74±395.52	401.63±98.41	357.16±88.50	124.56±80.63			3 766.81
QZ-P312	61.45±8.94	65.88±23.14	483.72±196.39	122.32±44.59	90.00±26.87	18.87±23.22				714.91
QZ-P313	35.01±4.11	59.66±15.62	566.88±164.95	195.92±75.16	88.58±21.87	70.54±14.50	24.89±23.88			946.80
QZ-P314	28.14±10.39	43.26±3.33	108.63±25.49	110.17±47.8	52.13±16.94					270.94
QZ-P315	57.28±23.28	44.29±24.84	177.99±103.32	190.96±162.29	32.67±22.89	10.26±9.64				411.89
QZ-P316	2.88±1.64	12.93±4.94	64.52±73.38	52.37±39.73	49.30±79.47					166.19
QZ-P317	46.91±19.17	67.82±21.51	701.70±201.50	494.10±139.14	180.23±38.98					1 376.03
QZ-P318	5.00±2.19	15.78±3.54	90.23±38.46	46.24±23.35	11.09±8.84					147.56
QZ-P319	25.93±10.44	56.76±14.28	797.71±210.57	273.53±87.70	134.58±42.83	104.62±45.90				1 310.45
QZ-P320	12.16±4.13	14.61±12.88	167.49±71.02	51.55±19.38	40.93±21.66	16.87±14.23				276.83
QZ-P321	11.22	14.57±4.99								
QZ-P322	55.18	71.66±34.86								
QZ-P323	6.47	8.40±4.84	154.75±153.39							154.75
QZ-P324	无植被	无植被								
QZ-P325	230.62	299.51±53.19	11 689.20±12 061.53	3 201.23±3 759.78	6 850.67±9 472.61	2 293.47±4 586.93				24 034.56
QZ-P326	147.35±56.66	194.51								
QZ-P327	147.23±56.59	104.38±32.98	1 073.96±680.67	554.38±272.72	380.63±167.29	180.11±77.57	107.45±62.48	63.22±55.55	62.63±61.88	2 422.39
QZ-P328	188.21±30.90	121.77±38.31	564.87±100.83	280.37±53.57	92.36±34.35	33.97±13.01	59.92±41.71	32.55±31.92	20.41±9.06	1 084.45
QZ-P329	27.21±10.76	66.06±27.63	238.74±111.47	46.83±16.15	17.46±11.74					303.02

（续）

样点编号	地上生物量		分土层地下根系现存量							
	不分种样方	分种样方	0~5 cm	5~10 cm	10~20 cm	20~30 cm	30~50 cm	50~70 cm	70~100 cm	0~100 cm
QZ-P330	107.20±18.97	118.45±36.88	672.68±268.95	307.15±105.32	148.03±68.41	62.40±24.45	34.56±31.58	7.43±14.86		1 232.25
QZ-P331	181.98±29.46	141.94±27.40	633.76±43.12	199.93±28.99	116.42±41.31	61.22±37.77	29.84±16.12	6.02±12.03		1 047.18
QZ-P332	72.57±18.78	116.77±7.70	1 170.56±463.58	445.51±137.63	177.16±85.19	72.66±71.81	32.55±40.12			1 898.44
QZ-P333	72.55±18.79	41.17±7.90	1 203.94±783.60	285.56±90.57	154.52±60.08	116.18±61.40	61.69±46.15			1 821.89
QZ-P334	97.01±35.40	133.23±68.46	394.67±165.89	159.00±68.24	200.05±119.54	71.24±38.09	101.79±87.82			926.75
QZ-P335	159.57±44.43	150.78±29.33	292.52±159.12	198.40±67.95	115.71±34.44	102.50±56.82	85.40±80.10	14.39±28.78		808.92
QZ-P336	46.82±8.04	40.85±7.25	1 107.45±598.76	300.07±55.35	156.29±64.54	92.47±37.51	45.77±23.61	12.74±11.02		1 714.79
QZ-P337	14.00±3.60	23.85±1.71	2 419.67±428.32	950.46±416.75	422.74±233.48	209.25±55.93	241.45±116.16			4 243.57
QZ-P338	13.31±0.96	24.13±1.73	982.78±294.69	405.17±291.09	94.53	108.52±47.03	203.11±161.96			1 889.83
QZ-P339	17.58±2.91	21.78±7.99	3 259.85±452.41	579.62±271.66	426.63±139.44	228.59	6.37			4 501.06
QZ-P340	13.65±1.53	28.10±6.70	620.90±222.03	91.88±20.15	56.85±18.43	41.52±33.53	25.36±5.80			836.52
QZ-P341	20.72±8.42	16.94±0.78	67.82±32.76	19.82±3.89	22.65±10.59	6.13±5.34				116.42
QZ-P342	8.62±1.80	19.72±12.03	2 446.10±547.61	660.65±104.62	243.93±75.68	106.51±59.31				3 457.18
QZ-P343	14.84±3.88	23.41±14.31	2 945.51±420.54	204.17	279.67±145.98	198.99±116.22	73.25±61.79			4 264.57
QZ-P344	22.55±3.64	32.86±8.07	3 768.34±430.38	707.36±224.21	351.14±253.97	312.34±142.18	37.51±36.52			5 176.69
QZ-P345	82.94±24.34	129.95±29.16	807.50±271.86	347.02±134.11	218.68±73.67	175.04±106.26	82.09±27.70			1 630.34
QZ-P346	10.97±3.57	17.55±3.54	2 445.86±765.44	668.44±169.62	288.51±97.07	261.97±123.15	252.30±127.09			3 917.08
QZ-P347	10.38±3.48	19.93±2.20	1 116.18±387.58	192.73±70.07	48.95±20.94	28.07±7.69	19.70±9.73			1 405.64
QZ-P348	85.32±10.14	82.25±28.93	935.36±424.93	192.03±105.82	225.64±136.33	77.38±33.51	56.74±16.06			1 487.14
QZ-P349	54.68±8.59	54.05±18.84	412.48±130.49	241.33±172.07	152.51±92.63	136.35±108.15	140.01±65.50			1 082.68
QZ-P350	39.78±7.71	30.22±16.35	1 334.63±133.97	448.81±152.97	124.68±33.73	96.25±24.07	32.20±19.55			2 036.57
QZ-P351	25.31±1.80	36.07±9.33	2 049.89±282.26	811.28±234.63	315.17±210.60	158.41±69.66	87.40±84.22			3 422.15
QZ-P352	32.43±8.00	43.42±6.37	851.26±324.40	282.97±132.74	66.29±35.00	109.11±41.95	40.69±11.42			1 350.32
QZ-P353	88.79±5.40	80.01±13.00	1 126.56±221.07	412.13±183.74	443.03±332.98	156.99±135.84	79.74±62.69			2 218.45

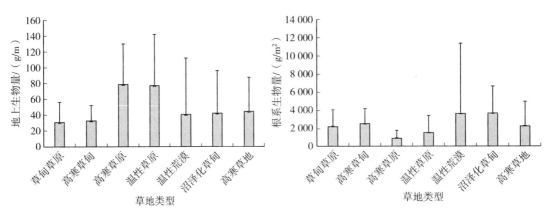

图 4-1　不同类型高寒草地的地上生物量和 1 m 土层地下生物量

用获取的不同类型草地地上生物量与 1 m 土层根系现存量计算其根冠比，发现根冠比范围在 12.08～90.17，高寒草地根冠比为 52.79，且呈现出温性荒漠＞沼泽化草甸＞高寒草甸＞草甸草原＞温性草原＞高寒草原的相对次序（图 4-2）。

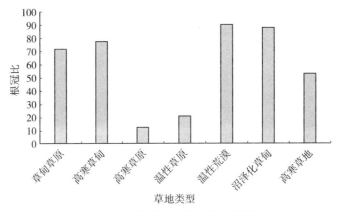

图 4-2　不同类型高寒草地的根冠比

本着遵从自然，以获取青海高原天然草地碳的本底现状为目的采样，根据高原面上草地严重退化的现状，样地布设基本按照"一主带两辅"的原则布设。共设采集样点 153 个，其中，主样地代表近原生样地，共布设 44 样点，辅助样地是原生草地下的不同退化状态，共布设 109 个样点。

在野外采样中，由于处于退化状态的高寒草地样点是近原生草地样点的 2.5 倍，造成高寒草地地上生物量远低于文献报道的数据。以高寒草甸为例，在海北站的长期监测中，正常高寒草甸的地上生物量约为 265 g/m²，而调查得到的高寒草甸地上生物量仅为 32.98 g/m²，这是由于高原面上分布的高寒草甸以高山嵩草为优势种群，草地多处于严重退化状态，而海北站观测场的高寒草甸以禾本科为优势种群，呈双层结构，且采集的样点退化草地比例较大，是造成其地上生物量较低的原因。另外温性草原样点主要设置于共和盆地的芨芨草草原，温性荒漠主要是位于柴达木盆地的芦苇盐沼，其数据主要源于 QZ-P282 和 QZ-P324 两个样点，均为未利用的芦苇盐碱地，其余温性荒漠草地基本无植被。显现出温性草原和温性荒漠高于高寒草甸的错觉，与常理不符，这是由其独特的植被类群所致。

通过对原生草地和退化草地上生物量、根系现存量的分析表明，随着草地的退化，草地的地上生物量和根系现存量分别降低了 25% 和 17%，但系统的根茎比增加了 9%，说明过度放牧导致的高寒草地退化，植物地上部分比地下部分敏感（表 4-4）。草地退化导致系统光合产物在土壤中的分配比例增加，这在野外考察中非常明显，表现为高山嵩草生长地段草毡表层的加厚，地表的凸起，草甸草原地带地表植物群落已完成由草甸群落向草原群落演替，但地下根系仍具有草甸群落深厚草毡表层的原生特征。

表 4-4　草地退化对草地生物量的影响

单位：g/m²

草地状态	地上生物量	0~1 m 根系现存量	根茎比
原生草地	55.04±37.63	2 954.81±1 918.16	54
退化草地	41.06±44.53	2 439.01±4 580.39	59

（2）高寒草地植物碳含量

高寒草地植物地上部分和地下根系碳含量平均值基本相当，分别为（371.08±19.01）g/kg 和（372.97±5.08）g/kg，远低于内蒙古干旱草原植物碳含量（52.17±2.01）%（龙世友，2013），说明高寒草地植物纤维素含量相对较低，营养价值高于内蒙古草地。6 类草地植物地上部分碳含量的相对次序为温性草原＞高寒草甸草原＞温性荒漠＞高寒草甸＞高寒草原＞沼泽化草甸，而地下根系的碳含量温性荒漠＞沼泽化草甸＞高寒草甸＞高寒草原＞温性草原＞高寒草甸草原，地上部分碳含量变异高于地下根系（表 4-5）。

表 4-5　高寒草地植物碳含量

单位：g/kg

草地类型	地上部分	地下根系
温性草原（TS）	392.52±58.41	371.14±61.50
高寒草原（AS）	346.60±74.38	373.49±48.45
高寒草甸草原（AMS）	388.8±59.90	362.98±65.13
高寒草甸（AM）	373.41±78.53	374.47±65.13
沼泽化草甸（SM）	344.62±97.01	377.67±61.46
温性荒漠（TD）	380.55±60.77	378.04±66.21
高寒草地	371.08±19.01	372.97±5.08

（3）高寒草地植物碳密度

高寒草地巨大的根冠比决定了其植物根系碳密度远高于地上碳密度的特质，高寒草地的植物碳主要储存于地下根系中，高寒草地植物平均碳密度为 879.2 g/m²，地上部分平均碳密度为 16.27 g/m²，地下部分为 863.15 g/m²，地下/地上比为 53。

6 种类型草地植物地上部分碳密度呈现出温性草原（30.24 g/m²）＞高寒草原（27.24 g/m²）＞温性荒漠（15.49 g/m²）＞沼泽化草甸（14.57 g/m²）＞高寒草甸（12.32 g/m²）＞高寒草甸草原（12.17 g/m²）。地下部分碳密度呈现出沼泽化草甸（1 399.65 g/m²）＞温性荒漠（1 387.74 g/m²）＞高寒草甸（953.36 g/m²）＞草甸草原（825.36 g/m²）＞温性草原（583.36 g/m²）＞高寒草原（345.54 g/m²）的相对顺序。在实际应用中温性荒漠、沼泽化草甸由于样点较少，需要慎重，但给定样点的数据绝对可靠（图 4-3）。

（4）影响高寒草地植物碳密度的因子

选取植被类型、地下生物量、植被盖度、植被高度、植被物种丰富度、土壤容重、土壤砾石含量、土壤 pH 和土壤氮密度 9 种因子作为自变量，植物地上生物量碳含量为因变量，逐步回归分析，最后进入模型的因子为植被盖度、土壤氮密度、植被类型和植被物种丰富度，这 4 种因子可以解释地上生物量碳含量变化的 54.3%，且都达到极显著。其中，植被盖度对其的贡献率最大，为 37.4%。

中国生态系统定位观测与研究数据集
草地与荒漠生态系统卷　　青海海北站（2004—2015）

青海高原草地地上生物量碳密度主要受草地类型和土壤氮密度的影响，且均达到显著（$P<0.05$），按草地类型分析，高寒草原的主要影响因子为植被盖度，其余因子对其的影响均不显著。高寒草甸的影响因子为土壤氮密度，但是植被盖度与植被物种丰富度的交互效应达到显著（$P<0.05$）。温性草原3种因子均未到显著（表4-6）。

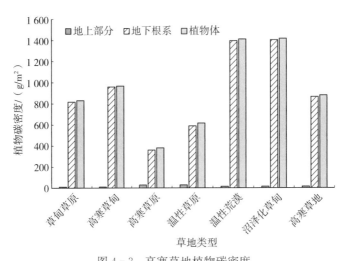

图 4-3　高寒草地植物碳密度

表 4-6　不同草地类型地上生物量碳密度影响因子方差分析

	因子	自由度（DF）	F 值	P
总体（Overall）	草地类型（Grassland Type，GT）	5	4.134	0.002
	植被盖度（Plant Coverage，PC）	1	2.680	0.104
	植被丰富度（Plant Richness，PR）	1	0.145	0.704
	土壤氮密度（Soil N Density，SN）	1	11.378	0.001
	PH×PR	1	0.730	0.395
高寒草原（Alpine steppe，AS）	植被盖度（Plant Coverage，PC）	1	9.877	0.008
	植被丰富度（Plant Richness，PR）	1	0.341	0.570
	土壤氮密度（Soil N Density，SN）	1	3.461	0.088
	PH×PR	1	3.116	0.103
高寒草甸（Alpine meadow，AM）	植被高度（Plant Height，PH）	1	1.996	0.162
	植被丰富度（Plant Richness，PR）	1	1.607	0.209
	土壤氮密度（Soil N Density，SN）	1	7.681	0.007
	PH×PR	1	6.563	0.013
温性草原（Temperates steppe，TS）	植被盖度（Plant Coverage，PC）	1	4.834	0.059
	植被丰富度（Plant Richness，PR）	1	0.085	0.778
	土壤氮密度（Soil N Density，SN）	1	0.009	0.928
	PH×PR	1	0.176	0.686

4.1.7.2　高寒草地土壤的碳密度及其影响因子

（1）高寒草地土壤碳的形态及含量

高寒草地土壤碳包括以腐殖质态碳存在的土壤有机碳、以碳酸盐和重碳酸盐存在的石灰质无机碳和以微生物有机体存在的土壤微生物碳 3 种形态。这里仅涉及土壤有机质碳和无机碳。

统计表明，153 个高寒草地 0～1 m 土层中土壤的全碳含量平均为 50.7 g/kg。6 种不同类型高寒草地 0～1 m 土层中，土壤碳的平均含量表现出沼泽化草甸（62.4 g/kg）＞高寒草甸（59.5 g/kg）＞草甸草原（45.3 g/kg）＞高寒草原（40.2 g/kg）＞温性草原（34.1 g/kg）＞温性荒漠（34.1 g/kg）的相对顺序。

153 个高寒草地 0～1 m 土层中，土壤的有机碳含量平均为 43.0 g/kg。6 种不同类型高寒草地 0～1 m 土层中，土壤有机碳的平均含量表现出沼泽化草甸（56.6 g/kg）＞高寒草甸（36.0 g/kg）＞草甸草原（36.0 g/kg）＞高寒草原（25.7 g/kg）＞温性草原（25.0 g/kg）＞温性荒漠（19.3 g/kg）的相对顺序。

153 个高寒草地 0～1 m 土层中，土壤的无机碳含量平均为 6.4 g/kg。6 种不同类型高寒草地 0～1 m 土层中，无机碳平均含量表现出高寒草原（12.6 g/kg）＞温性荒漠（11.2 g/kg）＞温性草原（9.8 g/kg）＞草甸草原（9.1 g/kg）＞沼泽化草甸（4.0 g/kg）＞高寒草甸（3.4 g/kg）的相对顺序。可见高寒草地的土壤碳含量，主要受到土壤有机碳含量的主控（图 4-4、表 4-7）。

随着土层的加深，6 种草地类型土壤总碳和有机碳含量均随土层深度的增加而减小，0～5 cm 土壤有机碳含量最大。而无机碳含量呈现出在剖面中部淀积的现象，其高值出现在 50～70 cm 土层，这是受上层土壤碳酸盐在降水反复溶解、淋溶、淀积的结果（表 4-8），该层在土壤诊断层中称为"淀积层 B"，其碳酸盐多以假菌丝状、粉末、斑点状分布于该土层。

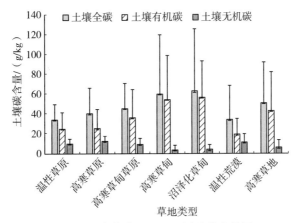

图 4-4　高寒草地 1 m 土层碳的含量图

（2）土壤容重

自然垒结状态下单位容积土体（包括土粒和孔隙）的质量或重量（g/cm³）与同容积水重比值（同容积水的质量与此时的土壤体积在数值上相同），称为土壤容重。土壤容重与土壤质地、压实状况、土壤颗粒密度、土壤有机质含量及各种土壤管理措施有关。它是估算土壤养分固持能力、水源涵养功能的必要参数。

153 个高寒草地 0～1 m 土层的平均土壤容重为 1.18 g/cm³，6 种不同类型高寒草地 0～1 m 土层中，土壤容重表现出温性荒漠 [（1.44±0.19）g/cm³] ＞温性草原 [（1.36±0.21）g/cm³] ＞高寒草原 [（1.23±0.21）g/cm³] ＞草甸草原 [（1.15±0.15）g/cm³] ＞高寒草甸 [（1.11±0.25）g/cm³] ＞沼泽化草甸 [（0.98±0.36）g/cm³] 的相对顺序（图 4-5）。

（3）青海高原高寒草地土壤碳密度

一般来说，陆地生态系统的土壤碳密度都以 1 m 土层来计算，由于青藏高原土壤发育年轻，土层较薄，大部分地区土壤都在 30～50 cm，因此，计算了 30 cm、50 cm 两个深度的碳密度（表 4-8）。

表4-7 153个调查点土壤有机和无机碳含量

单位：g/kg

样地编号	有机含量							无机碳含量						
	0~5 cm	5~10 cm	10~20 cm	20~30 cm	30~50 cm	50~70 cm	70~100 cm	0~5 cm	5~10 cm	10~20 cm	20~30 cm	30~50 cm	50~70 cm	70~100 cm
QZ-P1	29.04±3.62	33.97±5.51	24.42±3.02	19.83±4.35	54.76±3.94	18.31±3.44	10.65±3.66	7.78±1.86	8.05±0.46	7.82±0.30	11.15±0.84	13.36±3.67	15.47±3.89	13.81±3.53
QZ-P2	14.81±9.41	17.00±3.81	13.49±3.19	16.46±1.35	22.33±8.91	19.66±10.66	15.85±8.94	7.81±0.08	7.12±0.63	7.09±0.55	5.88±1.75	9.69±0.39	8.78±0.10	9.39±0.09
QZ-P3	10.42±5.11	22.91±4.58	6.52±3.71	13.31±5.04	12.71±3.09	8.97±2.16	11.07±4.12	6.86±1.74	3.21±1.97	4.92±2.01	7.92±0.03	4.77±1.95	6.63±1.67	8.09±0.31
QZ-P4	27.79±2.85	18.64±1.99	27.36±4.99	17.03±3.56	27.41±5.05	14.64±3.27	12.41±1.61	3.61±0.22	4.60±0.31	5.18±0.08	6.63±0.72	7.85±0.96	10.66±1.30	13.99±0.97
QZ-P5	30.05±2.14	24.30±6.15	27.49±0.49	89.97±51.59	31.77±12.28	25.51±6.62	17.81±7.38	1.47±0.23	1.88±0.32	1.71±0.23	3.87±1.43	14.41±2.43	19.29±5.25	24.63±0.82
QZ-P6	34.09±7.48	41.49±11.04	24.17±5.93	39.16±14.63	21.17±4.29	67.77±47.34	32.60±17.08	9.83±0.66	11.55±0.62	10.73±2.55	12.84±3.07	15.75±3.77	18.85±0.62	17.62±0.91
QZ-P7	40.89±5.94	29.45±9.23	88.79±7.70	79.41±42.08	16.14±4.27	5.02±4.51		3.69±0.89	4.41±0.21	3.65±1.38	4.55±1.38	8.42±0.72	7.41±0.70	
QZ-P8	42.83±2.84	50.94±15.17	91.79±65.03	21.18±2.62	14.11±3.99	5.89±3.43		5.05±1.20	7.36±0.73	8.03±0.77	8.00±0.42	8.46±0.12	7.67±0.29	
QZ-P9	18.81±2.58	20.95±1.08	21.54±2.50	20.45±4.43	19.73±5.12	14.93±1.48	15.99±7.28	2.13±0.43	2.47±0.53	2.76±0.44	3.81±0.51	3.67±1.20	5.77±0.72	7.66±1.03
QZ-P10	123.53±13.61	66.64±5.34	43.86±10.61	18.56±7.75	23.08±6.69			0.31±0.04	0.30±0.08	0.14±0.01	1.73±0.33	9.63±1.05		
QZ-P11	61.09±5.18	47.74±7.95	71.34±23.06	37.19±6.38	21.38±4.01	10.96±2.80	4.57±4.33	0.33±0.12	0.47±0.17	0.18±0.06	1.03±0.75	4.78±1.91	7.98±0.44	
QZ-P12	112.96±10.79	71.11±16.60	56.29±5.65	32.68±3.37	17.51±4.28	15.50±2.39		0.08±0.02	0.12±0.04	0.31±0.13	0.98±0.75	3.47±1.35	9.16±0.60	
QZ-P13	35.85±1.22	38.99±5.39	35.03±2.23	40.99±7.89	17.68±2.79	20.57±5.01	12.68±3.11	2.76±0.78	3.15±0.66	3.05±0.55	3.83±0.79	5.54±0.62	6.94±0.43	9.27±0.90
QZ-P14	65.79±5.22	36.16±2.89	41.30±7.55	28.63±1.54	30.01±6.61	26.77±5.28	22.18±7.29	0.23±0.03	0.14±0.02	0.24±0.09	0.21±0.06	0.27±0.08	0.99±0.54	2.92±1.32
QZ-P15	47.69±8.80	60.74±19.10	116.35±24.20	36.21±11.55	7.21±6.83	3.49±3.30	2.75±2.61	0.55±0.21	0.40±0.20	0.23±0.03	0.33±0.10			
QZ-P16	66.65±13.34	49.36±11.02	108.95±27.52	46.19±10.45	8.05±7.63			0.13±0.03	0.18±0.01	0.24±0.04	0.69±0.48			
QZ-P17	81.47±20.25	96.68±48.54	33.72±2.83	19.65±7.18	4.86±4.60			0.17±0.03	0.16±0.05	0.16±0.06	0.23±0.02			
QZ-P18	31.37±11.91	40.98±6.96	57.48±16.75	36.64±10.12	7.68±4.55			0.21±0.06	0.18±0.02	0.32±0.15	0.18±0.05	1.50±0.31		
QZ-P19	96.17±20.83	50.62±11.99	102.79±29.38	32.99±8.88	21.68±8.62			0.27±0.13	0.20±0.04	0.47±0.05	0.63±0.06	0.95±0.04		
QZ-P20	83.38±2.41	69.48±18.85	50.16±4.87	25.98±3.04	26.53±3.25	16.92±16.03		0.18±0.02	0.40±0.16	0.20±0.04	0.88±0.35	0.83±0.02		
QZ-P21	31.85±3.31	90.84±46.76	23.76±1.56	18.28±1.55	16.24±6.15			0.67±0.34	0.78±0.33	2.03±0.80	9.02±1.07	10.25±3.13		
QZ-P22	26.11±5.69	23.54±0.67	68.27±37.42	18.65±1.68	15.18±1.06			1.33±0.55	1.26±0.51	1.33±0.47	3.81±1.19	8.42±0.93		
QZ-P23	135.68±27.50	89.94±4.27	57.35±4.75	43.90±3.21				0.22±0.03	0.20±0.02	0.25±0.04	0.18±0.02			
QZ-P24	80.57±15.73	36.17±0.44	31.44±1.68	11.35±6.77				0.25±0.04	0.25±0.04	0.14±0.02	0.18±0.01			

（续）

样地编号	土层深度													
	有机含量							无机碳含量						
	0~5 cm	5~10 cm	10~20 cm	20~30 cm	30~50 cm	50~70 cm	70~100 cm	0~5 cm	5~10 cm	10~20 cm	20~30 cm	30~50 cm	50~70 cm	70~100 cm
QZ-P25	92.51±64.61	166.35±135.61	23.64±1.69	20.64±5.40	55.45±37.08			1.49±1.21	0.19±0.02	0.18±0.05	0.18±0.03	0.19±0.07		
QZ-P26	71.23±13.00	63.08±10.83	60.20±4.66	48.94±4.01	11.35±10.75			0.21±0.03	0.24±0.04	0.22±0.03	0.22±0.02			
QZ-P27	36.37±4.06	37.16±15.47	42.35±11.66	21.69±3.82	18.07±4.59			0.21±0.02	0.20±0.01	0.21±0.05	0.23±0.05	2.97±2.00		
QZ-P28	52.66±9.86	35.98±7.16	41.08±6.14	27.14±3.66	17.54±1.69			0.20±0.02	0.17±0.01	0.22±0.04	0.18±0.02	0.24±0.12		
QZ-P29	56.56±6.95	55.94±19.40	23.80±7.01	15.24±4.13	14.58±6.04			0.18±0.04	0.14±0.02	0.22±0.02	0.47±0.19	3.12±1.30		
QZ-P30	84.20±17.66	56.52±9.34	46.06±2.18	24.20±9.42				0.18±0.02	0.20±0.04	0.17±0.03	0.20±0.04			
QZ-P31	68.41±7.15	35.89±4.45	20.74±1.23	13.37±3.18	14.05±6.97			0.19±0.02	0.17±0.02	0.18±0.02	0.15±0.01	0.18±0.03		
QZ-P32	29.70±2.71	22.21±0.51	25.12±4.02	17.92±0.72				0.16±0.02	0.27±0.11	0.20±0.06	0.18±0.06			
QZ-P33	91.09±26.36	65.93±7.46	39.83±7.15	29.65±8.68	22.06±10.01			0.17±0.03	0.11±0.01	0.19±0.01	0.17±0.04			
QZ-P34	66.45±31.93	30.02±3.62	23.84±4.33	31.59±12.03	34.25±9.54	2.03±0.00	19.10±0.00	4.03±0.97	7.80±0.68	11.92±1.13	13.77±2.00	10.11±4.05		
QZ-P35	73.85±4.32	56.17±7.64	38.09±4.89	26.09±1.40	23.36±1.74			0.23±0.06	0.21±0.03	0.21±0.03	0.24±0.02	0.43±0.12		
QZ-P36	71.22±7.35	67.85±4.51	47.04±6.97	32.04±5.96				0.17±0.04	0.11±0.01	0.18±0.02	0.22±0.02			
QZ-P37	22.66±3.45	23.03±2.86	22.55±2.71	22.52±1.39	13.67±4.35			0.29±0.03	0.23±0.02	0.20±0.02	0.21±0.04	0.24±0.07		
QZ-P38	28.35±2.76	24.10±0.84	19.88±0.96	18.74±1.03	18.95±4.53	10.88±0.00	6.83±0.00	0.11±0.03	0.20±0.01	0.14±0.03	0.27±0.07	0.27±0.04		
QZ-P39	55.07±18.72	28.70±4.48	22.30±2.11	41.86±13.30	92.04±73.65	16.15±1.35	18.95±0.00	0.13±0.03	0.16±0.01	0.26±0.04	0.14±0.03	0.15±0.03	0.26±0.03	
QZ-P40	117.45±4.02	37.43±5.92	19.89±1.97	19.63±2.97	17.74±5.91	6.38±0.30	9.04±2.55	0.21±0.03	0.23±0.04	0.29±0.14	0.19±0.03	0.22±0.03	1.05±0.41	1.26±0.63
QZ-P41	59.66±7.17	33.97±7.11	22.05±1.84	20.34±3.51	18.11±2.08	25.70±0.00	31.00±0.00	0.20±0.03	0.19±0.02	0.11±0.02	0.19±0.07	0.14±0.05		
QZ-P42	71.55±7.06	63.76±0.81	52.31±6.76	33.42±6.46	22.08±3.93	34.10±0.00		0.21±0.03	0.18±0.03	0.17±0.05	0.20±0.04			
QZ-P43	65.70±1.88	53.57±7.16	54.06±12.92	32.32±3.35	27.94±4.38	20.78±8.61		0.24±0.05	0.15±0.01	0.24±0.03	0.20±0.03	0.24±0.05	0.16±0.01	
QZ-P44	59.44±4.52	52.82±4.41	48.02±10.18	46.10±9.93	21.07±1.53	15.36±1.39	12.75±1.30	0.22±0.02	0.18±0.04	0.18±0.03	0.14±0.02	0.23±0.04	0.28±0.07	0.23±0.03
QZ-P45	46.03±9.76	31.49±2.67	35.82±3.45	28.58±3.45	20.69±2.44			0.15±0.01	0.21±0.04	0.12±0.04	0.16±0.02	0.23±0.04		
QZ-P46	51.19±10.77	42.34±6.32	30.86±6.62	27.36±1.68	22.14±2.24	28.82±11.04	14.06±3.07	0.29±0.07	0.36±0.10	0.40±0.10	0.34±0.14	2.44±0.64	7.16±0.89	10.75±0.99
QZ-P47	55.69±10.05	64.09±7.37	51.26±12.96	24.17±3.02	17.01±1.03	14.04±1.00	26.06±5.46	0.16±0.02	0.27±0.08	0.16±0.03	0.15±0.03	0.15±0.01	1.58±0.70	6.47±2.75
QZ-P48	21.97±7.54	18.50±3.03	14.70±2.17	15.88±1.68				3.25±0.36	5.20±0.89	5.02±0.93	4.49±0.42			
QZ-P49	31.06±3.83	27.83±1.96	28.94±2.20	21.35±1.06	16.28±1.90			1.42±0.20	2.41±0.19	2.16±0.20	3.83±0.58	3.87±0.25		

（续）

样地编号	有机含量							无机碳含量						
	土层深度							土层深度						
	0~5 cm	5~10 cm	10~20 cm	20~30 cm	30~50 cm	50~70 cm	70~100 cm	0~5 cm	5~10 cm	10~20 cm	20~30 cm	30~50 cm	50~70 cm	70~100 cm
QZ-P50	56.22±7.04	80.05±17.02	86.05±9.76	61.66±3.58	61.25±3.60			0.20±0.02	0.21±0.04	0.17±0.02	0.16±0.02	0.13±0.01		
QZ-P51	112.10±21.53	116.83±46.72	58.48±1.77	61.66±3.58	61.25±3.60			0.20±0.03	0.19±0.03	0.22±0.01	0.00±0.00			
QZ-P52	48.60±3.56	48.75±4.75	46.67±3.12	48.01±6.09				0.20±0.04	0.17±0.04	0.19±0.01	0.19±0.02			
QZ-P53	61.59±10.11	57.18±6.96	59.86±4.89	43.77±6.26				0.15±0.04	0.14±0.02	0.14±0.03	0.14±0.04			
QZ-P54	152.39±53.77	81.46±7.23	56.52±15.31	27.59±4.78				0.28±0.05	0.20±0.02	0.12±0.02	0.27±0.07			
QZ-P55	60.61±10.69	61.26±10.93	49.63±12.91	64.92±11.86				0.15±0.02	0.18±0.02	0.19±0.04	0.22±0.01			
QZ-P56	54.48±7.86	55.10±5.40	57.02±2.70	52.40±15.82	71.08±27.36			0.18±0.03	0.26±0.06	0.18±0.05	0.22±0.06	0.25±0.03		
QZ-P57	97.17±16.35	69.67±13.94	81.49±18.34	49.86±9.11	52.03±13.95			0.19±0.02	0.25±0.03	0.39±0.19	0.20±0.03	0.14±0.01		
QZ-P58	67.71±16.37	70.41±6.86	58.60±2.14	48.35±5.56	31.60±1.88	30.50±0.00		0.21±0.03	0.14±0.02	0.16±0.05	0.19±0.03	0.30±0.12		
QZ-P59	33.61±5.73	49.12±10.89	38.57±2.98	37.37±7.63	27.25±4.98	16.17±4.17		0.15±0.01	0.20±0.05	0.24±0.03	0.21±0.04	0.15±0.04	0.19±0.09	
QZ-P60	86.50±6.61	68.20±3.05	74.25±13.53	41.87±3.76	36.97±2.58			0.16±0.01	0.14±0.05	0.23±0.05	0.19±0.01	0.14±0.01		
QZ-P61	124.01±5.50	92.68±4.64	93.44±8.55	60.33±7.53	26.88±3.65	17.91±2.59	11.23±0.52	18.43±2.32	13.45±4.47	6.82±2.10	6.15±1.65	6.29±1.35	6.79±1.84	
QZ-P62	29.64±7.40	18.66±2.11	25.18±11.96	71.33±0.00				11.28±0.48	10.78±0.65	10.94±0.76	12.07±0.00			
QZ-P63	44.04±4.60	34.23±5.07	31.77±6.74	34.67±6.09	33.13±2.38			5.05±0.16	5.99±0.17	6.33±0.23	7.73±0.91			
QZ-P64	21.49±1.46	21.09±1.93	49.24±18.11	42.62±3.78				5.11±0.41	6.35±0.84	5.63±0.32	4.67±0.00			
QZ-P65	29.45±4.24	24.50±6.72	28.13±6.67	28.98±4.64	26.10±4.48	21.24±9.25		5.79±0.55	4.88±0.25	5.49±0.28	7.46±0.44	7.98±0.53	7.11±0.17	
QZ-P66	27.96±10.67	15.79±3.27	14.05±1.89	11.77±3.11				8.16±0.26	8.69±0.37	9.13±0.51	10.18±0.20			
QZ-P67	18.79±3.30	30.01±11.83	39.36±14.74	11.95±1.81	41.28±0.00			9.91±0.46	9.91±0.24	11.14±0.30	12.00±0.45			
QZ-P68	15.60±2.53	7.27±1.21	11.75±0.99	7.99±1.12	4.45±1.74			11.16±0.45	13.13±0.44	15.29±0.63	16.21±0.54	15.48±0.28		
QZ-P69	16.56±3.28	22.37±4.20	29.24±7.06	12.97±1.21	21.14±8.09	8.70±2.02	15.59±5.89	11.07±0.16	11.51±0.17	11.68±0.13	12.37±0.08	11.83±0.21	11.98±0.23	8.29±2.57
QZ-P70	15.83±2.41	16.95±3.88	12.94±1.88	7.29±2.33	16.28±2.63			12.11±2.16	14.59±0.87	15.22±2.94	15.61±1.25	15.95±0.74		
QZ-P71	19.27±4.56	20.79±7.47	25.12±6.35	10.03±1.56	29.97±14.99			5.33±0.17	5.63±0.24	5.54±0.09	5.75±0.12	6.46±0.42		
QZ-P72	40.71±6.49	42.20±4.03	25.10±4.27	52.13±20.55				8.71±0.85	12.44±1.09	17.24±1.84	19.24±0.40			
QZ-P73	29.02±4.00	31.55±2.49	49.75±10.37					10.60±0.37	14.11±0.69	16.22±1.83	0.00±0.00			
QZ-P74	18.92±3.41	45.62±31.45	21.00±2.00	25.35±3.46	23.19±3.93	26.18±10.25	38.84±16.05	15.98±0.28	15.74±0.35	14.30±0.23	13.47±0.17	15.06±0.17	15.92±0.63	17.82±1.14

（续）

样地编号	土层深度													
	有机含量							无机碳含量						
	0~5 cm	5~10 cm	10~20 cm	20~30 cm	30~50 cm	50~70 cm	70~100 cm	0~5 cm	5~10 cm	10~20 cm	20~30 cm	30~50 cm	50~70 cm	70~100 cm
QZ-P75	20.25±6.35	14.00±5.50	13.61±3.25	15.78±7.32	17.98±7.40	2.12±0.60	7.00±2.63	8.69±0.91	10.10±0.29	10.33±0.39	10.26±0.64	10.80±0.58	10.85±0.26	11.77±0.92
QZ-P76	23.31±3.49	25.31±7.03	12.31±1.16	25.29±6.20	31.28±16.12	26.20±4.13	26.70±0.00		10.45±0.73	9.63±0.48	9.41±0.70	9.30±0.64		
QZ-P77		7.74±0.85	15.13±6.06	7.48±0.59					10.88±0.30	10.87±0.18	11.02±0.43			
QZ-P78		19.63±5.98	20.75±4.26	27.20±14.85	18.80±0.00	39.37±0.00			11.47±0.28	12.57±0.91	9.73±0.78			
QZ-P79		10.83±1.45	9.60±4.06	11.77±1.17	14.34±3.80	39.70±0.00			4.85±0.21	4.78±0.72	3.83±0.33	3.80±0.42		
QZ-P80		17.55±8.00	28.66±8.58	17.69±8.09	26.03±18.23	16.60±0.00			5.59±0.19	6.16±0.50	5.53±0.51	5.47±0.33		
QZ-P81		12.01±3.22	22.83±8.96	11.68±2.20	24.17±12.02				8.55±0.62	8.29±0.33	8.75±0.41	8.01±0.20		
QZ-P82		14.16±6.22	12.33±2.21	19.63±8.27	12.74±3.62	13.00±5.04			8.24±0.13	4.77±1.82	6.51±1.79	8.92±0.16	9.34±0.39	
QZ-P83		19.89±4.98	5.66±2.18	8.14±3.57	9.18±1.17				11.05±1.25	20.04±4.04	26.48±3.38	24.43±1.44		
QZ-P84		23.60±3.47	6.12±3.61	30.73±6.11	24.29±2.77				15.70±1.77	28.10±1.17	31.37±2.48	36.57±2.12		
QZ-P85		16.98±5.84	11.08±0.70	12.91±1.82	13.32±1.17				5.98±0.57	4.90±0.58	5.93±0.34	5.86±0.28		
QZ-P86		22.90±3.41	17.08±3.91	20.79±6.22	18.54±6.25				35.86±1.81	35.36±1.63	31.59±1.98	29.32±0.83		
QZ-P87	14.50±4.94	18.53±8.15	15.25±3.62	31.67±13.32	27.63±6.12	20.51±4.24	27.84±4.25	6.35±0.08	6.26±0.22	6.33±0.19	8.19±0.45	10.83±0.35	10.46±0.77	9.97±0.78
QZ-P88	17.26±4.15	21.23±3.15	26.90±7.09	19.77±4.43	20.40±3.05	17.31±3.22	15.73±5.64	9.42±0.41	12.31±0.09	14.30±1.25	15.79±0.12	16.76±0.75	16.21±0.91	18.11±0.48
QZ-P89	13.97±9.88	32.71±2.49	43.02±5.91	37.75±8.57				9.65±1.12	14.85±1.42	18.94±2.38	25.29±3.01			
QZ-P90	22.11±2.91	20.78±6.40	26.07±2.25			29.81±11.09		11.32±0.37	13.05±0.75	13.77±0.40	0.00±0.00			
QZ-P91	44.86±1.13	41.66±2.53	38.67±1.32	29.85±2.09	24.61±4.83			0.40±0.14	0.64±0.20	0.69±0.20	1.17±0.21	4.29±0.69	7.49±2.93	
QZ-P92	69.42±24.34	82.34±20.23	29.22±11.43	45.49±8.10				0.40±0.08	0.26±0.04	0.26±0.03	0.29±0.06			
QZ-P93	40.46±2.74	44.50±2.30	34.67±3.72	21.24±5.61				0.26±0.04	0.18±0.04	0.25±0.01	0.24±0.03			
QZ-P94	75.24±20.40	60.71±3.30	50.24±4.09	28.40±1.12	24.20±5.23			0.82±0.27	2.73±0.29	4.85±0.42	8.28±1.51	10.25±1.25		
QZ-P95	83.62±4.21	29.02±11.62	38.52±5.49	49.76±14.09	24.63±7.41			3.17±0.98	6.40±2.14	8.20±2.68	6.78±2.65	9.05±0.65		
QZ-P96	108.23±10.00	71.54±4.35	54.28±6.42	37.68±7.03	18.90±2.53	12.43±0.73		0.37±0.06	0.24±0.02	0.34±0.06	0.34±0.05	2.44±0.66	7.21±1.58	
QZ-P97	110.93±20.43	84.91±3.32	72.34±14.36	51.24±14.48	26.27±4.65	12.12±0.00		0.25±0.02	0.23±0.02	0.30±0.04	0.24±0.02	0.23±0.02	0.27±0.01	
QZ-P98	72.82±14.23	67.63±19.31	46.25±3.19	62.79±12.12	26.27±4.65			0.88±0.46	0.89±0.34	6.03±1.53	9.48±1.82			
QZ-P99	128.96±15.98	93.27±4.32	56.84±5.61	43.21±7.18	23.08±4.05			0.26±0.05	0.25±0.03	0.24±0.03	0.61±0.26	0.70±0.43	0.27±0.01	

（续）

样地编号	有机含量							无机碳含量						
	0~5 cm	5~10 cm	10~20 cm	20~30 cm	30~50 cm	50~70 cm	70~100 cm	0~5 cm	5~10 cm	10~20 cm	20~30 cm	30~50 cm	50~70 cm	70~100 cm
QZ-PI00	81.60±49.81	23.55±4.09	73.71±31.38	11.05±1.57				6.97±1.45	7.47±2.34	12.21±2.90	14.17±2.56			
QZ-PI01	185.46±11.34	101.03±7.88	66.64±6.61	80.36±16.49	56.40±4.11	70.83±7.15		0.57±0.13	0.21±0.04	2.42±1.53	2.70±1.22	1.98±0.88	1.07±0.41	
QZ-PI02	69.01±15.79	66.79±8.32	44.38±2.82	63.58±15.78				0.35±0.04	0.24±0.03	0.20±0.02	0.36±0.10			
QZ-PI03	42.60±6.66	177.25±88.54	30.24±6.61	53.99±21.04	17.01±2.47			5.82±0.69	5.48±0.52	9.87±2.26	12.51±1.60	15.42±1.36		
QZ-PI04	129.58±26.77	127.66±48.74	186.04±125.63	31.46±3.04	47.70±20.19			1.50±0.59	3.60±1.45	9.06±2.92	8.60±2.70	10.35±3.29		
QZ-PI05	173.99±45.00	127.34±27.02	221.07±45.80	53.69±17.77	42.61±11.34			0.29±0.05	0.24±0.05	0.27±0.07	0.21±0.03	2.19±1.11		
QZ-PI06	22.74±3.81	17.57±5.27	16.81±9.20	18.44±1.61	32.43±14.62	25.05±0.00		17.90±0.76	17.71±1.09	16.95±1.43	20.86±1.17	20.67±1.50		
QZ-PI07	82.25±11.74	87.40±23.29	46.65±8.06	42.89±10.91	92.73±41.40			3.75±1.39	5.76±1.44	8.88±1.43	12.53±1.34	11.29±1.07		
QZ-PI08	59.08±9.22	81.55±48.00	32.58±7.20	29.52±9.40	49.06±11.98	34.80±0.00		4.84±0.59	8.89±0.38	11.54±0.73	15.56±1.30	20.07±0.90		
QZ-PI09	117.87±47.92	57.75±16.72	130.80±73.46	59.99±22.25	25.80±4.51			3.33±1.07	5.93±1.50	6.60±1.98	13.15±1.28	14.89±0.50		
QZ-PI10	46.28±10.89	36.09±12.69	99.48±58.97	63.70±12.03	46.41±10.14			3.08±0.21	2.81±0.09	3.70±0.46	3.28±0.44	4.19±0.28		
QZ-PI11	31.26±3.56	51.88±9.69	30.82±8.95	24.33±3.58	23.66±4.66			3.52±0.38	4.88±0.64	8.88±0.49	9.79±0.33	14.10±0.84		
QZ-PI12	54.80±19.07	66.78±41.18	71.44±27.42	85.15±39.39				4.96±0.37	6.12±1.74	8.00±1.76	14.01±2.65			
QZ-PI13	29.03±5.08	26.00±2.57	17.91±1.35	20.59±2.63	15.34±0.62			8.23±1.20	9.34±0.51	11.19±0.41	13.23±1.24	13.02±2.28		
QZ-PI14	16.88±2.27	10.19±1.71	9.55±1.27	13.90±0.83	10.92±1.86			10.14±1.08	12.65±1.23	12.21±1.00	12.53±1.24	10.68±1.44		
QZ-PI15	17.37±5.97	9.02±1.64	9.32±1.09	5.35±1.54				7.79±1.02	12.32±3.00	9.80±1.17	13.28±3.35			
QZ-PI16	19.01±12.37	6.25±1.34	9.99±3.71	6.24±2.18				10.53±1.24	8.51±0.79	8.47±0.25	9.60±0.73			
QZ-PI17	30.17±4.23	16.61±3.89	14.22±1.67	16.53±4.69	17.07±5.32			14.07±0.33	13.37±0.37	14.04±0.31	16.17±1.68	20.31±2.63		
QZ-PI18	10.52±1.24	7.20±1.10	9.19±2.26	11.49±3.83	5.13±1.55			12.82±0.85	14.22±0.50	15.95±1.05	15.83±1.22	17.80±2.33		
QZ-PI19	14.53±2.71	19.46±2.96	7.56±2.36	10.49±3.63	11.19±2.52			9.25±0.73	9.70±0.40	12.40±1.24	15.25±0.39	15.91±0.44		
QZ-PI20	10.29±3.58	17.29±4.26	10.05±3.26	13.58±2.37	4.52±3.32			10.65±0.63	13.33±1.37	14.25±2.51	17.48±1.87	21.44±1.60		
QZ-PI21	18.65±5.50	8.76±1.89	12.48±2.53	17.83±4.29	10.42±1.94			6.39±1.59	9.02±0.52	7.98±0.55	8.33±1.22	6.96±1.09		
QZ-PI22	16.78±4.63	12.13±1.66	19.44±3.37	15.72±4.06	15.69±0.70			7.72±0.48	6.36±0.74	8.35±1.41	22.56±0.00	16.46±0.67		
QZ-PI23	30.79±15.98	23.25±11.46	17.54±7.32	130.32±68.21	21.48±4.46			6.49±0.31	9.01±1.62	9.90±1.21	9.24±0.69			
QZ-PI24	12.29±2.05	72.79±59.66	13.30±3.51	31.82±14.32				9.41±0.69	11.53±0.96	9.48±2.35	11.14±0.83			
QZ-PI25	17.04±4.44	19.26±3.35	20.77±6.82	21.41±2.66				10.47±0.49	6.48±0.85	5.37±0.89	3.33±0.31			
QZ-PI26		26.73±9.74	14.50±4.28	12.41±1.04					3.45±0.41	2.25±0.37	2.27±0.28			

土层深度

（续）

样地编号	有机含量							无机碳含量						
	0~5 cm	5~10 cm	10~20 cm	20~30 cm	30~50 cm	50~70 cm	70~100 cm	0~5 cm	5~10 cm	10~20 cm	20~30 cm	30~50 cm	50~70 cm	70~100 cm
QZ-P127	39.75±4.67	34.15±1.12	31.00±1.11	28.23±8.75	32.32±16.82	18.73±3.09	18.53±2.17	7.39±0.31	7.63±0.42	10.82±0.72	16.48±2.36	22.68±2.67	18.44±1.02	12.87±0.64
QZ-P128	37.23±0.95	35.41±2.41	36.74±7.34	18.97±1.19	19.42±4.35	12.18±1.65	12.15±2.71	6.23±0.60	9.84±0.85	10.84±0.50	12.63±1.35	19.87±1.27	22.60±1.35	19.21±0.51
QZ-P129	47.78±11.95	38.61±15.05	39.31±6.11	12.49±5.17	12.70±0.00			4.16±0.33	3.25±0.55	3.46±0.59	3.83±0.38			
QZ-P130	54.08±10.12	50.73±19.62	109.78±75.32	33.94±5.37	93.12±73.19	11.49±6.67		9.70±0.44	13.29±0.52	17.16±1.35	18.50±1.71	19.77±0.41	18.91±0.63	
QZ-P131	45.54±3.52	36.97±4.25	24.98±2.08	26.07±6.60	16.70±0.26			11.08±0.52	13.18±0.49	18.90±0.80	23.09±2.06	22.36±1.87		
QZ-P132	75.59±19.15	107.85±44.97	99.88±37.14	68.86±35.45	17.20±2.83	7.45±0.48	12.15±2.71	9.45±1.63	4.38±0.97	7.52±0.95	14.32±1.59	20.43±1.01	19.05±1.32	
QZ-P133	74.48±8.83	82.29±32.41	41.63±14.97	29.54±1.51	20.53±6.61	16.32±4.55	12.15±2.71	1.40±0.35	3.71±0.82	6.61±1.27	10.82±1.83	12.64±3.10	15.00±1.76	
QZ-P134	23.81±4.58	28.88±3.23	22.34±2.44	24.68±3.14	21.94±3.09	16.92±2.94		11.87±0.53	12.10±0.28	12.32±2.86	13.10±1.56	14.58±1.72	16.00±2.49	
QZ-P135	22.10±2.56	26.87±1.44	27.99±3.22	28.20±5.11	17.26±6.34	18.29±0.82		11.63±0.40	11.15±0.50	13.39±0.59	14.50±0.57	14.07±0.92	19.96±1.45	
QZ-P136	101.77±29.49	62.03±6.97	56.65±12.81	35.29±2.00	25.93±1.85	49.83±21.49		0.47±0.11	0.49±0.14	2.66±0.94	6.79±1.23	13.01±0.67	17.85±0.72	
QZ-P137	81.10±8.93	69.12±16.91	68.91±15.49	49.76±3.76	37.31±2.30	27.15±0.95		0.92±0.36	0.50±0.09	0.57±0.10	1.14±0.31	5.47±1.48	9.44±0.68	
QZ-P138	69.10±8.75	94.20±32.19	37.99±5.72	58.43±18.46	40.10±14.96	39.64±13.21		5.92±1.56	9.78±2.60	12.09±2.03	10.39±3.23	8.73±2.70	9.37±3.73	
QZ-P139	98.06±16.75	332.29±221.50	254.54±101.18	103.92±25.79	127.58±51.09	39.64±13.21		0.30±0.03	0.21±0.02	0.30±0.05	0.91±0.44	0.66±0.20		
QZ-P140	35.92±4.92	39.44±10.98	27.70±10.04	46.69±18.76	36.63±17.04	9.57±0.56		0.30±0.05	0.30±0.09	0.30±0.05	0.43±0.14	0.29±0.03		
QZ-P141	63.61±35.69	134.45±103.98	75.41±45.88	78.98±33.88	30.07±8.95			0.29±0.03	0.37±0.06	0.37±0.10	0.26±0.00	0.23±0.01	1.27±0.43	
QZ-P142	64.32±16.23	41.77±2.92	33.64±3.32	28.99±7.25				1.20±0.17	3.71±0.68	9.84±0.73	12.83±1.94			
QZ-P143	228.05±103.46	136.53±78.47	188.54±74.61	40.56±6.60	123.63±64.32			3.11±0.35	6.71±0.66	7.64±0.75	6.95±2.24	8.57±1.19		
QZ-P144	161.31±37.93	217.16±115.63	220.81±156.30	50.76±9.47	25.43±6.18			0.53±0.11	1.10±0.31	10.31±1.42	20.74±1.98	21.74±2.18		
QZ-P145	32.28±2.69	34.99±3.56	90.30±24.74	19.36±2.45	19.49±3.96	14.89±2.18		8.10±1.23	12.67±2.98	16.86±3.06	16.96±1.82	19.71±2.78	18.19±1.19	
QZ-P146	108.96±16.00	117.21±21.09	190.60±63.80	171.70±84.39	270.27±109.56	26.69±0.00		0.66±0.03	0.79±0.23	3.78±0.66	6.04±0.87	6.81±0.71		
QZ-P147	111.90±4.92	111.37±31.81	64.44±13.87	26.20±6.34	39.91±6.49	15.22±2.44		0.43±0.14	0.35±0.07	0.98±0.52	0.32±0.06	0.29±0.04	0.26±0.01	0.33±0.06
QZ-P148	240.85±139.20	67.74±4.67	60.86±6.86	58.03±10.72	141.01±91.08	32.17±4.49	29.20±12.86	3.45±0.98	6.16±1.92	6.92±0.88	8.97±0.71	11.59±1.21	15.85±0.95	22.96±1.50
QZ-P149	54.21±3.03	62.14±5.80	49.45±1.63	44.23±1.99	36.26±2.55	28.53±2.10	33.47±6.62	0.69±0.20	0.80±0.18	1.15±0.47	1.03±0.26	3.12±0.17	6.21±0.14	7.39±0.42
QZ-P150	95.04±15.66	62.78±5.48	52.04±1.94	46.27±1.59	43.71±4.20	45.84±12.30	33.47±6.62	2.44±1.83	3.20±0.91	4.14±0.65	6.15±0.48	8.43±2.01	5.96±2.04	
QZ-P151	148.96±13.29	200.61±65.97	70.12±7.44	57.88±5.04	49.54±10.57	33.47±6.62		0.53±0.18	0.39±0.12	1.83±0.62	4.45±1.16	10.73±0.55	13.97±0.44	
QZ-P152	151.59±50.85	188.83±70.96	200.94±123.23	164.43±115.38	49.42±17.09			7.03±0.73	7.93±0.23	11.45±1.62	14.45±0.72	16.50±0.35		
QZ-P153	104.23±17.35	75.83±9.67	53.22±3.08	66.13±18.56	82.15±34.54	36.10±16.71		1.01±0.19	1.79±0.11	4.20±0.91	7.95±1.23	10.75±1.85	15.08±1.07	

土层深度

　　高寒草地土壤 0～30 cm 和 0～50 cm 的土壤总碳平均密度分别为 17.32 kg/m²、27.12 kg/m²，其中以有机碳为主，分别占土壤总碳密度的 85.4% 和 80.8%。远高于兴安落叶松森林土壤的碳密度（舒洋等，2017）。6 类草地土壤碳密度的相对大小次序为高寒沼泽化草甸＞高寒草甸＞高寒草甸草原＞温性草原＞高寒草原＞温性荒漠，且温性荒漠和温性草原无机碳和土壤有机碳密度基本相当（表 4-8）。

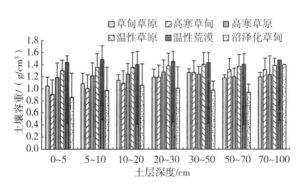

图 4-5　不同类型高寒草地的容重

表 4-8　青海高原不同类型草地土壤碳密度

草地类型	土壤全碳含量/（g/kg）		土壤容重/（g/cm³）		土壤碳密度/（kg/m²）	
	0～30 cm	0～50 cm	0～30 cm	0～50 cm	0～30 cm	0～50 cm
温性草原	34.27	35.42	1.35	1.34	14.46	24.30
高寒草原	36.95	36.29	1.24	1.24	14.07	22.88
高寒草甸草原	58.02	52.98	1.13	1.15	20.43	31.42
高寒草甸	63.61	58.91	1.03	1.04	20.60	31.64
沼泽化草甸	69.76	63.58	0.93	0.90	20.87	30.07
温性荒漠	28.47	30.46	1.41	1.38	13.48	22.39
高寒草地					17.32	27.12

　　（4）影响高寒草地土壤碳密度的因子

　　选取植被类型、地上生物量、地下生物量、植被盖度、植被高度、植被物种丰富度、土壤 pH 和土壤氮密度 8 种土壤及植被因子作为自变量，土壤有机碳密度为因变量，做逐步回归分析，最后进入模型的因子为土壤氮密度、植被盖度、土壤 pH 和草地类型，这 4 种因子可以解释地下生物量碳含量变化的 57.1%，且都达到显著（表 4-9）。

表 4-9　不同草地类型土壤有机碳密度影响因子逐步回归分析

因子	线性模型	R^2	F 值	P
土壤氮密度（SN）	$Y=9.066+4.196SN$	0.419	79.976	0.000
植被盖度（PC）	$Y=5.980+3.231SN+0.077PC$	0.533	62.769	0.000
土壤 pH	$Y=15.063+3.142SN+0.069PC-1.036pH$	0.554	45.205	0.022
草地类型（GT）	$Y=12.357+3.137SN+0.077PC-1.036pH+0.726GT$	0.571	35.972	0.042

　　选取植被类型、地上生物量、地下生物量、植被盖度、植被高度、植被物种丰富度、土壤 pH 和

土壤氮密度 8 种土壤及植被因子作为自变量，土壤无机碳密度为因变量做逐步回归分析，最后进入模型的因子为土壤 pH 和草地类型，这两种因子可以解释地下生物量碳含量变化的 54.1%，且都达到显著。其中土壤 pH 可以解释 51.2%（表 4 - 10）。

表 4 - 10　不同草地类型土壤无机碳密度影响因子逐步回归分析

因子	线性模型	R^2	F 值	P
土壤 pH	$Y=-18.637+2.666pH$	0.512	59.759	0.000
植被类型（GT）	$Y=-16.121+2.668pH-0.881GT$	0.541	44.961	0.006

4.1.7.3　高寒草地生态系统的碳储及其空间分布

将植被生物量碳和土壤全碳作为生态系统的碳储。基于不同类型草地面积、植物碳密度和土壤碳密度估算，进行了生态系统碳储量的估算，青海高原草地土壤厚度多在 30～40 cm，平均为 50 cm，0～30 cm 和 0～50 cm 生态系统的碳储分别为 6.32Pg 和 6.62Pg，土壤系统是高寒草地碳储的主要储存场所，0～30 cm 和 0～50 cm 碳储分别占生态系统总碳储的 94.65% 和 96.5%。6 类不同草地类型由于其面积不同，在青海高原草地碳汇功能发挥中的作用亦不同，表现出高寒草甸＞高寒草原＞温性荒漠＞温性草原＞沼泽化草甸＞高寒草甸草原的相对顺序（表 4 - 11）。

受青藏高原板块抬升的作用，青海高原的地形呈现出由东南向西北逐渐抬升的趋势，同时受大气环境"随纬度增加热量递减和随经度增加降水递减性"的影响，青海高原的植被类型呈现出森林—高寒草甸—高寒草原—高寒荒漠的由东南向西北地带性植被水平带谱，生态系统的碳储总量和土壤有机碳密度由东南向西北逐渐递减，而土壤无机碳密度则呈现由东南向西北逐渐增加降低的空间格局。

表 4 - 11　青海高原不同草地类型生态系统碳储量

草地类型	面积/ m²	植被碳密度/ (g/m²)	土壤全碳含量/ (g/kg)		土壤容重/ (g/cm³)		土壤碳密度/ (g/m²)		生态系统碳储 (Pg)	
			0～30 cm	0～50 cm	0～30 cm	0～50 cm	0～30 cm	0～50 cm	0～30 cm	0～50 cm
温性草原	$2.12×10^{10}$	613.60	34.27	35.42	1.35	1.34	13 842.46	23 691.36	0.31	0.32
高寒草原	$5.82×10^{10}$	372.78	36.95	36.29	1.24	1.24	13 693.82	22 505.43	0.82	0.84
高寒草甸草原	$0.04×10^{10}$	837.53	58.02	52.98	1.13	1.15	19 592.18	30 583.59	0.01	0.01
高寒草甸	$23.2×10^{10}$	965.68	63.61	58.91	1.03	1.04	19 629.43	30 671.05	4.78	5.00
沼泽化草甸	$0.32×10^{10}$	1 414.22	69.76	63.58	0.93	0.90	19 455.67	28 654.56	0.07	0.07
温性荒漠	$2.57×10^{10}$	1 403.23	28.47	30.46	1.41	1.38	12 076.85	20 982.80	0.35	0.38
高寒草地	$34.07×10^{10}$								6.32	6.62

4.1.7.4　放牧对高寒草地碳储的影响

放牧制度包括放牧季节和放牧强度，通过影响高寒草地植物和土壤的碳密度而导致高寒草地碳储的改变，但不同类型草地对其具有不同的响应方式。多因子分析表明，人类活动会引起草地生态系统碳储量发生变化，放牧季节对高寒草地地上生物量碳密度有显著的影响。夏季草场地上生物量碳密度随放牧强度的增加呈先增加后减小的趋势（$R^2=0.178\ 2$，$P=0.003\ 1$）。而冬季草场地上生物量碳密度与放牧强度无显著相关关系。地下生物量碳密度受草地类型影响。高寒草原与高寒草甸土壤有机碳密度均与放牧强度呈显著的正相关关系（$R^2=0.476\ 6$，$P=0.000\ 3$；$R^2=0.110\ 9$，$P=0.001\ 2$）。高寒草地生态系统碳密度受控于草地类型和放牧强度（表 4 - 12）。

4-12　放牧对草地生态系统碳密度的影响分析

碳储分室	放牧制度	高寒草地			冬季草场			夏季草场		
		自由度	F值	P	自由度	F值	P	自由度	F值	P
地上生物量碳密度 (AGB Carbon Density) / (g/m²)	GT	1	1.18	0.28						
	GS	1	6.84	0.01						
	GD	1	0.81	0.37	1	0.00	0.98	1	3.93	0.05
地下生量碳密度 (BGB Carbon Density) / (g/m²)	GT	1	14.70	<0.001						
	GS	1	1.84	0.18						
	GD	1	0.24	0.63	1	0.85	0.37	1	1.14	0.29
土壤有机碳密度 (SOC Density) / (g/m²)	GT	1	14.36	<0.001						
	GS	1	3.44	0.07						
	GD	1	12.35	<0.001	1	0.25	0.62	1	7.43	0.01
生态系统碳密度 (Ecosystem Carbon Density) / (g/m²)	GT	1	17.11	<0.001						
	GS	1	4.37	0.04						
	GD	1	8.44	0.004	1	10.70	0.004	1	4.66	0.03

注：GT 为草地类型，包括高寒草原（Alpine Steppe）和高寒草甸（Alpine Meadow）；GS 为放牧季节（Grazing Season），包括冬季草场和夏季草场；GD 为放牧强度（Grazing Density）；$P<0.05$。

4.2　高寒金露梅灌丛通量观测研究数据集

　　陆地生态系统水、热、碳通量时空格局的观测研究一直是国际上关注的热点问题之一。基于微气象学理论的涡度相关法是测定大气与下界面植被群落物质、和能量交换通量最直接有效的方法，是目前通量观测时使用最为广泛的技术手段。高寒生态系统的水、热、碳通量的长期观测是评估高寒生态系统在气候调节、水源涵养和碳素固持等生态功能的重要数据基础，在揭示高寒系统对气候变化和人类活动的适应方式和响应机理及反馈过程等关键科学问题方面发挥着重要作用。

4.2.1　植被类型

　　数据集以广布于青藏高原的金露梅草甸为研究对象，主要分布在山地阴坡及山前洪积扇上。群落结构比较简单，一般分为灌、草两层，金露梅植株高 30～50 cm，生长比较密集，群落总覆盖度70%～80%。以金露梅为建群种，伴生种有山生柳（*Salix oritrepha*，俗称山柳）、高山绣线菊（*Spiraea alpina*）等，草本层植物生长发育较好，盖度为 50%～70%，以线叶嵩草、喜马拉雅嵩草、青藏薹草等为多优势种，其他伴生种类有双叉细柄茅、太白细柄茅、羊茅、钉柱委陵菜、藏异燕麦、珠芽蓼、山地早熟禾、华马先蒿、直梗高山唐松草、云生毛茛等。

4.2.2　数据集

　　本数据集收集和整理了海北站 2003—2010 年高寒金露梅灌丛水、热、碳通量观测研究数据集为海北站金露梅辅助观测场 2003—2010 年观测的 30 min 及逐日尺度数据，包括显热通量、潜热通量和 CO_2 通量及主要常规气象数据。其中，常规气象数据指标包括：空气温度、空气水汽饱和亏、5 cm 土壤温度、10 cm 土壤容积含水量、太阳总辐射、光合有效辐射、降水。数据为月尺度，同时进行了季节动态和年尺度的统计。30 min 碳通量数据单位为 mg/（m² · s）（以 CO_2 计），逐日数据为每天 30 min 的数据累计求和而得，数据单位为 g/（m² · d）（以碳计）。

4.2.3　数据采集和处理方法

4.2.3.1　空气温度和空气水汽饱和亏

观测仪器为 HMP45C（Vaisala，Finland）温湿度传感器。观测方法为每 30 min 记录瞬时气温值并存储在数据记录仪中。数据记录仪为 CR23X（Campbell，USA）。原始数据观测频率为 30 min，数据产品频率为 30 min 和逐日，数据单位为℃，观测层次为 1.5 m 防辐射罩内。空气水汽饱和亏是由空气温度的观测值计算而来的饱和水汽压与实际水汽压的观测值之差。

原始数据质量控制和插补方法：

超出本地气温界限值域-40～30℃的数据为错误数据。

对于短时间（小于 2 h）内缺失的观测数据，采用线性内插的方式完成插补；对于长时间缺失的气温数据，利用海北站自动气象观测站的气温数据开展插补；如未能完成插补，则利用平均日变化法完成数据插补。

数据产品处理方法：30 min 数据为仪器质控后的观测数据，逐日数据为每天 30 min 的数据平均而得。

4.2.3.2　土壤温度

观测仪器为 105T（Campbell，USA）铜镍热电偶温度传感器。观测方法为每 30 min 记录瞬时地温值并存储在数据记录仪中。数据记录仪为 CR23X（Campbell，USA）。原始数据观测频率为 30 min，数据产品频率为 30 min 和逐日，数据单位为℃，观测层次为距离地表 5 cm 的土壤深度。

原始数据质量控制和插补方法：

超出本地 5 cm 地温界限值域-20～20℃的数据为错误数据。

对于短时间（小于 2 h）内缺失的观测数据，采用线性内插的方式完成插补；对于长时间缺失的地温数据，利用海北站自动气象观测站的地温数据开展插补；如未能完成插补，则利用平均日变化法完成数据插补。

数据产品处理方法：30 min 产品为仪器质控后的观测数据，逐日数据为每天 30 min 的数据平均而得。

4.2.3.3　土壤容积含水量

观测仪器为 CS616（Campbell，USA）时域反射土壤水分传感器。观测方法为每 30 min 瞬时记录并存储在数据记录仪中。数据记录仪为 CR23X（Campbell，USA）。原始数据观测频率为 30 min，数据产品频率为 30 min 和逐日，数据单位为 cm³/cm³，观测层次为距离地表 10 cm 的土壤深度。

原始数据质量控制和插补方法：

超出本地 10 cm 土壤田间持水量界限值域>0.62 cm³/cm³ 的数据为错误数据。

对于短时间（小于 2 h）内缺失的观测数据，采用线性内插的方式完成插补；对于长时间缺失的地温数据，利用平均日变化法完成数据插补。

数据产品处理方法：30 min 产品为仪器质控后的观测数据，逐日数据为每天 30 min 的数据平均而得。

4.2.3.4　太阳总辐射

太阳总辐射观测仪器为 CM11（Kipp&Zonen，Netherlands）短波辐射传感器。观测方法为每 30 min 记录瞬时辐射值并存储在数据记录仪中。数据记录仪为 CR23X（Campbell，USA）。原始数据观测频率为 30 min，数据产品频率为 30 min 和逐日，数据单位分别为 W/m² 和 M W/m²，观测层次为距离地

表 1.5 m 的空中。

原始数据质量控制和插补方法：

超出本地太阳辐射值域＞1 590 W/m² 的数据为错误数据（由于青藏高原空气透明度高，太阳辐射的瞬时值可超过太阳常数 1 367 W/m²）。

对于短时间（小于 2 h）内缺失的观测数据，采用线性内插的方式完成插补；对于长时间缺失的辐射数据，利用海北站自动气象观测站的辐射数据开展插补；如未能完成插补，则利用平均日变化法完成数据插补。

数据产品处理方法：30 min 产品为仪器质控后的观测数据，逐日数据为每天 30 min 的数据累计求和而得。

4.2.3.5　光合有效辐射

观测仪器为 LI190SB（LI-Cor，USA）光合有效辐射传感器。观测方法为每 30 min 记录瞬时辐射值并存储在数据记录仪中。数据记录仪为 CR23X（Campbell，USA）。原始数据观测频率为 30 min，数据产品频率为 30 min 和逐日，数据单位分别为 μmol/（m²·s）和 mol/m²，观测层次为距离地表 1.5 m 的空中。

原始数据质量控制和插补方法：

超出本地太阳辐射值域＞3 700 μmol/（m²·s）的数据为错误数据，由于青藏高原空气透明度高，太阳辐射的瞬时值可超过太阳常数 3 123 μmol/（m²·s）。

对于短时间（小于 2 h）内缺失的观测数据，采用线性内插的方式完成插补；对于长时间缺失的光合有效辐射数据，利用海北站自动气象观测站的光合有效辐射数据开展插补；如未能完成插补，则利用平均日变化法完成数据插补。

数据产品处理方法：30 min 产品为仪器质控后的观测数据，逐日数据为每天 30 min 的数据累计求和而得。

4.2.3.6　降水

观测仪器为 52003（RM Young，USA）翻斗式雨量计。观测方法为每 30 min 记录该时段降水累计值并存储在数据记录仪中。数据记录仪为 CR23X（Campbell，USA）。原始数据观测频率为 30 min，数据产品频率为 30 min 和逐日，数据单位为 mm，观测层次为距离地表 50 cm 的空中。

原始数据质量控制和插补方法：

超出本地 30 min 的累计降水界限值域＞16.6 mm 的数据为错误数据。

降水数据不进行插补。

数据产品处理方法：30 min 产品为仪器质控后的观测数据，逐日数据为每天 30 min 的数据累计求和而得。

4.2.3.7　水、热、碳通量

水、热、碳通量分别为潜热通量、显热通量和 CO_2 通量的简称，表征了下界面与大气之间的 H_2O、感热和 CO_2 的净交换通量，由标量物质与垂直风速的脉动协方差计算而得。标量物质 H_2O 和 CO_2 由开路快速红外气体分析仪 LI—7500（LI—Cor，USA）测定密度变化，三维风速则利用超声三维风速仪 CSAT3（Campbell，USA）测定。原始高频数据的采集频率为 10 Hz，存储在数据采集器的存储卡中，通量数据分为 30 min 和逐日两种，存储在数据采集器 CR5000（Campbell，USA）中，人工定时直接读取高频数据和通量数据产品。通量的观测高度为距离地表 2.2 m。通量数据的校正方法采用国际上普遍认可的涡度通量数据质量控制方法，主要包括超声虚温校正、二次坐标轴旋转、WPL 密度校正、高频低频频率损失校正、夜间摩擦风速阈值筛选和异常值剔除。

4.2.3.8　水、热、碳通量数据质量控制

30 min 的水热通量数据包括质控的水热通量数据和插补后的水热通量数据。质控的水热通量数

据为经过数据质量控制之后，剩余的有效水热通量数据，缺失和舍去的数值用−99 999 填补。对于短时间（小于 2 h）内缺失的水热通量观测数据，采用线性内插的方式完成插补；对于长时间缺失的水热通量数据，采用边际分布采样法进行缺失值的插补和订正。

数据产品处理方法：30 min 产品为仪器质控后的水热通量观测数据，数据单位为 W/m^2，逐日数据为每天 30 min 的数据累计求和而得，数据单位为 $MW/（m^2 \cdot d）$。

30 min 的碳通量数据包括质控的碳通量数据和插补后的碳通量数据，质控的碳通量数据为经过数据质量控制之后剩余的有效碳通量数据，缺失和舍去的数值用−9 999 填补。对于短时间（小于 2 h）内缺失的碳通量观测数据，采用线性内插的方式完成插补；对于长时间缺失的碳通量数据，采用质控碳通量数据结合环境要素拟合非线性方程然后利用缺失数据时间段的环境要素进行回归插补的方式。其中夜间缺失数据利用阿伦尼乌斯（Arrhenius）方程插补。白天缺失数据利用直角双曲线方程插补，最小插补时间窗口为 7 d。

30 min 的碳通量数据拆分。将观测的生态系统 CO_2 净交换拆分为生态系统总呼吸和生态系统总初级生产力。首先，基于质控的夜间观测碳通量数据和环境要素（土壤温度）的数据，确定生态系统呼吸 Arrhenius 方程中的系数，然后插补夜间缺失碳通量数据，同时并外延该方程至白天估算白天生态系统呼吸；其次，利用插补完成的白天碳通量数据和估算的同时刻生态系统呼吸，求和得到生态系统总初级生产力。

4.2.3.9　数据集的应用

本数据集由 CERN 综合研究中心和 ChinaFLUX 综合研究中心提供数据共享资源，用户可登录数据资源服务网站（http：//www. cnern. org. cn），在首页打开碳氮水通量数据集进入相应的数据浏览、在线申请页面。由于通量观测数据的质量控制与处理是国际通量观测研究的基础性内容，同时也是目前尚未得到很好解决的重要议题，目前还没有全球普遍公认的一套技术体系标准化处理涡度相关通量观测数据。因此，在使用过程中需要注意本数据是目前 ChinaFLUX 技术体系开展数据的质控和处理，因此计算结果可能与海北站或其他研究者自行计算结果之间存在一定的差异，同时也可能随着数据综合处理技术的发展，后续数据集结果也可能与该数据集存在一定差异，有关本数据集的质量控制和处理方法的详细信息可参考 2018 年《陆地生态系统通量观测的原理与方法》（第二版）等文献。另外，考虑到数据插补可能引起的不确定性，建议优先选择未插补数据。

4.2.4　主要研究结果

4.2.4.1　山前气候环境

青藏高原高寒灌丛草甸主要分配于山地阴坡集山前洪积扇上，由于背靠大山，在高山地形影响下，具有与山间谷地及滩地不同的气候环境，更为寒冷，雨量更为充沛和频繁。

2003—2010 年，其山前大气气温年均值为−1.36℃，比同一区域的山间滩地年平均气温−0.50℃低 0.86℃，年均降水量为 475.7 mm，比同一区域的山间滩地降水 396.0 mm 高 79.7 mm。月均总辐射和月光合有效辐射分别为 504.9 MJ/m^2 和 947.1 mol/m^2，与同一区域山间滩地 517.4 MJ/m^2 和 940.7 mol/m^2 基本相当。山前环境 5 cm 土壤温度为（3.15±1.98）℃，高于同一区域的山间滩地（3.02±7.12）℃，经比较其差异主要来源于冬季的 11 月和 12 月，这可能与山前环境冬季具有较长时段的地表积雪保温作用有关（表 4-13、表 4-14）。

4.2.4.2　高寒灌丛草甸生态系统碳固持

2003—2010 年，发育于青藏高原东北部的高寒金露梅灌丛草甸是大气 CO_2 的净汇，生态系统净交换（NEE）的日平均强度为−0.233 $g/（m^2 \cdot d）$，折合年固持碳量为 85 $g/（m^2 \cdot y）$。年平均初级生产力（GPP）和年生态系统呼吸（RES）分别为−2.065 $g/（m^2 \cdot d）$ 和 2.250 $g/（m^2 \cdot d）$（表 4-15）。

表4-13 高寒金露梅灌丛草甸生态系统气候环境水、热、碳通量

年份	月份	1.5 m 气温/℃	5 cm 地温/℃	10 cm 土壤含水量/（m³/m³）	水汽饱和亏（VPD）/kPa	总辐射/（MW/m²）	光合有效辐射/（mol/m²）	月累积降水量/mm	生态系统净交换（NEE）/[g/（m²·d）]	系统呼吸（Reco）/[g/（m²·d）]	总初级生产力（GPP）/[g/（m²·d）]	潜热通量（LE）/[MW/（m²·d）]	显热通量（Hs）/[MW/（m²·d）]
	1	-13.70±0.47	-9.02±0.18	0.063±0.000	0.16±0.01	11.79±0.34	22.119±0.640	0.4	0.335±0.020	0.406±0.020	-0.072±0.020	0.425±0.020	3.420±0.200
	2	-9.90±0.64	-5.77±0.34	0.068±0.000	0.18±0.02	13.62±0.44	25.548±0.830	1.5	0.464±0.030	0.699±0.030	-0.235±0.030	0.778±0.030	4.417±0.210
	3	-5.73±0.87	-2.25±0.31	0.086±0.000	0.23±0.03	17.28±0.99	32.415±1.850	19.4	0.484±0.040	1.086±0.040	-0.602±0.040	2.547±0.040	5.083±30.000
	4	0.12±0.66	1.86±0.28	0.231±0.010	0.31±0.04	20.50±1.02	38.457±1.920	36.4	0.782±0.040	1.970±0.040	-1.188±0.040	4.108±0.040	5.736±0.310
	5	3.15±0.56	4.82±0.36	0.250±0.000	0.32±0.03	20.48±1.38	38.417±2.610	52.7	0.451±0.060	2.693±0.060	-2.242±0.060	5.206±0.060	5.224±0.400
	6	6.86±0.32	9.79±0.26	0.244±0.000	0.37±0.03	23.57±1.33	44.229±2.500	71.5	-1.166±0.180	3.892±0.180	-5.058±0.180	8.013±0.180	4.994±0.390
2003	7	8.20±0.34	10.88±0.28	0.252±0.000	0.28±0.02	18.68±1.43	35.055±2.690	93.1	-1.792±0.210	4.641±0.210	-6.433±0.210	7.628±0.210	2.532±0.280
	8	9.00±0.38	12.46±0.26	0.278±0.000	0.27±0.02	18.31±1.28	34.357±2.390	148.3	-1.512±0.210	5.130±0.210	-6.642±0.210	7.194±0.210	2.395±0.240
	9	5.16±0.37	8.70±0.26	0.277±0.000	0.27±0.03	17.67±1.22	33.155±2.300	94.4	-0.387±0.140	3.745±0.140	-4.132±0.140	5.449±0.140	3.019±0.240
	10	-0.18±0.41	3.42±0.38	0.264±0.000	0.24±0.02	14.46±0.78	27.127±1.460	16.7	0.520±0.050	2.045±0.050	-1.525±0.050	2.441±0.050	4.008±0.260
	11	-6.70±0.69	-1.37±0.29	0.209±0.010	0.18±0.02	12.02±0.59	22.548±1.110	10.8	0.485±0.040	0.967±0.040	-0.482±0.040	1.114±0.040	2.786±0.180
	12	-12.74±0.35	-6.12±0.17	0.076±0.000	0.12±0.01	10.84±0.33	20.344±0.610	0.9	0.391±0.020	0.443±0.020	-0.052±0.020	0.563±0.020	2.906±0.140
	1—12	-1.33±0.44	2.32±0.37	0.192±0.080	0.25±0.01	16.61±0.35	31.156±0.660	546.1	-0.083±0.060	2.319±0.060	-2.403±0.060	3.804±0.060	3.870±0.100
	1	-14.81±0.47	-7.95±0.16	0.066±0.000	0.10±0.01	12.30±0.34	23.077±0.630	2.7	0.361±0.020	0.361±0.020	0.000±0.000	0.684±0.030	2.977±0.170
	2	-12.56±0.99	-6.96±0.37	0.067±0.000	0.15±0.02	14.70±0.55	27.575±1.030	4.0	0.301±0.040	0.534±0.060	-0.233±0.070	0.891±0.050	4.020±0.200
	3	-5.09±0.81	-2.13±0.41	0.093±0.000	0.21±0.02	17.13±0.64	32.142±1.190	18.8	0.407±0.050	1.101±0.080	-0.693±0.110	2.059±0.150	4.661±0.200
	4	0.80±0.81	1.79±0.39	0.270±0.010	0.40±0.04	23.89±0.99	44.822±1.860	17.5	0.510±0.050	2.150±0.160	-1.640±0.160	4.243±0.270	6.594±0.290
	5	2.75±0.56	4.92±0.37	0.258±0.000	0.34±0.04	21.78±1.53	40.871±2.870	39.0	-0.046±0.090	2.541±0.130	-2.586±0.180	5.246±0.300	5.799±0.460
	6	6.83±0.44	9.27±0.42	0.217±0.000	0.41±0.03	22.10±1.41	41.453±2.640	48.8	-1.570±0.180	3.760±0.120	-5.330±0.260	7.684±0.470	4.588±0.420
2004	7	8.80±0.39	11.80±0.30	0.222±0.000	0.39±0.03	22.04±1.57	41.351±2.940	116.5	-3.462±0.260	4.657±0.130	-8.119±0.340	9.821±0.650	3.013±0.320
	8	8.75±0.37	12.19±0.31	0.276±0.000	0.26±0.03	18.04±1.48	33.845±2.150	103.0	-2.446±0.290	4.591±0.130	-7.037±0.370	7.245±0.620	2.456±0.290
	9	4.00±0.41	7.48±0.41	0.289±0.000	0.20±0.02	15.38±1.14	28.853±2.150	111.4	-0.820±0.190	3.087±0.110	-3.907±0.260	4.764±0.370	3.110±0.310
	10	-1.60±0.30	2.65±0.20	0.265±0.000	0.20±0.02	14.96±0.91	28.067±1.700	25.3	0.612±0.060	1.756±0.050	-1.144±0.090	2.056±0.110	4.297±0.340
	11	-9.13±0.67	-2.39±0.32	0.187±0.010	0.18±0.01	13.43±0.40	25.190±0.740	3.6	0.301±0.030	0.790±0.060	-0.489±0.080	1.229±0.070	3.707±0.110
	12	-12.00±0.58	-4.87±0.14	0.077±0.000	0.14±0.01	10.39±0.36	19.501±0.670	2.9	0.358±0.030	0.538±0.030	-0.180±0.050	0.561±0.040	2.314±0.170
	1—12	-1.91±0.46	2.18±0.37	0.191±0.000	0.25±0.01	17.18±0.37	32.223±0.700	493.5	-0.463±0.080	2.161±0.080	-2.624±0.150	3.883±0.180	3.955±0.110

（续）

年份	月份	1.5 m 气温/℃	5 cm 地温/℃	10 cm 土壤含水量/(m³/m³)	水汽饱和亏(VPD)/kPa	总辐射/(MW/m²)	光合有效辐射/(mol/m²)	月累积降水量/mm	生态系统净交换(NEE)/[g/(m²·d)]	系统呼吸(Reco)/[g/(m²·d)]	总初级生产力(GPP)/[g/(m²·d)]	潜热通量(LE)/[MW/(m²·d)]	显热通量(Hs)/[MW/(m²·d)]
2005	1	−12.63±0.54	−6.93±0.18	0.067±0.000	0.13±0.01	11.63±0.33	21.822±0.610	2.1	0.371±0.020	0.410±0.030	−0.039±0.020	0.863±0.040	2.620±0.180
	2	−10.46±0.68	−5.62±0.18	0.068±0.000	0.17±0.02	14.43±0.64	27.069±1.200	6.1	0.329±0.040	0.555±0.040	−0.227±0.060	1.083±0.110	3.666±0.230
	3	−5.49±0.68	−1.93±0.41	0.118±0.010	0.13±0.01	18.04±0.64	33.837±1.200	30.8	0.435±0.050	0.984±0.150	−0.549±0.160	2.065±0.220	5.268±0.340
	4	−0.31±0.73	1.69±0.24	0.334±0.010	0.34±0.03	21.35±0.95	40.061±1.780	8.0	0.511±0.040	1.866±0.150	−1.354±0.160	4.089±0.220	6.301±0.340
	5	3.82±0.38	4.86±0.26	0.309±0.000	0.35±0.03	22.13±0.95	41.522±1.780	49.7	0.180±0.070	2.922±0.120	−2.742±0.140	5.295±0.330	5.909±0.340
	6	7.25±0.25	9.46±0.21	0.281±0.000	0.36±0.02	21.69±1.12	40.691±2.110	77.8	−2.185±0.220	4.226±0.110	−6.411±0.300	7.364±0.430	3.927±0.290
	7	9.85±0.41	12.84±0.32	0.286±0.010	0.32±0.03	19.63±1.64	36.824±3.080	122.4	−2.514±0.300	5.385±0.200	−7.899±0.430	8.235±0.640	2.382±0.310
	8	9.43±0.38	12.94±0.29	0.292±0.000	0.30±0.03	19.08±1.31	35.793±2.460	94.0	−1.965±0.260	5.336±0.180	−7.301±0.330	7.952±0.550	2.763±0.290
	9	5.82±0.27	9.21±0.24	0.294±0.000	0.24±0.02	15.25±1.15	28.613±2.150	110.5	−0.322±0.200	3.761±0.110	−4.084±0.260	5.086±0.360	2.842±0.290
	10	−1.29±0.44	3.03±0.36	0.288±0.000	0.19±0.01	14.07±0.78	26.399±1.460	33.3	0.652±0.050	1.831±0.090	−1.179±0.100	2.098±0.140	3.981±0.300
	11	−8.52±0.77	−1.73±0.29	0.215±0.010	0.17±0.01	13.10±0.34	24.571±0.630	6.6	0.395±0.030	0.799±0.070	−0.403±0.090	1.172±0.050	3.651±0.140
	12	−13.36±0.36	−6.63±0.21	0.075±0.000	0.15±0.01	11.13±0.25	20.882±0.460	0.2	0.380±0.020	0.400±0.020	−0.020±0.020	0.618±0.050	2.949±0.110
	1—12	−1.28±0.46	2.65±0.38	0.219±0.010	0.24±0.01	16.80±0.34	31.522±0.630	541.5	−0.315±0.070	2.385±0.100	−2.700±0.160	3.843±0.170	3.853±0.100
2006	1	−11.03±0.62	−6.53±0.17	0.068±0.000	0.16±0.02	10.01±0.47	18.787±0.880	2.3	0.380±0.030	0.621±0.060	−0.241±0.060	0.527±0.050	3.011±0.190
	2	−11.37±0.77	−5.99±0.33	0.076±0.000	0.12±0.02	14.81±0.55	27.777±1.040	13.4	0.479±0.050	0.639±0.070	−0.160±0.070	1.579±0.070	3.645±0.160
	3	−7.47±0.56	−3.08±0.39	0.079±0.000	0.19±0.02	18.85±0.67	35.372±1.260	6.3	0.646±0.030	0.942±0.070	−0.296±0.070	2.941±0.170	4.282±0.260
	4	−1.25±0.71	0.32±0.17	0.218±0.020	0.30±0.03	19.50±0.98	36.584±1.840	20.3	0.978±0.090	1.955±0.160	−0.977±0.140	6.297±0.520	2.822±0.380
	5	3.04±0.57	4.14±0.25	0.410±0.010	0.35±0.04	21.97±1.31	41.217±2.460	62.5	0.544±0.080	2.748±0.130	−2.205±0.160	4.623±0.300	5.805±0.400
	6	7.17±0.30	9.10±0.22	0.318±0.000	0.40±0.04	22.27±1.42	41.785±2.660	68.6	−1.005±0.210	4.081±0.110	−5.086±0.300	7.589±0.510	4.571±0.410
	7	10.87±0.53	12.90±0.40	0.299±0.000	0.32±0.03	19.10±1.25	35.839±2.350	105.4	−2.532±0.280	5.503±0.190	−8.035±0.260	8.078±0.420	2.365±0.230
	8	10.00±0.45	12.82±0.32	0.278±0.010	0.33±0.03	18.80±1.44	35.265±2.710	119.1	−2.288±0.310	5.328±0.150	−7.616±0.380	8.724±0.640	2.241±0.240
	9	4.99±0.49	8.77±0.38	0.306±0.000	0.23±0.02	16.00±1.25	30.011±2.340	91.0	−0.705±0.210	3.643±0.170	−4.348±0.310	6.861±0.520	2.755±0.300
	10	−0.29±0.36	3.54±0.24	0.293±0.000	0.22±0.02	14.42±0.73	27.056±1.370	23.8	0.635±0.040	2.178±0.080	−1.544±0.110	2.829±0.180	3.786±0.310
	11	−7.02±0.70	−0.87±0.13	0.240±0.010	0.20±0.02	13.28±0.37	24.917±0.690	3.6	0.446±0.030	1.145±0.070	−0.699±0.090	1.347±0.070	3.528±0.230
	12	−13.40±0.51	−4.75±0.27	0.087±0.000	0.12±0.01	10.46±0.43	19.629±0.810	0.6	0.610±0.040	0.699±0.050	−0.089±0.040	0.748±0.040	1.639±0.270
	1—12	−1.25±0.46	2.58±0.37	0.223±0.010	0.24±0.01	16.63±0.35	31.191±0.660	516.9	−0.157±0.080	2.469±0.100	−2.626±0.160	4.355±0.180	3.368±0.100

（续）

年份	月份	1.5 m 气温/℃	5 cm 地温/℃	10 cm 土壤含水量/(m³/m³)	水汽饱和亏(VPD)/kPa	总辐射/(MW/m²)	光合有效辐射/(mol/m²)	月累积降水量/mm	生态系统净交换(NEE)/[g/(m²·d)]	系统呼吸(Reco)/[g/(m²·d)]	总初级生产力(GPP)/[g/(m²·d)]	潜热通量(LE)/[MW/(m²·d)]	显热通量(Hs)/[MW/(m²·d)]
2007	1	-12.63±0.50	-6.93±0.18	0.067±0.000	0.13±0.01	11.63±0.45	21.822±0.840	2.1	0.397±0.157	0.425±0.171	-0.028±0.107	0.863±0.060	2.620±0.220
	2	-10.46±0.59	-5.62±0.28	0.068±0.000	0.17±0.01	14.43±0.47	27.069±0.830	6.1	0.355±0.283	0.790±0.248	-0.435±0.468	0.221±0.070	0.973±0.220
	3	-5.49±0.87	-1.93±0.20	0.118±0.000	0.13±0.03	18.04±0.82	33.837±1.550	30.8	0.534±0.224	1.277±0.694	-0.743±0.820	1.083±0.190	3.666±0.290
	4	-0.31±0.49	1.69±0.18	0.334±0.020	0.34±0.03	21.35±0.88	40.061±1.640	8.0	0.396±0.247	1.828±0.485	-1.432±0.581	0.576±0.410	1.216±0.350
	5	3.82±0.45	4.86±0.35	0.309±0.000	0.35±0.05	22.13±1.28	41.522±2.410	49.7	0.179±0.428	3.339±0.695	-3.160±0.659	2.065±0.380	5.268±0.380
	6	7.25±0.31	9.46±0.20	0.281±0.000	0.36±0.03	21.69±1.33	40.691±2.500	77.8	-1.770±1.059	3.891±0.576	-5.661±1.319	0.294±0.600	1.423±0.280
	7	9.85±0.27	12.84±0.20	0.286±0.010	0.32±0.03	19.63±1.34	36.824±2.510	122.4	-3.479±1.231	4.914±0.585	-8.393±1.394	4.089±0.650	6.301±0.240
	8	9.43±0.37	12.94±0.24	0.292±0.010	0.30±0.02	19.08±1.21	35.793±2.280	94.0	-1.984±1.506	4.975±0.638	-6.959±1.875	1.192±0.620	1.811±0.220
	9	5.82±0.44	9.21±0.30	0.294±0.000	0.24±0.03	15.25±1.21	28.613±2.280	110.5	-0.228±1.234	3.555±0.527	-3.783±1.358	5.295±0.460	5.909±0.330
	10	-1.29±0.68	3.03±0.50	0.288±0.000	0.19±0.01	14.07±0.85	26.399±1.600	33.3	0.939±0.350	2.113±0.601	-1.174±0.516	1.825±0.150	1.856±0.180
	11	-8.52±0.45	-1.73±0.20	0.215±0.010	0.17±0.01	13.10±0.47	24.571±0.890	6.6	0.365±0.190	1.115±0.236	-0.749±0.384	7.364±0.060	3.927±0.180
	12	-13.36±0.36	-6.63±0.19	0.075±0.000	0.15±0.01	11.13±0.24	20.882±0.460	0.2	0.470±0.146	0.629±0.155	-0.159±0.201	2.328±0.020	1.580±0.090
	1—12	-1.28±0.46	2.65±0.36	0.219±0.010	0.24±0.01	16.80±0.35	31.522±0.650	541.5	-0.319±0.588	2.404±0.468	-2.723±0.807	8.235±0.220	2.382±0.100
2008	1	-14.33±0.80	-6.71±0.17	0.068±0.000	0.11±0.08	9.96±0.02	18.686±0.460	0.7	0.465±0.035	0.566±0.054	-0.102±0.038	0.765±0.061	2.498±0.167
	2	-14.88±0.72	-7.53±0.26	0.064±0.000	0.11±0.06	15.17±0.01	28.463±0.420	3.0	0.458±0.039	0.538±0.055	-0.080±0.051	1.653±0.058	4.271±0.168
	3	-5.54±0.47	-2.00±0.31	0.086±0.002	0.25±0.09	18.72±0.02	35.117±0.690	8.8	0.615±0.049	1.533±0.072	-0.918±0.104	2.414±0.136	5.904±0.266
	4	-0.85±0.72	0.70±0.25	0.273±0.031	0.32±0.18	22.14±0.03	41.545±1.190	41.4	0.799±0.062	2.386±0.146	-1.587±0.171	5.478±0.404	6.589±0.412
	5	5.07±0.31	5.13±0.29	0.388±0.008	0.49±0.18	24.32±0.03	45.636±1.030	40.0	0.248±0.091	3.503±0.083	-3.255±0.120	7.564±0.318	6.310±0.372
	6	6.83±0.24	8.44±0.20	0.296±0.002	0.41±0.17	22.71±0.03	42.615±1.090	47.0	-1.867±0.160	4.154±0.068	-6.021±0.199	8.184±0.480	4.513±0.308
	7	9.54±0.33	11.17±0.23	0.246±0.003	0.40±0.16	19.71±0.03	36.985±1.280	75.3	-2.762±0.219	5.041±0.091	-7.803±0.228	7.743±0.457	2.524±0.273
	8	7.65±0.33	11.77±0.26	0.290±0.004	0.36±0.16	20.84±0.03	39.091±1.270	79.7	-2.283±0.208	4.666±0.113	-6.949±0.248	8.175±0.503	3.287±0.260
	9	5.51±0.34	11.38±0.16	0.279±0.001	0.26±0.12	16.91±0.02	31.734±1.260	48.2	-0.211±0.221	3.800±0.082	-4.011±0.242	5.139±0.403	3.610±0.317
	10	-0.33±0.53	11.87±0.03	0.280±0.000	0.23±0.08	15.22±0.02	28.557±0.590	0.0	0.836±0.056	2.370±0.097	-1.534±0.118	2.339±0.184	4.266±0.279
	11	-7.63±0.66	11.87±0.03	0.280±0.000	0.13±0.05	12.11±0.01	22.720±0.470	0.0	0.809±0.049	1.168±0.069	-0.359±0.090	1.168±0.044	3.631±0.162
	12	-11.57±0.44	11.87±0.03	0.280±0.000	0.14±0.04	10.60±0.01	19.887±0.330	0.0	0.622±0.038	0.807±0.040	-0.184±0.050	0.673±0.039	2.384±0.167
	1—12	-1.63±0.47	5.75±0.38	0.237±0.006	0.27±0.18	17.37±0.01	32.598±0.360	344.1	-0.195±0.076	2.557±0.086	-2.752±0.149	4.288±0.179	4.143±0.108

（续）

年份	月份	1.5 m 气温/℃	5 cm 地温/℃	10 cm 土壤含水量/(m³/m³)	水汽饱和亏(VPD)/kPa	总辐射/(MW/m²)	光合有效辐射/(mol/m²)	月累积降水量/mm	生态系统净交换(NEE)/[g/(m²·d)]	系统呼吸(Reco)/[g/(m²·d)]	总初级生产力(GPP)/[g/(m²·d)]	潜热通量(LE)/[MW/(m²·d)]	显热通量(Hs)/[MW/(m²·d)]
2009	1	−13.51±0.51	−7.45±0.12	0.069±0.000	0.13±0.01	11.58±0.40	21.717±0.757	0.6	0.460±0.022	0.563±0.042	−0.104±0.037	1.381±0.040	3.806±0.156
	2	−7.24±0.49	−5.06±0.55	0.074±0.001	0.21±0.02	13.60±0.52	25.520±0.971	0.0	0.656±0.045	1.183±0.071	−0.527±0.090	1.524±0.046	4.578±0.185
	3	−5.41±0.68	0.15±0.44	0.086±0.001	0.24±0.02	17.75±0.88	33.311±1.653	5.6	0.587±0.057	1.451±0.101	−0.864±0.134	1.884±0.074	6.182±0.325
	4	1.14±0.53	5.10±0.29	0.191±0.014	0.39±0.02	19.77±0.70	37.091±1.306	0.0	0.436±0.060	2.280±0.100	−1.844±0.118	2.643±0.156	6.471±0.347
	5	3.90±0.52	7.51±0.33	0.303±0.005	0.38±0.04	20.83±1.29	39.071±2.424	69.3	0.329±0.090	3.043±0.134	−2.715±0.138	4.573±0.275	5.714±0.436
	6	7.25±0.39	11.06±0.33	0.298±0.003	0.36±0.03	20.91±1.27	39.232±2.386	104.1	−1.279±0.180	4.080±0.126	−5.358±0.263	6.745±0.441	4.302±0.358
	7	9.95±0.31	13.26±0.19	0.286±0.002	0.35±0.03	18.89±1.53	35.441±2.872	82.9	−2.977±0.339	5.020±0.102	−7.997±0.373	8.012±0.491	2.642±0.291
	8	8.05±0.25	11.55±0.16	0.285±0.003	0.34±0.02	20.02±1.36	37.565±2.544	63.2	−2.970±0.272	4.656±0.091	−7.627±0.319	7.903±0.536	2.835±0.254
	9	6.68±0.51	10.47±0.33	0.298±0.003	0.22±0.02	15.12±0.97	28.372±1.826	92.7	−0.280±0.189	4.121±0.131	−4.401±0.228	4.494±0.290	2.576±0.281
	10	−1.11±0.43	3.42±0.40	0.292±0.002	0.23±0.02	14.87±0.81	27.896±1.514	28.3	0.414±0.044	2.179±0.075	−1.766±0.134	2.053±0.140	4.003±0.292
	11	−8.85±0.99	−0.68±0.18	0.214±0.009	0.19±0.02	13.03±0.53	24.448±1.000	1.8	0.470±0.019	1.094±0.097	−0.624±0.124	1.077±0.073	2.528±0.245
	12	−12.81±0.49	−4.93±0.29	0.085±0.001	0.14±0.01	10.63±0.40	19.939±0.750	0.4	0.610±0.180	0.649±0.026	−0.039±0.019	0.799±0.047	2.266±0.153
	1—12	−0.97±0.45	3.74±0.37	0.207±0.005	0.26±0.01	16.43±0.33	30.827±0.627	448.9	−0.305±0.082	2.534±0.086	−2.838±0.154	3.606±0.157	3.987±0.112
2010	1	−10.81±0.53	−6.22±0.10	0.073±0.001	0.19±0.01	11.75±0.38	22.037±0.712	0.6	0.397±0.157	0.425±0.171	−0.028±0.107	0.706±0.041	2.687±0.189
	2	−9.73±0.53	−5.29±0.29	0.074±0.001	0.20±0.02	13.60±0.69	25.511±1.287	3.1	0.355±0.283	0.790±0.248	−0.435±0.468	0.800±0.085	3.402±0.222
	3	−5.47±0.96	−2.14±0.31	0.085±0.001	0.25±0.03	16.25±0.98	30.478±1.830	9.4	0.534±0.224	1.277±0.694	−0.743±0.820	1.650±0.119	4.542±0.366
	4	−1.44±0.81	1.14±0.13	0.128±0.006	0.31±0.03	20.86±1.03	39.133±1.931	13.9	0.396±0.247	1.828±0.485	−1.432±0.581	3.072±0.201	6.502±0.391
	5	3.87±0.52	5.54±0.30	0.308±0.005	0.37±0.04	21.47±1.48	40.274±2.771	64.8	0.179±0.428	3.339±0.695	−3.160±0.659	3.993±0.285	4.927±0.423
	6	7.88±0.53	10.04±0.31	0.279±0.005	0.41±0.03	20.85±1.29	39.123±2.416	52.3	−1.770±1.059	3.891±0.576	−5.661±1.319	6.018±0.355	3.836±0.310
	7	11.51±0.34	13.35±0.32	0.271±0.007	0.40±0.04	21.86±1.46	41.013±2.743	61.1	−3.479±1.231	4.914±0.585	−8.393±1.394	8.262±0.616	2.346±0.225
	8	9.61±0.51	13.15±0.28	0.267±0.006	0.31±0.02	19.30±1.27	36.218±2.392	139.0	−1.984±1.506	4.975±0.638	−6.959±1.875	7.549±0.499	2.354±0.227
	9	6.13±0.48	9.43±0.37	0.282±0.003	0.24±0.02	16.01±1.14	30.044±2.138	71.7	−0.228±1.234	3.555±0.527	−3.783±1.358	4.951±0.504	2.717±0.210
	10	−1.41±0.64	3.77±0.29	0.277±0.001	0.20±0.02	15.18±0.69	28.484±1.302	31.1	0.939±0.350	2.113±0.601	−1.174±0.516	1.652±0.151	3.644±0.205
	11	−8.03±0.40	−1.04±0.20	0.193±0.012	0.21±0.01	13.95±0.31	26.173±0.584	0.2	0.365±0.190	1.115±0.236	−0.749±0.384	0.595±0.058	3.453±0.140
	12	−12.71±0.52	−5.04±0.26	0.080±0.001	0.17±0.01	10.81±0.32	20.272±0.606	0.2	0.470±0.146	0.629±0.155	−0.159±0.201	0.360±0.037	2.101±0.141
	1—12	−0.83±0.46	3.11±0.37	0.194±0.005	0.27±0.01	16.84±0.35	31.591±0.656	447.4	−0.150±0.070	2.787±0.106	−2.937±0.163	3.317±0.168	3.537±0.100

表4-14 高寒草地不同地形的气候环境对比

因子	月份												年均
---	1	2	3	4	5	6	7	8	9	10	11	12	
滩地环境													
1.5 m气温/℃	−13.45±1.42	−9.59±1.97	−4.63±1.67	1.01±0.81	5.14±0.70	8.70±0.60	10.96±0.86	9.99±1.06	6.58±0.76	0.35±0.58	−7.35±1.29	−12.67±0.81	−0.50±0.86
水汽饱和亏(VPD)/kPa	0.14±0.08	0.23±0.04	0.33±0.07	0.39±0.06	0.46±0.03	0.45±0.07	0.5±0.04	0.39±0.04	0.31±0.02	0.32±0.04	0.23±0.05	0.19±0.04	0.33±0.12
降水量/mm	2.9±3.7	4.7±6.0	11.2±7.9	18.1±16.2	45.8±19.0	67.3±28.5	81.6±26.6	90.7±41.0	70.7±15.0	24.6±10.7	5.0±3.7	0.7±0.8	396.0±82.6*
5 cm地温/℃	−7.91±0.75	−5.59±0.86	−1.78±0.75	1.46±0.79	6.20±0.84	10.50±0.87	13.08±0.82	12.66±0.82	9.76±0.50	4.58±0.30	−0.51±0.36	−5.10±0.86	3.02±7.12
10 cm土壤含水量/(m³/m³)	0.094±0.004	0.096±0.006	0.133±0.026	0.325±0.055	0.381±0.015	0.343±0.012	0.324±0.018	0.309±0.027	0.343±0.015	0.324±0.023	0.235±0.042	0.105±0.005	0.257±0.108
月总辐射/(MW/m²)	365.1±63.6	384.7±30.9	540.3±29.8	633.6±22.5	680.5±44.0	650.8±31.1	656.7±60.4	620.9±43.1	496.4±39.3	460.4±33.4	375.8±27.4	377.9±18.6	517.4±130.4
月光合有效辐射/(mol/m²)	629.9±46.9	711.6±71.1	990.6±49.7	1088.9±142.9	1207.6±204.3	1200.6±115.6	1204.7±211.7	1177.6±87.6	927.5±104.8	854.9±68.5	677.4±48.1	600.6±34.3	940.7±256.6
山前环境													
1.5 m气温/℃	−12.98±0.59	−10.88±0.90	−5.72±0.30	−0.20±0.37	3.66±0.30	7.15±0.14	9.82±0.33	8.91±0.33	5.47±0.33	−0.93±0.21	−8.01±0.34	−12.68±0.23	−1.36±2.45
水汽饱和亏(VPD)/kPa	0.14±0.01	0.16±0.01	0.22±0.02	0.34±0.02	0.37±0.02	0.39±0.01	0.35±0.02	0.31±0.01	0.24±0.001	0.22±0.001	0.18±0.01	0.14±0.01	0.25±0.03
月均降水量/mm	1.3±0.4	4.4±1.7	14.2±3.5	19.6±5.6	54.0±4.5	67.2±7.7	93.8±8.5	106.6±11.7	88.6±8.4	22.6±4.3	3.8±1.5	0.7±0.4	475.7±61.4*
5 cm地温/℃	−7.26±0.37	−6.02±0.33	−1.89±0.37	1.82±0.59	5.29±0.40	9.60±0.31	12.32±0.38	12.41±0.23	9.36±0.48	4.53±1.23	0.54±1.90	−2.92±2.48	3.15±1.98
10 cm土壤含水量/(m³/m³)	0.068±0.001	0.070±0.002	0.091±0.005	0.237±0.025	0.317±0.023	0.276±0.013	0.266±0.010	0.281±0.003	0.289±0.004	0.280±0.005	0.220±0.012	0.108±0.029	0.208±0.028
日总辐射/(MW/m²)	11.29±0.35	14.25±0.24	17.74±0.36	21.20±0.59	21.84±0.46	22.01±0.37	19.94±0.53	19.27±0.42	16.02±0.34	14.71±0.15	12.98±0.27	10.70±0.10	16.83±1.18
日光合有效辐射/(mol/m²)	21.18±0.65	26.74±0.45	33.28±0.67	39.77±1.10	40.98±0.86	41.30±0.69	37.41±1.00	36.16±0.80	30.05±0.65	27.59±0.28	24.35±0.50	20.07±0.18	31.57±2.21

注：降水量为年总水量。

表4-15 高寒金露梅灌丛草甸的年均气候环境和水、热、碳通量

因子	月份												年均
	灌地环境												
	1	2	3	4	5	6	7	8	9	10	11	12	
CO_2净交换/[g/(m²·d)]	0.414±0.027	0.442±0.045	0.512±0.038	0.626±0.087	0.325±0.089	−1.418±0.195	−2.659±0.191	−2.201±0.173	−0.455±0.093	0.622±0.050	0.495±0.062	0.505±0.046	−0.233±0.343
系统呼吸（Reco）/[g/(m²·d)]	0.663±0.124	0.836±0.140	1.269±0.096	2.073±0.092	2.799±0.258	3.539±0.625	4.440±0.893	4.245±0.809	3.300±0.466	2.012±0.117	1.082±0.090	0.743±0.119	2.250±0.399
总初级生产力（GPP）/[g/(m²·d)]	0.227±0.353	0.100±0.400	−0.259±0.466	−0.907±0.624	−1.981±0.749	−4.696±0.939	−6.926±1.197	−6.233±1.126	−3.382±0.839	−0.887±0.574	−0.089±0.432	0.246±0.358	−2.065±0.753
潜热通量（LE）/[MW/(m²·d)]	1.180±0.373	1.568±0.341	2.362±0.245	4.252±0.496	4.975±0.509	6.480±0.817	7.323±1.052	7.022±0.940	4.826±0.470	2.347±0.236	1.437±0.353	1.020±0.399	3.733±0.685
显热通量（Hs）/[MW/(m²·d)]	3.003±0.177	3.993±0.166	5.141±0.272	5.871±0.521	5.658±0.166	4.386±0.152	2.531±0.090	2.640±0.156	2.945±0.128	3.993±0.087	3.320±0.176	2.368±0.172	3.821±0.354

4.2.4.3 影响高寒灌丛草甸生态系统碳固持的因子

分类回归树（CART）分析表明，综合生长度日（GDD）是决定月 NEE 和月 GPP 变化的主要因素，包括对叶面积指数（LAI，卫星反演数据）的影响。然而，每月 RES 的变化由 LAI 决定得更为强烈。非生长期土壤温度（Ts）和生长期长度（GSL）分别占年际 GPP 和年际 NEE 变化的 59% 和 42%。生长期土壤含水量（SWC）对年 RES 的变化具有正线性影响（$R^2 = 0.40$，$P = 0.03$）。生长季开始时的热环境和土壤水分状况对碳通量的年际变化至关重要。结果表明，延长生长季和温暖的非生长季有利于提高高寒灌丛的碳同化能力。

参 考 文 献

曹广民，龙瑞军，张法伟，等，2010. 青藏高原高寒矮嵩草草甸碳增汇潜力估测方法 [J]. 生态学报，30 (23)：6591-6597.

范青慈，2000. 青海省退化草地现状及防治对策 [J]. 青海草业，9 (1)：22-24

郜春花，卢朝东，王岗，等，2008，黄河农场芦笋地土壤肥力特征及培肥建议 [J]. 山西农业科学，9：53-56.

龚子同，陈志诚，史学正，等，1999，中国土壤系统分类理论、方法、实践 [M]. 北京：科学出版社.

黄昌勇，2000. 土壤学 [M]. 北京：中国农业出版社.

贾科利，常庆瑞，王占礼，等，2006，陕北坡耕地土壤侵蚀对土壤性质的影响研究 [J]. 中国生态农业学报，1：96-99.

刘光崧，1997. 土壤理化分析与剖面描述 [M]. 北京：中国标准出版社.

龙世友，鲍雅静，李政海，等，2013. 内蒙古草原 67 种植物碳含量分析及与热值的关系研究 [J]. 草业学报，22 (1)：112-119.

鲁如坤，1999. 土壤农业化学分析方法 [M]. 北京：中国农业科技出版社.

马元彪，李宁，鲍新奎，等，1997. 青海土壤 [M]. 北京：中国农业出版社.

秦彧，宜树华，李乃杰，等，2012. 青藏高原草地生态系统碳循环研究进展 [J]. 草业学报，21 (6)：275-285.

史顺海，杨福屯，陆国权，1988. 爱嵩草草甸主要植物种群物候观测和生物量测定 [C] //高寒草甸生态系统国际学术讨论会论文集. 北京：科学出版社：49-59.

舒洋，周梅，赵鹏武，等，2017. 兴安落叶松人工林土壤碳密度分布特征研究 [J]. 西北农林科技大学学报（自然科学版），45 (6)：44-52.

孙鸿烈，郑度，姚檀栋，等，2012. 青藏高原国家生态安全屏障保护与建设 [J]. 地理学报，67 (1)：3-12.

王启兰，曹广民，王长庭，2007. 高寒草甸不同植被土壤微生物数量及微生物生物量的特征 [J]. 生态学杂志，7：1002-1008.

王琼，展晓莹，张淑香，等，2018. 长期有机无机肥配施提高黑土磷含量和活化系数 [J]. 植物营养与肥料学报，24 (6)：1679-1688.

武红亮，王士超，槐圣昌，等，2018. 近 30 年来典型黑土肥力和生产力演变特征 [J]. 植物营养与肥料学报，24 (6)：1456-1464.

徐雪，2015. 咸阳市郊菜地土壤中重金属及邻苯二甲酸酯的污染特征研究 [D]. 西安：陕西师范大学.

张会民，徐明岗，王伯仁，等，2009. 小麦—玉米种植制度下长期施钾对土壤钾素 Q/I 关系的影响 [J]. 植物营养与肥料学报，15 (4)：843-849.

中国科学院南京土壤研究所，1978. 土壤理化分析 [M]. 上海：上海科学技术出版社.

中国生态系统研究网络科学委员会，2007. 陆地生态系统土壤观测规范 [M]. 北京：中国环境科学出版社.

中华人民共和国生态环境部，2018. 土壤环境质量 农用地土壤污染风险管控标准（试行）：GB 15618—2018 [S].

周兴民，吴珍兰，2006. 中国科学院海北高寒草甸生态系统定位站植被与植物检索表 [M]. 西宁：青海人民出版社.

朱桂林，韦文珊，张淑敏，等，2008，植物地下生物量测定方法概述及新技术介绍 [J]. 中国草地学报，3：94-99.

Budge SM, Wang SW, Hollmen TE, et al., 2011. Carbon isotopic fractionation in eider adipose tissue varies with fatty acid structure: implications for trophic studies [J]. Journal of Experimental Biology, 214 (22): 3790-3800.

Chang XF, Zhu XX, Wang SP, et al., 2014. Impacts of management practices on soil organic carbon in degraded alpine meadows on the Tibetan Plateau [J]. Biogeoscience, 11 (13): 3495-3503.

Chen RS, Song YX, Kang ES, et al., 2014. A cryosphere-hydrology observation system in a small alpine watershed in the Qilian Mountains of China and its meteorological gradient [J]. Arctic Antarctic and Alpine Research, 46 (2): 505-523

Fan JW，Zhong HP，Harris W，et al.，2008. Carbon storage in the grasslands of China based on field measurements of above-ang below-ground biomass ［J］. Climatic Change，86（3）：375 – 396.

Hao Wang，Huiying Liu，Guangmin Cao，et al.，2020. Alpine grassland plants grow earlier and faster but biomass remains unchanged over 35 years of climate change ［J］. Ecology Letters，23（4）.

Huiying Liu，Zhaorong Mi，Li Lina，et al.，2018. Shifting plant species composition in response to climate change stabilizes grassland primary production ［J］. PNAS，115（16）：4051 – 4056.

Li W，Tian FP，Ren ZW，et al.，2013. Effects of grazing and fertilization on the relationship between species abundance and functional traits in an alpine meadow community on the Tibetan Plateau ［J］. Nordic Journal of Botany，31（2）：247 – 255.

Liu SS，Yin CS，2002. QSAR studies on dipeptides based on a combinatorial MHDV-GA-MLR method ［J］. Journal of the Chinese Chemical Society，49（6）：1089 – 1096.

Ma WH，Fang JY，Wang YH，et al.，2010. Biomass carbon stocks and their changes in northern China grasslands during 1982—2006 ［J］. Science China-Life Sciences，53（7）：841 – 850.

Wang SP，Meng FD，Duan JC，et al.，2014. Asymmetric sensitivity of first flowering date to warming and cooling in alpine plants ［J］. Ecology，95（12）：3387 – 3398.

附件

地球化学调查样品中银、锡、硼的电弧发射光谱法测定

1. 本方法适用于地球化学调查样品中银、锡、硼的测定。

2. 原理：以氧化铝、焦硫酸钾、氟化钠、碳粉为缓冲剂，锗为内标元素，与样品混合，采用大电极蒸馏方法，在二米光栅上，两次重叠摄谱测定。

3. 试剂：

3.1 标准配制。合成标准基物由下列物质组成：二氧化硅72%，三氧化二铝15%，三氧化二铁4%，纯白云石4%，硫酸钾2.5%。混合基物950℃温度灼烧，冷却后磨匀备用。

标准系列中测定元素以稳定的氧化物形式加入到上述基体中充分磨匀而成。其标准系列的含量见表1。

表1 标准系列的元素含量

单位：$\mu g/g$

元素	标准系列								
	1	2	3	4	5	6	7	8	9
硼	2.1	5.1	10	20	50	100	200	500	1 000
锡	0.28	0.58	1.1	2.1	5.1	10.0	20.0	50.0	100
银	0.034	0.064	0.11	0.21	0.51	1	2	5	10

3.2 缓冲剂的配制：缓冲剂的成分为氧化铝45%、焦硫酸钾23%、氟化钠20%、碳粉12%，另配0.007%的二氧化锗作为内标。

3.3 蔗糖乙醇溶液：将15 g蔗糖溶于200 mL水及300 mL乙醇中。

4. 仪器：WPS-1二米光栅，中间光拦2.5 mm，狭逢6 μm。交流电弧发生器，电压220 V。电极规格：上电极 $\Phi 3.6$ mm×10 mm；下电极 $\Phi 3.8$ mm×4 mm×0.6 mm带颈。

5. 分析步骤：

5.1 准确称0.09 g样品及0.09 g缓冲剂，混合磨匀装入两根下电极中，滴1滴蔗糖乙醇溶液90度烘干备用。

5.2 将烘干的样品放置在二米光栅进行摄谱，4A起弧，5 s后电流升至14A，暴光35S，两根电极重叠摄谱。

5.3 天津 I 型紫外相板：A、B显影液，显影温度20℃，时间2 min 30 s，相板定影至透明为止。

5.4 译谱及测定：MD-100型测微光度计，P标尺，狭缝高度14 mm，宽0.1 mm，P-lgC绘制标准曲线。

5.5 分析线对及测定范围：

银：328.07 nm/Ge303.91 mm 0.03~2 $\mu g/g$。

硼：249.73 nm/Ge270.96 mm 2~1 000 $\mu g/g$。

锡：283.99 nm/Gg270.96 mm 1~100 $\mu g/g$。

6. 本方法适合于土壤样品分析，而岩石及水系样品的测定准确性要差些，在分析过程中必须保持清洁，严防银的污染，摄谱前应将试样充分烘干，有利于弧烧的稳定。

7. 附加说明：

标准物质采用地球物理地球化学勘察研究所（廊坊）合成硅酸盐光谱分析标准物质。

图书在版编目（CIP）数据

中国生态系统定位观测与研究数据集. 草地与荒漠生态系统卷. 青海海北站：2004～2015 / 陈宜瑜总主编；曹广民，张法伟主编. —北京：中国农业出版社，2021.11
  ISBN 978-7-109-28395-4

  Ⅰ. ①中… Ⅱ. ①陈… ②曹… ③张… Ⅲ. ①生态系统—统计数据—中国②草地—生态系统—统计数据—海北藏族自治州—2004 - 2015③荒漠—生态系统—统计数据—海北藏族自治州—2004 - 2015 Ⅳ. ①Q147②S812③P942.442.73

  中国版本图书馆 CIP 数据核字（2021）第 122373 号

ZHONGGUO SHENGTAI XITONG DINGWEI GUANCE YU YANJIU SHUJUJI

中国农业出版社出版
地址：北京市朝阳区麦子店街 18 号楼
邮编：100125
责任编辑：刁乾超　文字编辑：黄璟冰
版式设计：李　文　责任校对：吴丽婷
印刷：中农印务有限公司
版次：2021 年 11 月第 1 版
印次：2021 年 11 月北京第 1 次印刷
发行：新华书店北京发行所
开本：889mm×1194mm　1/16
印张：13
字数：350 千字
定价：78.00 元